COURS

DE

GÉOMÉTRIE

ÉLÉMENTAIRE.

IMPRIMERIE DE BACHELIER,
rue du Jardinet, n° 12.

COURS

DE

GÉOMÉTRIE

ÉLÉMENTAIRE;

PAR J.-C. PASCAL.

PARIS,
BACHELIER, IMPRIMEUR-LIBRAIRE
POUR LES MATHÉMATIQUES,
QUAI DES AUGUSTINS, N° 55.

1835

Tout Exemplaire du présent Ouvrage qui ne porterait pas, comme ci-dessous, la signature du Libraire, sera contrefait. Les mesures nécessaires seront prises pour atteindre, conformément à la Loi, les fabricateurs et débitans de ces Exemplaires.

Bachelier

FAUTES ESSENTIELLES

A CORRIGER.

Page XXI,	ligne 10,	*au lieu de* A + D, *lisez* A + B.
ibid.,	*ibid.*,	C + B, *lisez* C + D.
ibid.,	12,	: C, *lisez* : D.
12,	2,	= BOD, *lisez* = AOD.
ibid.,	3,	BOD, *lisez* AOD.
ibid.,	*ibid.*,	DOA, *lisez* DOB.
26,	18,	NAM + MAC = NAC, *lisez* NAM + NAD = MAD.
ibid.,	19,	CAD + MAC = MAD, *lisez* CAD + NAD = NAC.
ibid.,	20,	NAM + MAC = CAD + MAC, *lisez* NAM + NAD = CAD + NAD.
ibid.,	21,	MAC, *lisez* NAD.
27,	2 en remont.,	NE, *lisez* ND.
31,	22,	BX, *lisez* BY.
36,	14,	MON, *lisez* MOD.
42,	2,	PC, *lisez* PQ.
45,	24,	fig. 62, *lisez* 63.
52,	24,	ACD, *lisez* ACB.
64,	8 en remont.,	ACB, *lisez* AOB.
71,	23,	CDC, *lisez* CDA.
84,	5,	A, *lisez* H.
92,	12,	C, *lisez* Q.
117,	1,	AO, *lisez* de AC.
118,	15,	*effacez le mot* Triangles.
123,	15,	*au lieu de* AO, *lisez* OD.
133,	22,	(fig. 201,) *lisez* (fig. 202.)
175,	6 en remont.,	CM, *lisez* GM.

Page	ligne	au lieu de … lisez …
Page 213,	ligne 15,	*au lieu de* AE PAE, *lisez* AEP, AE.
226,	8,	dièdre, *lisez* trièdre.
231,	14,	ASB, *lisez* A'S'B'.
232,	1 en remont.,	$C'S'B = CSB''$, *lisez* $C'S'B'' = CSB$.
241,	11,	GADN et HBCM, *lisez* GADM et HBCN.
244,	21,	fig. 358, *lisez* fig. 330.
250,	5,	SAL, *lisez* SAB.
295,	7 en remont.,	πR, *lisez* πR^2.
308,	9 en remont.,	AB, *lisez* AD.
322,	7,	un plan, *lisez* au plan.
ibid.,	8,	N, *lisez* M.
324,	22,	$-$ surf. $AN \times CP$, *lisez* $-\frac{1}{3}$ surf. $AN \times CP$.
347,	14,	(n° 530), *lisez* (n° 533).
ibid.,	25,	$= AC$, *lisez* $= AB$.

PRÉFACE.

Malgré le grand nombre d'ouvrages qui ont été publiés sur la Géométrie élémentaire et dont quelques-uns sont très recommandables, l'étude de cette science ne laisse pas que d'offrir encore aux élèves bien des difficultés. Il a semblé à l'auteur qu'elles pouvaient être aplanies, et c'est dans l'espoir d'y contribuer qu'il s'est décidé à faire paraître un nouveau traité sur cette matière.

Des études approfondies, un long professorat et des observations répétées à chaque instant lui donnaient le droit, sans doute, de faire cette tentative; mais quel qu'en puisse être le résultat, il a été mû par une autre pensée, celle que le public ne saurait qu'applaudir aux efforts tentés en faveur d'une science aussi généralement utile.

Son intention n'a donc pas été de s'adresser aux hommes versés dans les Mathématiques, pour lesquels cet ouvrage eût été inutile, mais à ces élèves qui au début d'une carrière ont besoin d'apprendre jusqu'aux plus petites choses, et pour qui un ouvrage élémentaire ne saurait offrir trop de détails.

Éviter la confusion, rejeter le superflu, distribuer la matière d'après un ordre rationnel et facile à saisir, et par-dessus tout, présenter les démonstrations avec cette clarté et cette précision qui seules sont accessibles à une intelligence peu exercée ; tel est le but qu'il s'est proposé d'atteindre.

Il serait inutile de détailler ici le plan de l'ouvrage : l'inspection de la table suffira pour en donner une idée. Quant aux matières neuves qui y sont traitées, l'auteur attend le jugement d'un public éclairé, avec cette confiance qu'inspire nécessairement un ouvrage consciencieux.

INTRODUCTION.

Les élèves qui veulent passer immédiatement de l'étude de l'Arithmétique à celle de la Géométrie ont besoin d'avoir quelques notions préliminaires qui vont faire le sujet de cette introduction.

Des Signes et de leur emploi.

Lorsqu'on soumet les nombres aux opérations de l'Arithmétique, on leur fait éprouver des modifications qui ne permettent plus de reconnaître les rapports qui lient les résultats obtenus aux *données* de la question proposée. Ainsi l'emploi de ces nombres devient insuffisant dans les sciences qui, comme l'Algèbre et la Géométrie, ont pour but principal de découvrir les relations qui existent entre les quantités dont elles s'occupent. C'est pourquoi l'on fait usage alors de *caractères* qui, dans leurs combinaisons, puissent laisser en évidence la marche que chacun d'eux a suivie, et donner par là des résultats également applicables à tous les cas analogues à celui de la question que l'on a traitée.

Ces caractères sont ordinairement les lettres de l'alphabet, A, B, C,..... X, Y, Z. Ainsi, pour nous, ces signes représenteront des grandeurs; ce seront tantôt des distances, tantôt des volumes, etc.

Mais ces quantités devront être soumises au calcul; et comme sous cette forme elles ne sauraient se prêter aux opérations que l'on effectue sur les nombres, il a fallu inventer des signes pour y suppléer. Ces signes sont :

$+$ (*plus*) pour l'addition. Ainsi quand on veut exprimer

qu'une quantité A doit être ajoutée à une autre quantité B, on écrit $A + B$.

$-$ (*moins*) pour la soustraction. Ainsi, pour marquer la différence qui existe entre les quantités A et B, on pose $A - B$.

$\times$ (*multiplié par*) pour la multiplication. En sorte que $A \times B$ désigne le produit des deux quantités A et B.

Enfin, pour indiquer la division, on place les deux quantités l'une sous l'autre, comme pour les fractions ordinaires, en les séparant par un trait, ou bien l'une à côté de l'autre en posant deux points entre elles. Ainsi $\frac{A}{B}$ et $A : B$ représentent également le quotient de la division de A par B.

$=$ (*égal à*) pour exprimer l'égalité. Quand on écrira $A = B$, on annoncera donc par là que la quantité A a la même valeur que la quantité B. De même $A + B = C - D$ exprime que la somme des quantités A et B est égale à la différence des deux autres C et D.

$>$ *ou bien* $<$ est le signe de l'inégalité. On le place entre deux quantités pour annoncer qu'elles ne sont pas égales, et pour plus de clarté, l'on convient de mettre la plus petite du côté de la pointe. Ainsi $A > B$ désigne que la quantité A est plus grande que la quantité B, et $D < C$ exprime que D est plus petit que C.

On peut poser indifféremment $A > B$ ou bien $B < A$.

Lorsqu'on veut marquer qu'une quantité est élevée au carré, c'est-à-dire multipliée par elle-même, on l'affecte du chiffre 2 qu'on place après et en haut de cette quantité. Ainsi A^2 représente le carré de A, ou bien le produit $A \times A$. Ce signe porte le nom d'*exposant*.

De même pour indiquer qu'une quantité est élevée au cube, on l'affecte de l'exposant 3, en sorte que A^3 est la même chose que le produit $A \times A \times A$.

$\sqrt{}$ (*radical*). Ce signe sert à indiquer l'extraction de la racine carrée; ainsi $\sqrt{A}$ représente la racine carrée de A, et $\sqrt{A+B-C}$ celle de $A+B-C$. Par conséquent on peut poser $\sqrt{A^2}=A$.

Ce même signe s'emploie aussi pour la racine cubique ; mais pour distinguer celle-ci de l'autre, on l'affecte de l'*indice* 3, comme ci-après $\sqrt[3]{\ }$. C'est ainsi que $\sqrt[3]{A}$ et $\sqrt[3]{A-B}$ désignent les racines cubiques de A et de $A-B$; donc $\sqrt[3]{A^3}=A$.

Lorsque diverses quantités sont réunies les unes aux autres au moyen des signes $+$ et $-$, on les désigne en particulier par le nom de *terme*. Celles qui sont précédées du signe $+$ sont appelées *termes positifs*, et si c'est le signe $-$ qui les précède on les nomme *termes négatifs*. Un terme écrit sans signe est toujours censé positif.

Quelquefois une quantité composée de plusieurs termes doit pourtant être employée comme si elle n'en formait qu'un seul, et alors, pour éviter toute confusion, on la renferme entre deux parenthèses : ainsi pour indiquer l'addition des quantités $A+B$ et $D-C$ on écrit $(A+B)+(D-C)$; si l'on voulait les retrancher on poserait $(A+B)-(D-C)$; leur produit s'exprimerait par $(A+B)\times(D-C)$, ou bien $(A+B)(D-C)$; enfin leur quotient, par $\frac{(A+B)}{(D-C)}$, ou bien $\frac{A+B}{D-C}$.

On comprend aussi que l'expression $(A+B-C)^2$ indique le carré de $A+B-C$, ou bien de la quantité que l'on obtient lorsque de la somme des deux quantités A et B on retranche la quantité C.

Mais lorsqu'on ne fait pas usage de parenthèses, les signes qui précèdent les divers termes sont soumis à des lois qu'il importe de connaître.

Ainsi soit proposé d'ajouter les quantités A, B, C ; on écrira $A+B+C$. Mais si l'on voulait ajouter A et $B-C$, il faudrait observer que A doit être augmenté de la différence qui existe entre B et C; c'est-à-dire qu'il doit augmenter de B et diminuer de C, en sorte que l'on aurait pour somme A + B — C. De là cette règle que, *pour additionner des quantités affectées des signes + et —, il faut les écrire à la suite les unes des autres avec leurs signes respectifs.*

D'après ce principe, la somme de A—B et de —D+E—F sera A — B — D + E — F.

Si l'on avait à ajouter plusieurs fois une quantité à elle-même, on abrégerait l'écriture en plaçant devant cette quantité un nombre qui indiquât cette addition; ainsi, au lieu d'écrire A + A + A, on posera 3A. De même 7(A — B) représentera sept fois la différence A — B. Ce nombre, placé ainsi comme facteur devant une quantité, s'appelle son *coefficient.*

Passons maintenant à la soustraction.

Si l'on voulait retrancher B de A on poserait A — B; mais, si c'était B — D qu'il fallût retrancher, on devrait écrire A—B+D; en effet, la quantité A ne doit diminuer que de la différence qui existe entre B et D, c'est-à-dire diminuer de B et augmenter de D; ainsi la quantité à soustraire change de signe. Par conséquent, *pour retrancher des quantités affectées des signes* + et — *d'autres quantités, il faut les écrire à la suite de celles-ci, en ayant soin de changer les signes des termes à soustraire.*

On voit par là que A—B diminué de M—N+P donne pour reste A — B — M + N — P.

Les résultats fournis par l'addition et la soustraction sont quelquefois susceptibles de *réductions.* Si l'on avait, par exemple, à faire la somme des deux quantités A—B et B+C, on poserait, d'après la règle connue, A — B + B + C; mais — B et + B se détruisent mutuellement et peuvent être effacés; ainsi cette somme se réduit à A + C.

De même 3A — 4B ajoutés à 5A + 2B donnent 3A — 4B + 5A + 2B, ce qui se réduit à 8A — 2B; car ajouter trois fois A et ensuite cinq fois, c'est l'ajouter huit fois, tandis que retrancher quatre fois B et l'ajouter deux fois revient à les retrancher deux fois seulement.

Il existe aussi des règles pour les signes dans la multiplication et la division des quantités *littérales;* mais leur application n'étant pas usitée en Géométrie, nous renvoyons aux traités d'Algèbre.

Des égalités.

D'après l'emploi des lettres tel que nous l'avons fait ci-dessus, il est facile de concevoir que des expressions très différentes en apparence, peuvent cependant être égales au fond. Lorsque cela a lieu, si l'on réunit ces quantités par le signe $=$, on formera ce qu'on nomme des *égalités*.

Par exemple, si la somme des deux quantités A et B est égale à la différence $C - D$ augmentée de la quantité E, on pourra poser l'égalité

$$A + B = C - D + E.$$

Une égalité se compose de deux *membres*. Tout ce qui est à gauche du signe $=$ s'appelle le *premier membre*, et ce qui est à droite porte le nom de *second membre*. Chaque membre peut d'ailleurs renfermer un ou plusieurs termes.

Les égalités jouissent de quelques propriétés importantes que nous allons faire connaître.

1°. Soit l'expression $A = B + C$ qui indique que la quantité A est égale à la somme des deux autres B et C. Si l'on retranchait C du second membre, le reste B serait plus petit que le premier membre A de toute la quantité C. Ainsi, pour rétablir l'égalité, il faudra diminuer A de cette même quantité, c'est-à-dire écrire $A - C = B$. Par là le terme C a changé de membre, mais on voit qu'en même temps il a changé de signe.

Soit de même $A + B = C$; si l'on efface B le premier membre deviendra plus petit que le second de la quantité B, et pour que l'égalité puisse persister, il faudra faire subir la même diminution à C en posant $A = C - B$.

On prouverait également que $A - B = D$ revient à $A = D + B$, et que $A - C + E = D$ est la même chose que $A - D = C - E$.

Ceci prouve donc que *l'on peut toujours faire passer un terme d'un membre dans l'autre, pourvu qu'on l'écrive dans cet autre avec un signe contraire à celui qu'il avait d'abord.*

2°. En second lieu, soit l'égalité $A + B = C + B$. Il est bien évident que le terme B commun aux deux membres peut être supprimé sans que l'égalité soit détruite, et qu'ainsi on aura $A = C$.

De même l'égalité $A = C$ donnera, en ajoutant une même quantité M à chacun de ses membres, $A + M = C + M$.

Donc *on peut toujours augmenter ou diminuer d'une même quantité les deux membres d'une égalité sans la détruire.*

3°. Soit $A = B$; si l'on rendait en même temps chaque membre un même nombre de fois plus grand ou plus petit, l'égalité ci-dessus ne cesserait pas d'avoir lieu; ainsi elle pourra devenir évidemment $A \times N = B \times N$ ou bien $\frac{A}{D} = \frac{B}{D}$.

De même l'égalité $\frac{A}{B} = D$ revient à $A = D \times B$, car c'est multiplier chaque membre par B.

L'égalité $\frac{A}{B} = \frac{C}{D}$ donne d'abord, en multipliant par B, $A = \frac{C \times B}{D}$, et ensuite en multipliant, par D, $A \times D = C \times B$.

Il résulte de là que *l'on peut multiplier ou diviser en même temps les deux membres d'une égalité par une même quantité, sans altérer l'égalité.*

4°. Maintenant, si l'on a deux égalités quelconques et qu'on les ajoute ou bien qu'on les retranche membre à membre, les résultats fournis par les deux premiers membres seront évidemment égaux à ceux produits par les seconds, en sorte qu'ils constitueront encore des égalités. Ainsi $A = B$ et $M = N$ donneront en les ajoutant, l'égalité $A + M = B + N$, et en les retranchant l'égalité $A - M = B - N$.

De même, si l'on multiplie ou si l'on divise ces égalités membre à membre, le produit et le quotient des deux premiers membres ne pourront pas être différens du produit ou du quotient des deux seconds membres, en sorte que l'on aura encore les égalités $A \times M = B \times N$ et $\frac{A}{M} = \frac{B}{N}$.

5°. Une égalité étant donnée, on peut élever ses deux membres au carré ou au cube, ou bien en extraire les racines, sans que l'égalité cesse d'avoir lieu ; car il est évident que si deux racines sont égales, leurs puissances de même rang le seront aussi, et que lorsque ces dernières le sont, les racines qui les ont produites doivent l'être également. Ainsi $A = B$ donnera $A^2 = B^2$, $A^3 = B^3$, et $\sqrt{A} = \sqrt{B}$ revient à $A = B$. De même $A = C - D$ donne $\sqrt{A} = \sqrt{C - D}$.

6°. Enfin, observons encore que si deux égalités avaient un membre commun, les deux autres membres formeraient une nouvelle égalité ; car si l'on a par exemple $A = B - C$ et $A = D + N$, il faut nécessairement que $B - C = D + N$.

Tout ce que nous venons de dire pour les égalités s'applique aussi aux *inégalités ;* c'est-à-dire *à la réunion de deux membres inégaux*. En effet, si l'on fait subir en même temps un même changement à chaque membre, la relation qui existait auparavant entre les deux membres ne pourra pas avoir été altérée, et par conséquent ils seront inégaux après comme ils l'étaient en principe. Ainsi l'on peut augmenter ou diminuer d'une même quantité les deux membres d'une inégalité sans qu'elle cesse d'avoir lieu. On peut aussi les multiplier ou les diviser par une même quantité, etc. Ainsi l'inégalité $A > B - D$ donne $A + M > B - D + M$; et $A < B$ revient à $A \times N < B \times N$ et à $\frac{A}{N} < \frac{B}{N}$.

Enfin, pour faire passer un terme d'un membre dans un autre sans altérer l'inégalité, il suffira de l'écrire dans cet autre avec un signe contraire à celui qu'il avait auparavant, ainsi $A < B + C$ donne $A - C < B$.

Des proportions.

Toutes les propriétés reconnues en arithmétique entre quatre nombres qui sont en proportion, existent également pour quatre lettres qui seraient dans le même cas; mais comme les élèves, peu familiarisés avec ces derniers caractères, pourraient avoir quelque peine à leur appliquer les démonstrations, il est à propos d'exposer ici la théorie des proportions littérales. Son importance d'ailleurs est telle qu'on ne saurait trop s'y appesantir.

On donne le nom de *rapport* au résultat de la comparaison de deux grandeurs. Mais les quantités abstraites, comme les nombres, ne peuvent fournir que deux espèces de rapports; car on ne peut les comparer que pour savoir de combien l'une surpasse l'autre, ou combien de fois l'une contient l'autre.

Pour le premier cas, il faut effectuer une soustraction, et le résultat obtenu, ou la *différence*, porte le nom de *rapport par différence*, ou bien *rapport arithmétique*.

Dans le second cas il faut faire une division, et le quotient obtenu est dit *rapport par quotient*, ou *rapport géométrique*.

Ce dernier est le seul dont nous allons nous occuper, et on le désigne ordinairement par le mot *rapport* simplement. Ainsi, lorsque nous parlerons du rapport de deux quantités, il faudra toujours entendre que c'est le quotient de leur division.

$\frac{A}{B}$, ou bien A : B expriment donc le *rapport* ou le quotient de A par B.

Il suffit de comprendre la théorie de la division pour reconnaître que des quantités, d'ailleurs très différentes, peuvent, quand on les compare deux à deux, donnner le même rapport: or, lorsque cette particularité existe entre quatre quantités, on l'exprime en disant que ces quantites sont *proportionnelles*, ou bien qu'elles forment une *proportion*.

Une proportion est donc la réunion de deux rapports égaux;

par conséquent, si le quotient de A par B est le même que celui de C par D, les quatre quantités A, B, C, D seront proportionnelles; et pour indiquer cette proportion, on l'écrira de la manière suivante :

$$A : B :: C : D, \quad \text{ou bien} \quad \frac{A}{B} = \frac{C}{D}.$$

Ces quantités A, B, C, D sont appelées les *quatre termes de la proportion;* ceux des extrémités A et D portent le nom d'*extrêmes*, et les intermédiaires B et C sont dits *moyens*. On nomme encore *antécédens* le premier terme A, et le troisième C, qui sont les deux dividendes; tandis que les deux autres B et D s'appellent les *conséquens*.

Toute proportion jouit d'une propriété *fondamentale* d'où découlent toutes les autres. Elle consiste en ce que *le produit des extrêmes est toujours égal au produit des moyens*.

Pour la démontrer, prenons la proportion générale

$$A : B :: C : D \quad \text{qui revient à} \quad \frac{A}{B} = \frac{C}{D}.$$

Si nous réduisons ces deux fractions au même dénominateur en multipliant les deux termes de chacun par le dénominateur de l'autre, nous obtiendrons l'égalité $\frac{A \times D}{B \times D} = \frac{C \times B}{B \times D}$. Mais ici le dénominateur étant le même dans les deux membres, on pourra le supprimer sans altérer l'égalité; par conséquent, $A \times D = C \times B$; c'est-à-dire que, quels que soient A, B, C, D, il faut, pour qu'il y ait proportion entre eux, que le produit $A \times D$ des extrêmes soit égal au produit $C \times B$ des moyens.

Réciproquement. Lorsque le produit de deux quantités est égal à celui de deux autres, ces quatre quantités forment une proportion. Car, si $A \times D = B \times C$, on aura, en divisant par D, $A = \frac{B \times C}{D}$, et ensuite en divisant par B, il viendra $\frac{A}{B} = \frac{C}{D}$, qui est la même chose que la proportion $A : B :: C : D$.

Ainsi l'égalité de produit entre les moyens et les extrêmes, est en même temps le caractère et la condition d'existence d'une proportion ; par conséquent, on pourra faire subir à une proportion tous les changemens qui ne détruiront point cette égalité.

D'abord, il sera permis de transposer ses termes pour leur faire occuper successivement toutes les places ; car si, dans la proportion A : B :: C : D, on change de place les moyens, et ensuite les extrêmes, on obtiendra les transformations suivantes :

$$\begin{array}{l} A : C :: B : D, \\ D : B :: C : A, \\ D : C :: B : A, \\ C : A :: D : B, \\ C : D :: A : B, \\ B : A :: D : C, \\ B : D :: A : C, \end{array}$$

dans lesquelles il y a toujours proportion, puisque ce sont toujours les mêmes facteurs qui composent les produits des extrêmes et des moyens.

Mais, avant d'aller plus loin, observons que la propriété fondamentale d'une proportion donne le moyen de retrouver un des termes de cette proportion dans le cas où l'on n'en connaîtrait que trois ; c'est-à-dire de déterminer une quatrième quantité qui, avec trois autres données d'avance, forment une proportion.

En effet, soient A, B, C les quantités connues, et x l'inconnue qui doit former le quatrième terme de la proportion

$$A : B :: C : x.$$

Puisque cette proportion doit exister, il faut que le produit de l'extrême connu A par l'extrême inconnu x soit le même que celui des deux moyens ; ainsi l'on devra avoir l'égalité $A \times x = B \times C$, d'où $x = \frac{B \times C}{A}$.

C'est-à-dire que pour connaître x, *il faut diviser le produit des deux moyens par l'extrême connu.*

On prouverait pareillement que, si l'inconnue x était un moyen, il faudrait, pour l'obtenir, diviser le produit des extrêmes par le moyen connu.

Dans tous les cas, cette valeur de x ainsi déterminée s'appelle une *quatrième proportionnelle géométrique* aux trois quantités A, B, C.

Il arrive quelquefois, dans une proportion, que les moyens, ou bien les extrêmes, sont égaux, comme, par exemple, dans la proportion A : B :: B : C.

Alors, en faisant le produit des extrêmes et des moyens, on obtient l'egalité $B^2 = A \times C$, qui donne, en extrayant la racine carrée de chaque membre, $B = \sqrt{A \times C}$.

Dans ce cas, on dit que le terme B est *moyen proportionnel* entre A et C. Ainsi, *une moyenne proportionnelle géométrique entre deux quantités est égale à la racine carrée du produit de ces quantités.*

Cette proposition fournit le moyen de trouver une moyenne proportionnelle à deux quantités données.

Passons maintenant aux autres propriétés dont jouissent les proportions.

1°. *Si, dans une proportion, les deux termes d'un rapport sont égaux entre eux, il faudra que les deux termes de l'autre le soient aussi.* Car si l'on a A : A :: B : C, ou bien $\frac{A}{A} = \frac{B}{C}$, il faut nécessairement, pour que cette égalité puisse exister, que $C = B$.

2°. *Dans une proportion, lorsque les antécédens sont égaux, il faut que les conséquens le soient aussi :* car A : B :: A : C, revient, en changeant les moyens de place, à A : A :: B : C, d'où $B = C$.

3°. *Si deux proportions ont un rapport commun, leurs autres rapports formeront une proportion nouvelle ;* car ces derniers étant chacun en particulier égaux à un même rapport, devront être égaux entre eux. C'est ainsi que... A : B :: C : D et A : B :: M : N donnent C : D :: M : N.

4°. *Lorsque deux proportions ont les mêmes antécédens, leurs conséquens sont proportionnels :* en effet, si l'on a

A : B :: C : D et A : M :: C : N,

et que l'on change les moyens de place, on retombe dans le cas précédent ; car on obtient

A : C :: B : D et A : C :: M : N;

d'où B : D :: M : N,

ou bien B : M :: D : N.

Il en serait de même pour les antécédens, si c'était les conséquens qui fussent égaux.

5°. *Si deux proportions ont les mêmes moyens, leurs extrêmes formeront une proportion :* car, dans ce cas, ces extrêmes donneront deux produits égaux entre eux. Ainsi, soient

A : B :: C : D et M : B :: C : N;

ces proportions donnneront les produits égaux

$A \times D = B \times C$ et $M \times N = B \times C$:

donc $A \times D = M \times N$, ce qui revient à

A : M :: N : D, ou bien M : A :: D : N.

Observons que les deux termes qui appartiennent à la même proportion doivent former ou les deux moyens, ou les deux extrêmes de la proportion finale.

Si c'était les extrêmes qui fussent égaux dans les deux proportions données, nous aurions trouvé également que les moyens étaient proportionnels.

6°. *On peut multiplier ou diviser les deux termes d'un rapport par une même quantité, sans altérer ce rapport.* En effet, le quotient d'une division ne change pas lorsqu'on multiplie ou que l'on divise ses deux facteurs par un même nombre ; car par là, le dividende et le diviseur devenant un même nombre de fois plus grands ou plus petits, conservent la même relation entre eux ; ainsi le rapport $\frac{A}{B}$ est égal à $\frac{A\times N}{B\times N}$. Si donc on a la proportion A : B :: C : D qui devient $\frac{A}{B}=\frac{C}{D}$, on pourra remplacer A et B par A × N et B×N, et poser $\frac{A\times N}{B\times N}=\frac{C}{D}$, ce qui donne A×N : B×N :: C : D.

On aurait de même A : B :: C×N : D×N, et par suite A×N : B×N :: C×N : D×N.

Ce qui prouve *que l'on peut multiplier ou diviser les quatre termes d'une proportion, ou bien les deux termes d'un de ses rapports seulement, par une même quantité, sans détruire cette proportion.*

7°. *On peut multiplier ou diviser les deux antécédens par une même quantité, sans détruire une proportion.*

Soit la proportion A : B :: C : D, qui devient, en changeant les moyens de place, A : C :: B : D.

Mais, puisqu'on peut multiplier ou diviser les deux premiers termes d'une proportion sans l'altérer, cette dernière donnera

$$A \times N : C \times N :: B : D;$$

et, si l'on transpose les moyens, on obtiendra enfin

$$A \times N : B :: C \times N : D.$$

Ce qu'on dit pour les antécédens s'applique aux conséquens ; ainsi l'on aurait pareillement

$$A : B \times N :: C : D \times N.$$

8°. *Lorsqu'on multiplie deux proportions, terme à terme, les produits obtenus forment une nouvelle proportion.*

Soient les proportions

$$A : B :: C : D \quad \text{et} \quad M : N :: P : Q$$

qui reviennent aux égalités

$$\frac{A}{B}=\frac{C}{D} \text{ et } \frac{M}{N}=\frac{P}{Q}.$$

Si l'on multiplie les deux premiers membres, $\frac{A}{B}$ et $\frac{M}{N}$, l'un par l'autre, on devra obtenir le même produit qu'en multipliant les deux seconds membres $\frac{C}{D}$ et $\frac{P}{Q}$; car les facteurs employés dans chaque cas sont égaux :

on aura donc $$\frac{A\times M}{B\times N}=\frac{C\times P}{D\times Q};$$

et par conséquent

$$A\times M : B\times N :: C\times P : D\times Q.$$

On prouverait de même qu'on peut les diviser terme à terme.

Il est facile d'étendre ce principe à un nombre quelconque de proportions, et de démontrer qu'en les multipliant terme à terme, les quatre produits obtenus donneront toujours une proportion.

9°. *Lorsqu'on élève les quatre termes d'une proportion au carré ou au cube, leurs puissances sont encore proportionnelles.*

Cela résulte du cas précédent ; car élever une proportion à une puissance, c'est la multiplier terme à terme par elle-même. Ainsi donc

$$A : B :: C : D \text{ donnera } \begin{cases} A^2 : B^2 :: C^2 : D^2 \\ A^3 : B^3 :: C^3 : D^3 \end{cases}$$

10°. *Lorsqu'on extrait la racine carrée ou la racine cubique des quatre termes d'une proportion, les résultats obtenus formeront une autre proportion ;* car, s'il en était autrement, les puissances de ces racines, c'est-à-dire leurs produits, ne pourraient pas être proportionnels. Ainsi

$$A : B :: C : D \text{ donnera } \sqrt{A} : \sqrt{B} :: \sqrt{C} : \sqrt{D}.$$

11°. *La somme des deux premiers termes d'une proportion*

est, à l'un d'eux, comme la somme des deux derniers est à un de ces derniers (analogue au premier). En effet, soit la proportion A : B :: C : D.

Si l'on ajoute le conséquent B à l'antécédent A, la somme A + B contiendra B une fois de plus que ne le contenait A tout seul, ainsi le rapport $\frac{A+B}{B}$ sera plus fort d'une unité que le rapport $\frac{A}{B}$; de même, si l'on ajoute le conséquent D à l'antécédent C, le rapport $\frac{C+D}{D}$ sera plus fort d'une unité que la rapport $\frac{C}{D}$.

Par conséquent, on aura $\frac{A+D}{B} = \frac{C+B}{D}$, toutes les fois que que $\frac{A}{B} = \frac{C}{D}$, et par suite

$$A + B : B :: C + D : C.$$

On aurait de même A + B : A :: C + D : C.

Enfin, on démontrerait que cette même propriété existe pour la différence, et que l'on a également

$$A - B : B :: C - D : D,$$
$$A - B : A :: C - D : C.$$

12°. *Dans une proportion, la somme ou la différence des antécédens est à la somme ou à la différence des conséquens, comme un antécédent est à son conséquent.*

Soit la proportion A : B :: C : D;
si nous changeons les moyens de place, elle deviendra

$$A : C :: B : D;$$

et en appliquant à cette dernière la propriété ci-dessus, nous aurons

A + C : C :: B + D : D, et A — C : C :: B — D : D.

Maintenant, si nous transposons encore les moyens, nous

obtiendrons :

$$A + C : B + D :: C : D :: A : B,$$
$$A - C : B - D :: C : D :: A : B;$$

ce qui prouve l'énoncé de la question.

Enfin, on tire encore de ces dernières

$$A + C : B + D :: A - C : B - D;$$

ce qui apprend, de plus, que *la somme des antécédens et la somme des conséquens sont entre elles, comme la différence des premiers est à celle des derniers.*

Lorsqu'on a une suite de rapports égaux, tels que..... $\frac{A}{B} = \frac{C}{D} = \frac{E}{F} = \frac{G}{H}$, etc.,..... on les écrit de la manière suivante :

$$A : B :: C : D :: E : F :: G : H, \text{ etc.}$$

Cette suite jouit de toutes les propriétés que nous venons de démontrer pour une proportion simple; mais il suffit de signaler ici la plus utile : ainsi, en ne considérant que les quatre premiers termes, nous aurons d'abord, en vertu du n° 12,

$$A + C : B + D :: C : D;$$

mais, comme $C : D :: E : F$, nous pourrons poser

$$A + C : B + D :: E : F.$$

Celle-ci donnera pareillement, par suite du numéro cité,

$$A + C + E : B + D + F :: E : F,$$

et à cause de la relation $E : F :: G : H$, nous aurons

$$A + C + E : B + D + F :: G : H;$$

d'où

$$A + C + E : B + D + F + H :: G : H :: A : B.$$

Attendu qu'on pourrait pousser cette marche à l'infini, il est donc démontré que :

Dans une suite de rapports égaux, la somme des antécé-

dens est à la somme des conséquens, comme un antécédent est à son conséquent.

Voilà tout ce qu'il importe de connaître pour l'intelligence des démonstrations géométriques.

Observation. Les lettres que nous avons employées ci-dessus peuvent représenter comme nous l'avons dit, des quantités quelconques ; mais il faut supposer, en général, que ces quantités ont été comparées à leurs unités respectives, et alors les lettres A, B, C, etc., exprimeront des nombres qui seront d'ailleurs entiers ou fractionnaires, commensurables ou incommensurables, mais sur lesquels on pourra effectuer les opérations de l'arithmétique.

Définitions.

Pour terminer cette introduction, nous allons donner la définition des noms particuliers qui servent à désigner les diverses espèces de questions dont nous aurons à nous occuper dans ce cours. Ce sont les suivans :

Proposition. On donne, en général, le nom de proposition à l'énoncé d'une question quelconque.

Axiome. On appelle ainsi une proposition évidente par elle-même, et qu'il suffit d'énoncer pour que l'esprit en aperçoive de suite l'exactitude.

Théorème. Le théorème est une proposition vraie en elle-même, mais dont l'évidence ne devient sensible qu'à la suite d'un raisonnement qui lui sert de preuve, et qu'on appelle *démonstration.*

Problème. On donne le nom de problème à une question dont le but est de découvrir certaines quantités inconnues, au moyen d'autres quantités *données.* Le résultat obtenu est la *solution* du problème.

Lemme. Un lemme est une vérité destinée à servir de fondement à une autre proposition, et sur laquelle repose la démonstration d'un théorème, ou la solution d'un problème.

Corollaire. On nomme ainsi la conséquence qui résulte immédiatement d'une proposition.

Scolie. Ce mot désigne une remarque à laquelle donne lieu une proposition. Cette remarque est destinée à faire apercevoir les liaisons qui existent entre cette proposition et d'autres antérieures, ainsi qu'à en faire ressortir l'utilité.

Hypothèse. L'hypothèse est une supposition de laquelle on part pour arriver à la démonstration d'un principe.

Réciproque. Une proposition énoncée en sens inverse d'une autre, en est la *réciproque*.

Les vérités géométriques se déduisent d'un petit nombre d'axiomes qui servent de fondement à la démonstration de tous les principes, et que nous allons faire connaître.

Axiomes.

1°. Un tout est plus grand que sa partie.

2°. Le tout est égal à la somme de ses parties.

3°. Deux quantités respectivement égales à une troisième sont égales entre elles.

4°. Deux quantités égales, augmentées ou diminuées à la fois d'une même quantité, donnent des résultats égaux.

5°. Entre deux points donnés, il ne peut exister qu'un seul chemin qui soit le plus court.

On pourrait multiplier le nombre des axiomes, mais la rigueur de la science exige, au contraire, qu'on le restreigne autant que possible.

C'est pourquoi les géomètres s'attachent à démontrer certaines vérités qui paraissent palpables au premier abord; et cela, par égard pour leur importance et pour les nombreuses applications auxquelles elles sont destinées.

Le géomètre doit douter de tout ce qui ne lui est pas rigoureusement démontré; il faut même qu'il soit exigeant et sévère dans les preuves qui lui sont présentées, et qu'il ne se rende qu'à l'évidence parfaite.

COURS

DE

GÉOMÉTRIE ÉLÉMENTAIRE.

NOTIONS PRÉLIMINAIRES.

1. Avant d'entreprendre l'étude d'une science, il est nécessaire de connaître la valeur précise des principaux termes qu'elle emploie; mais il deviendrait superflu de donner, dès le début, une longue série de définitions dont la plupart seraient mal comprises, et qui surchargeraient inutilement la mémoire des élèves.

Nous nous bornerons donc à exposer ici les notions générales qui doivent servir à fixer nos idées, et nous prendrons pour règle de ne définir les termes spéciaux que là où le besoin s'en fera sentir.

2. Corps. Nous reconnaissons l'existence de la matière aux impressions diverses qu'elle produit sur nos sens, lesquelles constituent ses *propriétés*. Cette matière se présente à nous subdivisée en un nombre presque infini de parties distinctes qui possèdent des caractères individuels au moyen desquels nous les concevons isolées les unes des autres. Or, chacune de ces parties est un *corps*.

3. Espace. Le mot d'*espace* représente à notre esprit le vide absolu, l'infini dans tous les sens.

4. Étendue. On donne le nom d'*étendue* à une portion de l'espace, limitée, mais dégagée de toute matérialité.

5. Volume. Le *volume* d'un corps est la portion d'espace que ce corps occupe.

Il existe cette différence entre les mots étendue et volume, que ce dernier entraîne avec lui l'idée du corps auquel il appartient, tandis que l'étendue a un sens abstrait. Cependant le volume d'un corps s'appelle aussi quelquefois son *étendue*, sa *capacité*.

6. Dès que nous nous représentons un corps quelconque, nous reconnaissons en lui une certaine forme, et nous avons une idée de sa *longueur*, de sa *largeur* et de sa *hauteur* ou *épaisseur*, lesquelles ont été appelées les *trois dimensions* de ce corps. Ces dimensions sont quelquefois bien distinctes, comme, par exemple, dans une caisse, une pièce de bois équarrie, etc.; mais souvent elles sont confuses, comme on le voit dans une pierre brute, une boule, etc. Cependant on admet, en Géométrie, que l'étendue a trois dimensions, parce que leur considération satisfait aux besoins de la science.

7. Surface. On donne le nom de *surface* à la limite extérieure des corps, à ce qui les sépare du reste de l'espace.

La surface a donc nécessairement la forme du corps auquel elle appartient; et comme cette dernière varie à l'infini, on voit qu'il existe une infinité de surfaces différentes.

Le mot de surface exclut absolument toute épaisseur, toute matérialité; et c'est pour cela qu'on dit que *les surfaces sont des étendues à deux dimensions*.

Pour se faire une idée nette d'une surface, l'imagination peut se représenter un corps quelconque dont la longueur et la largeur resteraient constantes, pendant que l'épaisseur irait en diminuant jusqu'à devenir nulle. A cette limite il n'existera plus de corps, mais une surface de même longueur et de même largeur que le corps proposé.

Enfin, les surfaces sont telles, qu'en supposant que l'on pût en appliquer un nombre quelconque les unes sur les autres, leur ensemble ne présenterait pas la moindre épaisseur et ne constituerait qu'une seule surface.

8. Ligne. La surface étant bien comprise, on saisira aisément la définition de la *ligne*.

Une surface étant donnée, on peut encore admettre que l'une de ses deux dimensions aille en diminuant jusqu'à devenir nulle ; mais alors cette surface aura disparu et il ne restera plus qu'une ligne, c'est-à-dire *une longueur sans largeur ni épaisseur, une seule dimension.*

La forme de cette ligne sera dépendante de celle de la surface qui l'a produite ; par conséquent il peut y avoir une infinité de lignes différentes.

9. Point. Une ligne étant donnée, si l'on fait diminuer indéfiniment sa longueur jusqu'à ce qu'elle devienne nulle, on n'aura plus qu'un *point*, ou l'*absence de toute dimension.*

Le point, la ligne et la surface ne sont donc pas des objets existans dans la nature, mais de pures abstractions. Cependant il est indispensable de se pénétrer bien de leurs définitions, et de les admettre dans toute leur étendue, pour que les démonstrations géométriques aient tout le degré de rigueur que la science exige.

Par suite des notions ci-dessus, il est bien évident que si deux lignes se coupent, leur intersection sera un seul point commun à ces deux lignes ; et que si deux surfaces se traversent, les points de contact formeront une ligne commune à ces deux surfaces. On peut donc regarder la ligne comme formée d'une infinité de points, et la surface comme la réunion d'une infinité de lignes.

Les lignes et les surfaces peuvent être indéfiniment prolongées : aussi nous les supposerons toujours infinies, excepté les cas où leurs limites seront déterminées.

Il est facile de comprendre qu'un seul point peut appartenir à la fois à une infinité de lignes différentes qui se dirigeraient dans tous les sens.

10. Cela posé, lorsque deux points A et B (fig. 1) sont donnés dans l'espace, on peut toujours, quelle que soit la distance qui les sépare, supposer qu'ils appartiennent à une

même ligne, et imaginer qu'un nombre quelconque de lignes différentes viennent passer par ces deux points. Or, les portions de chacune de ces lignes comprises entre les deux points A et B, constitueront une série de routes diverses pour aller du point A au point B. Mais parmi toutes ces longueurs différentes, il en existera une qui sera nécessairement la plus courte possible. Cette plus courte ligne porte le nom de *ligne droite*.

Une ligne (fig. 2) peut être composée de plusieurs portions de lignes droites qui, en se réunissant bout à bout, suivent des directions différentes; et, dans ce cas, elle porte le nom de *ligne brisée* ou *polygonale*.

Enfin, une ligne (fig. 3) peut être telle, qu'aucune portion appréciable ne soit droite, c'est-à-dire ne soit le plus court chemin qui existe entre les extrémités de cette portion; alors on l'appelle *ligne courbe*.

Une ligne peut d'ailleurs être en partie droite, ou polygonale, et en partie courbe; on la nomme alors *mixte*.

11. Il est facile d'admettre que deux points A et B donnés dans l'espace appartiennent en même temps à une infinité de surfaces différentes; car, puisque ces deux points peuvent être communs à une infinité de lignes, ayant des formes et des positions quelconques, on peut supposer que ces lignes font partie d'autant de surfaces distinctes.

De même, une surface étant donnée, on peut toujours mener entre deux quelconques de ses points une infinité de lignes différentes qui seront, les unes sur cette surface, et les autres en dehors.

Cela posé, une surface qui serait telle, qu'en joignant deux quelconques de ses points par une ligne droite, cette droite tout entière se confondrait exactement avec la surface, porte le nom de *surface plane* ou de *plan*.

Plusieurs surfaces planes qui se coupent deux à deux, déterminent une surface *polyédrale* ou *brisée*.

Enfin, on donne le nom de *surface courbe* à celle dont aucune portion appréciable n'est rigoureusement plane.

Une surface peut d'ailleurs être composée de parties planes et de parties courbes, et s'appelle alors *surface mixte*.

12. Les lignes, les surfaces et les volumes sont des quantités de nature différente, et elles ne pourront pas être comparées à une même unité; par conséquent, il faudra que nous déterminions une *unité linéaire*, une *unité de surface*, et une *unité de volume*.

Les points, les lignes, les surfaces et les volumes, combinés entre eux d'après certains modes déterminés, et comparés sous le rapport de leurs grandeurs, de leurs positions et de leurs formes, fournissent une série de propriétés, ou *principes élémentaires*, qui reçoivent une infinité d'applications utiles.

Or, la Géométrie *est la science qui a pour objet d'étudier ces principes, d'en faire connaître les relations et d'en déduire les règles au moyen desquelles on peut mesurer les trois espèces d'étendue dont nous avons parlé.*

Mais les propriétés de l'étendue dépendent, ainsi que nous le verrons plus tard, de celles de la ligne droite, qui est la plus simple des lignes, et de celles du plan, qui est la plus simple de toutes les surfaces; ainsi, c'est par l'étude de ces deux dernières qu'il faut commencer un cours de Géométrie.

13. Ce Traité sera divisé en deux parties.

Dans la première partie, nous exposerons d'abord les propriétés des lignes, les résultats de leurs combinaisons entre elles, leur mesure, leur emploi comme limites des surfaces; ensuite, nous étudierons les surfaces planes, nous donnerons leur mesure, et nous chercherons à découvrir les relations qui existent entre leur étendue et la longueur des lignes qui servent à les limiter.

Dans cette première partie, qui embrasse l'étendue à une et à deux dimensions, toutes les figures que nous considérerons seront tracées sur un même plan, et c'est pour cela qu'on la désigne sous le nom de *Géométrie plane*.

Dans la seconde partie, nous exposerons les résultats de la

combinaison des plans, leur emploi dans la formation des surfaces des divers corps, les propriétés de l'étendue à trois dimensions, sa mesure et les rapports qui existent entre les volumes et leurs limites. Cette seconde partie constitue la *Géométrie dans l'espace.*

Chaque partie sera subdivisée en divers chapitres, et ceux-ci en paragraphes, dans le but d'en faciliter l'étude, de coordonner les différentes parties de la science, et de réunir les objets qui ont le plus de rapports entre eux.

14. Mais, avant d'entrer en matière, il importe de donner la définition de deux expressions fréquemment employées en Géométrie, et sur lesquelles les élèves doivent avoir des idées précises. Ce sont les mots *égal* et *équivalent.*

D'après les notions ci-dessus, on voit que l'idée de la forme d'une surface entraîne avec elle celle du corps auquel cette surface appartient (comme le moule représente l'objet), de telle sorte qu'on peut se représenter un corps, abstraction faite de sa matière; et c'est sous ce point de vue que les géomètres considèrent l'*étendue.* Ainsi, pour nous, il n'y aura dans la nature que des formes, des dimensions, mais point de matière.

Par suite de cette supposition, les corps seront pénétrables et pourront toujours être placés les uns dans les autres : leur intérieur sera vide, et alors nous pourrons y tracer toutes les constructions dont nous aurons besoin, et les apercevoir très distinctement.

Cela posé, lorsque deux quantités géométriques (lignes, surfaces, volumes) seront telles que, placées l'une sur l'autre, ou l'une dans l'autre, elles coïncideront exactement dans tous leurs points, de manière à n'en former plus qu'une seule; ces quantités seront *égales* ou *superposables.* Ce sera l'*égalité absolue.*

Au contraire, si deux quantités, sous des formes différentes, renferment pourtant une même étendue, alors elles sont dites *équivalentes.* C'est l'*égalité de grandeur.*

PREMIÈRE PARTIE.

GÉOMÉTRIE PLANE.

CHAPITRE PREMIER.

DES LIGNES.

15. Il n'y a que deux espèces de lignes, la *droite* et la *courbe;* car la ligne brisée et la mixte ne sont qu'un assemblage des deux premières.

Il nous est impossible de tracer une ligne géométrique, puisqu'elle est immatérielle; mais comme, pour la démonstration des nombreuses propositions qui vont nous occuper, nous aurons besoin de *figurer les données,* nous tracerons à la plume ou au crayon, des lignes que notre imagination n'aura pas de peine à se représenter comme immatérielles.

§ Ier. — DE LA LIGNE DROITE.

16. Nous avons défini la ligne droite : *le plus court chemin d'un point à un autre* (n° 10). Mais ces deux points donnés pouvant être éloignés d'une quantité quelconque, rien ne limite la longueur d'une ligne droite, et par conséquent elle peut toujours être supposée *infinie.* Alors, pour généraliser la définition, on peut dire qu'une ligne est droite, lorsque

pour aller de l'un à l'autre de deux quelconques de ses points par le plus court chemin, il faut suivre constamment cette ligne, sans jamais dévier de sa direction.

Une infinité de lignes droites peuvent passer par un même point; mais par deux points donnés, il ne peut passer qu'une seule ligne droite, car il n'y a qu'un seul chemin qui soit le plus court : ces deux points d'ailleurs pouvant être placés à une distance quelconque, il en résulte que deux points donnés déterminent la position d'une droite, et que deux droites qui ont deux points communs coïncident exactement dans toute leur étendue et n'en forment qu'une seule. C'est pour cela qu'on désigne une droite (fig. 4) par deux lettres, A et B, placées à deux de ses points.

Deux lignes droites sont donc, par leur nature, nécessairement superposables, et ne peuvent se couper qu'en un seul point.

17. Les lignes droites prennent diverses dénominations, selon les positions où elles se trouvent.

Parmi les directions infinies qu'on peut donner à une droite, il en est deux de remarquables : la première est celle qui est indiquée par un corps pesant librement suspendu à un fil (fil-à-plomb); on la nomme *verticale* (fig. 5). La seconde est celle qui suit la direction de la surface des eaux tranquilles; on l'appelle *horizontale* (fig. 6). Dans toutes les autres positions intermédiaires, les lignes sont dites *inclinées* (fig. 7).

18. Deux droites situées sur un même plan, ne peuvent pas se croiser sans se couper; car autrement elles laisseraient entre elles une épaisseur de laquelle il faudrait conclure, ou que le plan n'est pas une simple surface, ou bien que les droites ne sont pas toutes les deux sur un même plan. Cela posé :

Lorsque deux droites sont situées sur un même plan, et qu'on suppose ces droites et ce plan indéfiniment prolongés, il arrivera de deux choses l'une, ou que ces droites se couperont, ou bien qu'elles ne se rencontreront jamais. Dans le premier cas, on les nomme *lignes concourantes*, et dans le second cas, on leur donne le nom de *lignes parallèles*.

DES LIGNES CONCOURANTES.

Des angles, des perpendiculaires et des obliques.

19. Deux lignes concourantes AC, DB (fig. 8), se coupent donc en un point O qui s'appelle leur point de *concours*, d'*intersection* ou de *rencontre*. Chaque ligne se trouve divisée à ce point en deux parties indéfinies appelées *segmens de droite*. Les quatre segmens OA, OC, OD, OB, peuvent être considérés comme les lignes de démarcation qui serviraient à diviser le plan qui les contient en quatre portions distinctes; or, chacune de ces portions porte le nom d'*angle*.

Ainsi, un angle est une portion de plan limitée par deux lignes droites qui partent d'un même point et se prolongent à l'infini.

Le point O s'appelle le sommet de ces angles, et les lignes OA, OC, OD, OB en sont les côtés, tandis que l'espace, infini dans un sens, qui est renfermé en deux lignes, est l'angle proprement dit.

On désigne ordinairement un angle par trois lettres placées l'une au sommet et les deux autres sur les côtés, en ayant soin d'énoncer celle du sommet la seconde; ainsi, l'on dit l'angle AOB, l'angle BOC, l'angle COD et l'angle DOA.

20. Deux lignes concourantes peuvent se couper sous une inclinaison quelconque et donner lieu à des angles plus ou moins grands; ainsi, la grandeur d'un angle est variable à l'infini. Mais parmi toutes ces positions diverses, il en est une qui mérite une attention particulière; c'est celle où les deux lignes AC, BD (fig. 9) sont disposées de manière à diviser le plan qui les renferme en quatre parties égales ou superposables. Dans ce cas, les deux lignes AC, BD sont dites *perpendiculaires* l'une à l'autre, et les angles égaux AOB, BOC, COD,

DOA portent le nom d'*angles droits*. *L'angle droit vaut donc le quart d'un plan.*

Dans toutes les autres positions les lignes AC, BD (fig. 8) sont *obliques*, et alors les angles qu'elles forment ne sont plus égaux. Deux d'entre eux AOB, DOC sont plus petits qu'un angle droit, et on les nomme *angles aigus;* tandis que les deux autres AOD, COB, plus grands qu'un droit, sont appelés *angles obtus*.

Les angles tels que BOA et AOD, placés d'un même côté d'une droite, et ayant un côté commun AO, portent le nom d'*angles adjacens;* ceux tels que BOA et DOC, qui n'ont que le sommet commun, et dont les côtés dirigés en sens inverses sont le prolongement les uns des autres, s'appellent *angles opposés au sommet.*

D'après cela, on voit évidemment qu'un angle droit est une quantité constante, et qu'ainsi tous les angles droits sont égaux et superposables, tandis que les angles aigus et obtus sont très variables en grandeur, et dépendent de l'inclinaison sous laquelle les deux lignes concourantes se coupent.

On a souvent besoin de considérer un angle isolé AOB (fig. 10), et alors on s'abstient de prolonger les côtés au-delà du sommet.

D'autres fois (fig. 11) il est nécessaire d'envisager deux angles adjacens seulement, et l'on se dispense de prolonger le côté commun DO.

Il ne faut pas oublier que les lignes sont toujours supposées indéfinies, et qu'ainsi la grandeur d'un angle est absolument indépendante de la longueur actuelle de ses côtés.

Les angles possèdent des propriétés qui sont d'une grande importance en Géométrie, et dont nous allons nous occuper.

THÉORÈME Ier.

21. *Sous quelque inclinaison que deux lignes droites se rencontrent, la somme de deux angles adjacens est constamment égale à deux angles droits.*

Si la ligne AB (fig. 12) est rencontrée au point O par la ligne OD, on conçoit que ce point O restant fixe, la ligne OD pourra tourner librement autour de lui pour prendre toutes les positions possibles entre OB et OA, telles que OM, ON, OP, etc...; mais lorsque cette ligne OD se déplacera, les angles DOB et DOA changeront de valeur, l'un augmentera et l'autre diminuera; or, il est facile de concevoir que la diminution de l'un sera précisément égale à l'augmentation de l'autre : car, si la ligne OD vient, par exemple, en ON, l'angle DOB sera devenu NOB et aura gagné l'angle NOD; tandis que l'angle DOA, qui deviendra NOA, aura perdu le même angle NOD. Ainsi, puisque l'un gagne ce que l'autre perd, la somme des deux angles adjacens est *constante*.

Mais, parmi toutes les positions que peut prendre OD, il y en aura une OC, où cette ligne sera perpendiculaire à AB; dans ce cas, les deux angles COB, COA seront droits, et leur somme vaudra donc deux angles droits; et puisque cette somme est constante, elle vaudra aussi deux angles droits dans toutes les autres positions.

Corollaire. — Il résulte de là que les angles adjacens formés par deux droites qui se rencontrent sont tels, que l'un ne peut pas être droit sans que l'autre le soit aussi, et que lorsque l'un est aigu, l'autre est obtus.

Scolie. — Les deux angles adjacens, à cause de la propriété qu'ils ont de valoir toujours deux angles droits, sont appelés *supplémentaires*.

Tandis que l'on donne le nom de *complémentaires* à deux angles aigus dont la somme vaut un angle droit.

THÉORÈME II.

22. Réciproquement : *Lorsque deux angles adjacens sont supplémentaires, les côtés extrêmes sont en ligne droite.*

Supposons que la somme des angles adjacens BOD, DOA (fig. 13), soit égale à deux droits. Si alors la ligne BOA n'était pas droite, on pourrait prolonger la partie AO pour former une droite AOC différente de AOB; mais puisque AOC est supposée droite, la somme des angles AOD et DOC vaudra deux angles droits (n° 21); donc on aura

$$BOD + DOA = BOD + DOC;$$

d'où l'on déduit, à cause du terme commun BOD, DOA = DOC. Ce qui est évidemment absurde tant que OC est différent de OB; par conséquent, il faut que BOA soit une ligne droite.

THÉORÈME III.

23. *Lorsque deux lignes droites se coupent, la somme des quatre angles formés autour du point de rencontre est toujours égale à quatre angles droits.*

En effet, les deux angles adjacens AOB, AOD (fig. 8) formés au-dessus de la ligne BD, valent deux angles droits (n° 21); mais, par la même raison, la somme des deux autres COD, COB formés au-dessous de la même ligne par le prolongement de AO, vaut aussi deux angles droits : donc, les quatre valent ensemble quatre angles droits.

Corollaire. — Lorsque l'un de ces angles sera droit, son adjacent, à droite et à gauche, le sera aussi, et par conséquent ils seront tous les quatre droits. Ainsi donc, on est assuré que deux lignes droites sont perpendiculaires, dès que l'un des quatre angles qu'elles font est droit. (Ceci légitime la définition du n° 20.)

THÉORÈME IV.

24. *La somme de tous les angles que forment entre elles un nombre quelconque de lignes droites situées dans un même plan, et qui passent par un même point, est égale à quatre angles droits.*

Soit O (fig. 14) le point commun à toutes les lignes AB, CD, GH, etc...; si l'on en considère deux seulement, AB et MN, par exemple, on verra que leurs quatre angles MOA, MOB, NOA, NOB, sont formés de la réunion de tous les autres, et qu'ils occupent exactement le même espace; mais ces quatre valant toujours quatre angles droits (n° 23), la somme totale des angles formés autour du point O vaudra aussi quatre angles droits.

Corollaire. — Les angles formés d'un même côté de la droite AB, par un nombre quelconque d'autres droites OD, OF, OM, OH, etc., qui partent d'un même point appartenant à la première, forment une somme qui est toujours la même que celle des deux angles adjacens MOA, MOB ; donc elle vaut deux angles droits.

THÉORÈME V.

25. *Lorsque deux droites se coupent, les angles opposés au sommet sont égaux.*

En effet, les deux droites AC, DB (fig. 8), en se coupant au point O, feront des angles adjacens supplémentaires, en sorte qu'on aura

$$AOB + AOD = 2 \text{ droits et } AOD + DOC = 2 \text{ droits};$$

donc, à cause du terme commun AOD, on doit avoir

$$AOB = DOC.$$

De même les angles adjacens AOD, AOB vaudront deux angles droits, ainsi que les adjacens AOB, BOC ; donc

$$AOD + AOB = AOB + BOC; \quad \text{d'où} \quad BOC = AOD.$$

Réciproquement, lorsque quatre angles réunis autour d'un point forment un plan entier, et que les angles opposés au sommet sont égaux, leurs côtés seront les prolongemens les uns des autres, et composeront deux lignes droites concourantes : car, d'après le n° 24, ces quatre angles vaudront quatre angles droits, et si les deux aigus sont égaux, ainsi que les deux obtus, un aigu plus un obtus, vaudront la moitié de la somme des quatre, ou bien deux angles droits, c'est-à-dire qu'ils seront supplémentaires, et que les quatre côtés formeront deux lignes droites (n° 22).

THÉORÈME VI.

26. *Si, par le sommet commun à deux angles supplémentaires, on mène deux lignes droites qui divisent respective-*

ment chacun de ces angles en deux parties égales, ces droites seront perpendiculaires.

Supposons que la ligne ON (fig. 15) divise l'angle COB en deux parties égales, et que OG divise de même l'angle COA. Puisque les deux angles COB, COA sont supplémentaires, la somme de leurs moitiés, CON + COG, vaudra un angle droit; mais cette somme forme l'angle GON des deux droites ON, OG; donc elles sont perpendiculaires.

COROLLAIRE. — Les prolongemens OM, OH de ces deux droites divisent aussi les angles opposés en deux parties égales; car NOH étant un angle droit, et NOB la moitié de BOC, il faudra que BOH soit la moitié de BOD. De même MOD sera la moitié de AOD.

THÉORÈME VII.

27. *Par un point donné sur une droite, on peut toujours élever une perpendiculaire à cette droite; mais on ne peut pas lui en élever plusieurs qui soient dans un même plan avec elle.*

Soit la droite AB (fig. 16); par le point donné O on pourra toujours conduire une ligne OD qui fasse avec AB des angles adjacens égaux, et qui lui soit alors perpendiculaire.

Mais voyons s'il peut y en avoir une seconde, et supposons pour cela que OC située dans le plan des deux autres droites soit aussi perpendiculaire à AB. Si cette supposition est vraie, il faudra que les deux angles COA et COB soient droits et égaux, et que l'on ait COA = DOA et COB = DOB; ce qui est évidemment absurde tant que la nouvelle ligne OC ne se confondra point avec OD : car la partie ne peut pas être égale au tout.

THÉORÈME VIII.

28. *D'un point donné hors d'une droite, on peut toujours abaisser une perpendiculaire sur cette droite; mais on ne peut en abaisser qu'une seule.*

En effet, soient la ligne AB (fig. 17) et le point extérieur O.

1°. Menons par ce point une ligne quelconque qui coupe AB

en un point D; ensuite faisons tourner la partie supérieure du plan autour de AB, comme charnière, pour l'appliquer sur sa partie inférieure. Alors la ligne DO prendra la position DO′, et la ligne qui joindra OO′ sera perpendiculaire à AB; car, par suite de cette superposition, les angles adjacens DPO, DPO′ se recouvriront exactement, et seront par conséquent égaux et droits.

2°. *On ne peut en abaisser qu'une seule;* car si l'on suppose, pour un moment, que OP et OD soient deux perpendiculaires à AB, elles devront faire des angles droits OPD et ODP. Mais si l'on fait tourner la figure DOP autour de AB pour l'appliquer sur la partie inférieure du plan, on déterminera une nouvelle figure DPO′ évidemment égale à la première, et l'on aura l'angle DPO′ = DPO, et l'angle PDO′ = PDO, car ils seront superposés; mais alors, puisque l'angle DPO est droit, il faudra que DPO′ le soit aussi; ce qui exige que PO′ soit le prolongement de PO, ou bien que OPO′ soit une ligne droite (n° 22). De même, puisque l'angle PDO est supposé droit, PDO′ le sera également, et DO′ devra être le prolongement de DO; donc ODO′ serait aussi une ligne droite. Il faudrait ainsi qu'il existât deux lignes droites distinctes entre les deux points O et O′, ce qui est absurde. Par conséquent, il ne peut pas y avoir deux perpendiculaires abaissées du point O sur AB.

THÉORÈME IX.

29. *Si d'un point, situé hors d'une droite, on mène une perpendiculaire et diverses obliques sur cette droite :*

1°. *La perpendiculaire sera plus courte que toute oblique;*

2°. *Les obliques qui s'écarteront également de la perpendiculaire seront égales ;*

3°. *Les obliques seront d'autant plus longues qu'elles s'écarteront davantage.*

Soit la droite AB (fig. 18), et supposons que du point O partent diverses lignes OM, ON, OP, OR, etc....; l'une OP perpendiculaire et les autres obliques, mais arbitraires.

1°. Si l'on fait tourner la partie supérieure du plan autour de AB pour l'appliquer sur la partie inférieure, la perpendiculaire PO tombera sur son prolongement PO′, à cause de l'angle droit APO, et les droites OM, ON, OR prendront les positions respectives O′M, O′N, O′R; on aura donc PO = PO′, MO = MO′, NO = NO′, RO = RO′, ou bien OP = $\frac{1}{2}$ OO′, OM = $\frac{1}{2}$ OMO′, ON = $\frac{1}{2}$ ONO′, OR = $\frac{1}{2}$ ORO′.

Mais la ligne droite OO′ est plus courte que toute ligne brisée OMO′, ONO′, ORO′,... qui aboutit aux mêmes extrémités; donc sa moitié OP sera aussi plus courte que les moitiés OM, ON, OR.

2°. Si les deux obliques OA, OB (fig. 19) s'écartent également de la perpendiculaire, c'est-à-dire si PA = PB, je dis qu'elles seront égales; car en faisant tourner la partie POA autour de PO, les angles droits OPA, OPB se recouvriront, et la ligne PA tombera sur PB; mais puisque PA = PB, le point A coïncidera avec B; donc les lignes droites OA, OB qui auront mêmes extrémités, se confondront et seront égales.

3°. Soient deux obliques OB, OD (fig. 20), dont l'une OD s'écarte plus de la perpendiculaire que l'autre. Il est facile de voir que OD sera plus longue que OB. En effet, prolongeons OP d'une quantité O′P = OP, et joignons O′D, O′B, qui seront égales à OD, OB. Ensuite prolongeons O′B jusqu'à sa rencontre N avec OD. Nous aurons évidemment la ligne droite OB < ON + NB, et en ajoutant de part et d'autre BO′, OB + BO′ < ON + NO′; mais, d'un autre côté, la droite NO′ < DO′ + ND, et en ajoutant NO à chaque membre, nous aurons encore NO + NO′ < DO′ + DO; donc, à plus forte raison, OB + BO′ < OD + DO′, et par suite la moitié OB < OD.

Corollaire 1. — Il résulte du premier cas, que la perpendiculaire est la plus courte ligne qu'on puisse mener d'un point extérieur sur une droite donnée, et que par conséquent elle mesure la vraie distance de ce point à la droite.

Corollaire 2. Le second cas prouve que les obliques égales OA, OB font des angles égaux POA, POB avec la perpendiculaire, ainsi que des angles égaux OAP, OBP.

Corollaire 3. Il ne peut pas y avoir d'un même côté de la perpendiculaire deux obliques égales et distinctes ; ainsi, d'un point extérieur, on ne saurait mener plus de deux droites égales sur une ligne donnée de position.

THÉORÈME X.

30. *Lorsqu'on élève une perpendiculaire sur le milieu d'une droite déterminée, tout point de cette perpendiculaire est également éloigné des extrémités de la droite, et tout point hors de la perpendiculaire se trouve à des distances inégales de ces mêmes extrémités.*

1°. En effet, soit AB (fig. 21) la droite donnée ; par son milieu P élevons la perpendiculaire PO, et joignons les extrémités A et B aux divers points M, N, O, etc.,... de la perpendiculaire.

Puisque $AP = BP$, on aura l'oblique $NA = NB$ (n° 29), ainsi que l'oblique $OA = OB$ et l'oblique $MA = MB$: donc les divers points N, O, M de PO sont à une même distance des extrémités A et B.

2°. Soit un point D hors de la perpendiculaire. En joignant DB, DA, BN, on aura $DB < DN + NB$, ou bien $DB < DN + NA$, car $NA = NB$: donc $DB < DA$.

Corollaire. Tout point également éloigné des extrémités d'une droite appartient donc à la perpendiculaire qui passe par le milieu de cette droite, et tout point inégalement éloigné de ces extrémités est hors de cette perpendiculaire.

Mais puisque deux points suffisent pour déterminer la position d'une ligne droite, il s'ensuit que dès que l'on connaîtra deux points situés hors d'une droite, et à égale distance de ses extrémités, on aura en les joignant la perpendiculaire qui passera par le milieu de cette ligne.

Cette propriété nous fournira le moyen de mener une perpendiculaire à une droite déterminée.

THÉORÈME XI.

31. *Chacun des points de la ligne qui divise un angle en deux parties égales est également éloigné des côtés de cet angle.*

Soit l'angle CAB (fig. 22). Si l'on suppose que la ligne AD le divise en deux angles égaux DAB = DAC ; que des divers points de AD, tels que M, N, O, etc., on abaisse des perpendiculaires MP, NQ, OR... sur AB, et qu'ensuite on replie la partie DAB sur DAC, ces deux parties se recouvriront exactement, puisque les angles DAB, DAC sont égaux, et la ligne AB tombera sur AC. Mais alors les perpendiculaires MP, NQ, OR prendront les positions MP′, NQ′, OR′, sans cesser d'être perpendiculaires, et mesureront les distances respectives des points M, N, O à chacun des côtés AC, AB ; et puisque MP′, NQ′, OR′ ne sont autre chose que MP, NQ, OR, on voit évidemment que tous les points de la ligne AD sont à la même distance de chacun des deux côtés AC, AB.

DES LIGNES PARALLÈLES.

32. Nous avons donné le nom de *parallèles* à des lignes droites qui, situées sur un même plan, peuvent être indéfiniment prolongées sans qu'elles se rencontrent, ces lignes étant d'ailleurs séparées par un intervalle quelconque.

Cette définition n'annonce pas directement s'il existe ou non de telles lignes ; mais il est facile de se convaincre de leur existence, et de découvrir les propriétés au moyen desquelles nous pourrons reconnaître le *parallélisme* et tracer des lignes parallèles.

D'abord, la nature de la ligne droite permet d'admettre qu'une droite CD (fig. 23), tracée sur un plan, puisse, sans quitter ce plan, être transportée dans une nouvelle position MN, de manière que tous les points de MN se trouvent à une même distance de la position primitive CD ; et alors les deux droites CD, MN, étant également éloignées dans toute leur longueur, ne pourront jamais se rencontrer et mériteront le nom de *parallèles*. On voit donc qu'il peut exister de telles lignes.

Pour abréger le discours nous exprimerons le déplacement de la ligne CD, en disant qu'elle s'est avancée *parallèlement à elle-même*.

Mais hâtons-nous d'observer que l'égalité de distance dont nous venons de parler ne doit être considérée que comme un cas particulier du parallélisme, tant qu'il ne nous est pas prouvé que des droites ne sauraient être parallèles dans d'autres circonstances.

Cela posé, cherchons les propriétés dont jouissent les lignes parallèles.

THÉORÈME Ier.

33. *Lorsque deux droites sont parallèles, l'une d'elles peut toujours être transportée parallèlement à elle-même, sans cesser d'être parallèle à l'autre.*

Il est évident d'abord que deux parallèles données doivent pouvoir s'approcher ou s'éloigner indéfiniment sans que leur parallélisme soit altéré; car le parallélisme est tout-à-fait indépendant de la distance actuelle qui sépare les deux lignes.

Cela posé, soient les deux lignes AB, CD (fig. 23), que nous supposerons parallèles. Si l'on transporte CD dans une nouvelle position MN telle, que tous les points de MN soient, par exemple, à un pouce de la première position CD, je dis que MN sera encore parallèle à AB.

En effet, si AB et MN n'étaient plus parallèles entre elles, elles devraient se rencontrer en quelque point après avoir été suffisamment prolongées; mais puisque tous les points de la droite CD devenue MN se sont également avancés de AB (ou également éloignés, selon le sens dans lequel on aura transporté CD), il n'y a pas de raison pour que la rencontre doive avoir lieu à droite plutôt qu'à gauche. Par conséquent, il faut ou que les lignes AB et MN restent parallèles comme elles l'étaient avant le déplacement de CD, ou bien qu'elles puissent se rencontrer des deux côtés à la fois. Or, cette dernière supposition est évidemment impossible, car les droites AB, MN ayant alors deux points communs n'en formeraient plus qu'une seule, ce qui est contraire à l'hypothèse d'où nous sommes partis.

Il est donc prouvé que l'une des deux parallèles peut être transportée parallèlement à elle-même, en s'approchant ou en s'éloignant de l'autre, sans que le parallélisme soit détruit.

THÉORÈME II.

34. *Deux parallèles sont nécessairement à égale distance dans toute leur longueur.*

Soient les deux parallèles AB, CD (fig. 23); et supposons que la ligne CD soit transportée parallèlement à elle-même vers AB, pour prendre les positions successives MN, M'N', etc... Dans ce mouvement, CD restera constamment parallèle à AB, d'après le théorème précédent, et puisqu'elle s'approche de cette dernière, elle parviendra à l'atteindre. Or, dès l'instant du contact, ces deux lignes devront se confondre dans toute leur étendue, sans quoi elles ne seraient plus parallèles mais concourantes. Par conséquent il a fallu que, dans le principe, elles eussent partout une même distance entre elles. Ainsi donc, *pour que des lignes droites puissent être parallèles, il faut qu'elles soient partout également distantes.*

Scolie. Il résulte de là et de ce que nous avons dit précédemment, que l'égalité de distance entre tous les points de deux droites constitue leur parallélisme, et que, réciproquement, celui-ci entraîne l'égalité de distance; par conséquent, nous pourrons à présent définir les parallèles: *des lignes qui conservent la même distance dans toute leur étendue.*

THÉORÈME III.

35. *Lorsque deux droites sont parallèles, toute ligne perpendiculaire à l'une d'elles est aussi perpendiculaire à l'autre.*

Supposons que AB (fig. 24) soit parallèle à CD. Si du point

extérieur O nous abaissons la perpendiculaire OM sur AB et que nous la prolongions jusqu'à ce qu'elle rencontre CD, je dis que OM sera aussi perpendiculaire à CD : car, si cela n'était pas, nous pourrions, par le point O, abaisser sur CD une perpendiculaire OQ différente de OP. Mais alors OP serait une oblique, et nous devrions avoir OP > OQ. Or, nous allons démontrer que cela est impossible.

En effet, la partie OM étant perpendiculaire à AB, la partie ON sera une oblique, et l'on aura OM < ON (n° 29). D'un autre côté, puisque les angles en M sont droits, la partie PM mesure la distance du point P à la ligne AB, c'est-à-dire celle des deux parallèles AB, CD; et si du point Q on abaisse QR perpendiculaire sur AB, cette nouvelle ligne QR mesurera aussi la distance de ces mêmes parallèles; et comme (n° 34) les parallèles sont partout également distantes, on aura nécessairement PM = QR. Mais puisque QR est perpendiculaire, QN sera oblique, et l'on aura QN > QR. Donc PM < QN.

En ajoutant membre à membre les deux inégalités OM < ON et PM < QN, on en tire OM + PM < ON + QN, ou bien OP < OQ.

Ainsi donc, puisque OQ est plus grand que OP, on ne peut pas admettre que OQ différent de OP soit perpendiculaire à CD. Par conséquent OP perpendiculaire à AB l'est pareillement à CD.

THÉORÈME IV.

36. Réciproquement. *Lorsque des droites situées dans un même plan sont perpendiculaires à une ligne commune, elles sont toutes parallèles entre elles.*

Soient les lignes AM, BN, CD (fig. 25) que nous supposerons perpendiculaires à la fois à AC. Si elles ne sont pas parallèles, il faudra que, suffisamment prolongées, elles se rencontrent d'un côté ou de l'autre de la ligne AC. Mais cette rencontre est impossible : car, si elle avait lieu il y aurait, par les points d'intersection, plusieurs perpendiculaires abaissées sur la droite AC, ce qui est absurde. Donc les perpendiculaires données sont parallèles.

THÉORÈME V.

37. *Un nombre quelconque de lignes parallèles à une droite commune sont parallèles entre elles.*

Supposons que les lignes CD, EF, GH (fig. 26) soient chacune en particulier parallèles à AB. Si par un point O on élève une perpendiculaire MN à AB, cette ligne MN sera aussi perpendiculaire à toutes les droites données (n° 35) et par conséquent celles-ci seront parallèles entre elles (n° 36).

THÉORÈME VI.

38. *Par un point donné, hors d'une droite, on peut toujours mener une parallèle à cette droite; mais on n'en peut mener qu'une seule.*

1°. Par le point donné O (fig. 27) abaissons la perpendiculaire OA sur AB, et menons OD perpendiculaire à OA. Alors OD sera parallèle à AB : car elles seront toutes les deux perpendiculaires à la droite commune OA.

2°. En second lieu, toute autre ligne OG, OH différente de OD, et passant par le même point O, ne peut pas être perpendiculaire à OA (n° 27), et par suite (n° 35) parallèle à AB.

Scolie. Ce théorème donne le moyen de mener une parallèle à une droite donnée.

THEORÈME VII.

39. *Si deux droites sont l'une perpendiculaire et l'autre oblique à une troisième, elles seront concourantes.*

Ce théorème découle du précédent. En effet, si AB (fig. 27) est perpendiculaire à OA et que OG soit oblique, on pourra toujours par le point O élever une perpendiculaire OD à OA qui sera parallèle à AB, et comme par ce point O il ne peut passer qu'une seule parallèle AB, il faut que AB et OG soient concourantes.

THÉORÈME VIII.

40. *Lorsque deux droites, coupées par une transversale, font des angles intérieurs supplémentaires, elles sont nécessairement parallèles.*

Soient les deux droites GB, ED (fig. 28), et la transversale AC qui les coupe en A et en C. Si la somme des deux angles intérieurs BAC + DCA vaut deux angles droits, ou, ce qui revient au même, si l'angle BAC = ACE, et l'angle DCA = CAG, les deux lignes GB, ED seront parallèles.

En effet, la ligne AC divise la figure totale en deux parties GACE, BACD qui, d'après les données ci-dessus, sont parfaitement identiques. Si donc on prend le milieu O de AC, et qu'on fasse tourner cette ligne autour de ce point pour faire varier la grandeur des angles situés en A et en C, il est bien évident que tous les changemens successifs qui s'opèreront dans la partie GACE, devront nécessairement se reproduire dans l'autre BACD, car tout est égal de part et d'autre. Par conséquent lorsque l'angle ACE augmentera, son égal CAB augmentera de la même quantité, pendant que les angles égaux DCA, CAG diminueront de cette quantité; en sorte qu'on aura constamment pour toutes les positions de la ligne AC l'angle CAB = ACE, l'angle CAG = ACD, et la somme des angles intérieurs BAC, DCA égale à deux angles droits.

Mais, parmi toutes ces positions, il y en aura une A'C', pour laquelle AC deviendra perpendiculaire à GB. Alors les angles CAB, CAG, devenus C'A'B, C'A'G seront droits, et leurs égaux ACE, ACD, devenus A'C'E, A'C'D, le seront aussi : donc les deux lignes GB, ED sont perpendiculaires à une ligne commune A'C', et par conséquent parallèles.

THÉORÈME IX.

41. Réciproquement, *lorsque deux parallèles sont coupées par une transversale, les angles intérieurs sont supplémentaires.*

Soient les deux parallèles AD, CB (fig. 29), et la sécante AC, qui fait avec elles deux angles intérieurs DAC et ACB. Si ces angles ne sont pas supplémentaires, on pourra toujours mener par le point A une autre droite MN, telle que l'angle MAC + ACB = 2 droits; mais il faudrait alors (n° 40) que MN fût parallèle à CB, et que par le point A on pût mener deux parallèles à CB, ce qui est impossible (n° 38) : donc la somme des angles DAC, ACB est nécessairement égale à deux angles droits, dès que les lignes AD, CB sont parallèles.

THÉORÈME X.

42. *Lorsqu'une droite coupe deux parallèles sous une inclinaison quelconque, elle fait avec elles quatre angles aigus égaux entre eux, et quatre angles obtus aussi égaux entre eux ; de plus, les aigus et les obtus sont supplémentaires.*

Soient les parallèles AB, CD (fig. 30), et la sécante GH ; par suite du parallélisme, la somme des angles intérieurs vaut deux angles droits ; ainsi, l'on aura

AGH + GHC = 2 droits, comme intérieurs,
AGH + AGM = 2 droits, comme adjacens,
GHC + CHN = 2 droits, comme adjacens ;

mais, à cause du terme AGH, commun aux deux premières égalités, on en déduira GHC = AGM ; et à cause du terme GHC, commun à la première et à la troisième, on aura AGH = CHN. Ces divers angles sont d'ailleurs égaux à leurs opposés au sommet ; ainsi donc, on a

Les aigus AGH = MGB = CHN = GHD,
et les obtus AGM = BGH = GHC = DHN ;

et puisque AGH et GHC sont supplémentaires, tous les aigus et tous les obtus le seront aussi.

Scolie. — Ces propriétés sont souvent employées dans les démonstrations géométriques, et pour abréger le discours, on a donné des noms particuliers aux divers groupes d'angles désignés ci-dessus.

Ces angles sont au nombre de huit ; il y en a quatre de renfermés entre les parallèles, et que pour cette raison on appelle *internes*, et quatre hors des parallèles ou *externes*. Ensuite, par rapport à la sécante, ces angles sont quatre à gauche et quatre à droite ; et lorsqu'on en considérera deux qui seront, l'un d'un côté, et l'autre du côté opposé, on les nommera *alternes*.

Cela posé, les angles égaux AGH et GHD, ou bien CHG et HGB sont dits *alternes-internes;* les angles égaux MGB et CHN, ou bien MGA et NHD sont appelés *alternes-externes :* enfin, les angles égaux qui ont les côtés dirigés dans le même sens, tels que MGB et GHD, ou bien AGH et CHN, se nomment *internes-externes* ou *correspondans.*

Ainsi, l'on dira donc les angles alternes-internes sont égaux ; les angles correspondans sont égaux, etc.... ; et ces expressions rappelleront le théorème ci-dessus.

Corollaire. — Il résulte des théorèmes précédens, que lorsque deux lignes rencontrées par une sécante feront des angles alternes-externes égaux, ou des angles alternes-internes égaux, ou bien des angles correspondans égaux, ces lignes seront parallèles; car alors la somme des deux angles intérieurs vaudra deux angles droits.

C'est la réciproque du théorème ci-dessus.

Il est facile de comprendre aussi que si ces divers angles n'étaient pas égaux, les lignes ne pourraient pas être parallèles.

THÉORÈME XI.

43. *Les angles qui ont les côtés parallèles sont égaux ou supplémentaires, selon le sens dans lequel se dirigent ces mêmes côtés.*

Des angles situés sur un même plan peuvent avoir les côtés parallèles dans trois positions différentes; ce qui donne trois cas à examiner.

1°. Lorsque les angles donnés, tels que M, N, O, P (fig. 31) ont l'ouverture tournée dans le même sens, et qu'on prolonge suffisamment leurs côtés, on voit de suite que tous ces angles sont correspondans, et par conséquent égaux.

2°. Si l'ouverture est dirigée en sens inverse, comme les angles A et B (fig. 32), il n'y a qu'à prolonger un côté, et l'on voit que l'angle A et l'angle C sont égaux comme alternes-internes, et que $C = B$ comme correspondans; donc $A = B$.

3°. Enfin, si les angles, tels que GBM et CAD, ont deux de leurs côtés dirigés dans le même sens, et les deux autres en sens contraire, on aura, à cause des parallèles AC, BG, CAD + AGB = 2 droits; mais l'angle AGB = GBM comme alternes-internes; donc CAD + GBM = 2 droits, c'est-à-dire que ces derniers sont supplémentaires.

THÉORÈME XII.

44. *Deux angles qui ont les côtés perpendiculaires chacun à chacun, sont égaux ou supplémentaires.*

Soit un angle A (fig. 33), et supposons qu'un autre angle B ait les côtés respectivement perpendiculaires à ceux de A. Ces deux angles auront leurs sommets situés en un même point A, ou bien en des points différens; mais comme dans ce dernier cas on pourra mener par le sommet A deux parallèles AM, AN aux côtés de l'angle B, pour former un angle NAM = B, il suffira de démontrer le théorème pour le premier cas.

Ainsi, supposons que AN soit perpendiculaire à AC, et AM à AD; je dis que nous aurons alors l'angle NAM = CAD.

En effet, NAM + MAC = NAC = 1 droit,
et CAD + MAC = MAD = 1 droit;
donc NAM + MAC = CAD + MAC,

et en retranchant le terme commun MAC, on aura enfin NAM = CAD.

Si nous considérons l'angle obtus MAO et l'aigu CAD, qui ont aussi les côtés perpendiculaires, nous verrons qu'ils sont supplémentaires; car en prolongeant AO vers AN, nous aurons NAM = CAD et supplément de MAO.

Scolie. — Si d'un point pris dans l'intérieur d'un angle ou de son opposé au sommet, on abaisse des perpendiculaires sur les côtés de cet angle, ces perpendiculaires formeront un angle supplémentaire du premier, et si ce point est situé au dehors de l'angle, les perpendiculaires feront un angle égal à l'angle donné.

THÉORÈME XIII.

45. *Les perpendiculaires élevées sur deux droites qui se coupent, sont concourantes.*

Soient les lignes AB et BD (fig. 34) qui se coupent en B. Par un des points de AB élevons la perpendiculaire AM, et par un point de CD la perpendiculaire ON. Je dis que AM et ON se couperont. En effet, joignons les pieds A et O par une droite qui fera avec ces perpendiculaires des angles intérieurs MAO, NOA plus petits que les angles droits MAB, NOB, dont ils font partie. Ainsi, la somme de ces angles intérieurs ne vaudra jamais deux angles droits; donc les lignes AM et ON ne peuvent pas être parallèles, et se rencontreront après avoir été suffisamment prolongées.

THÉORÈME XIV.

46. *Les portions de parallèles comprises entre parallèles sont égales.*

Supposons que les deux parallèles AB, CD (fig. 35) soient coupées par les deux autres AC, BD, et démontrons que les parties AC, BD sont égales. Il est d'abord évident que si ces deux dernières étaient perpendiculaires aux premières, les parties indiquées AC, BD seraient égales, car elles mesureraient la distance des deux parallèles AB, CD. Mais si ces lignes se coupent obliquement, comme le représente la figure, on pourra toujours élever, par les points A et B, les perpendiculaires AM, BN, qui seront égales, et détermineront des angles M et N égaux comme droits, et des angles CAM, DBN égaux comme ayant les côtés parallèles et dirigés dans le même sens. Par conséquent, si l'on porte l'espace DBN sur CAM, en faisant coïncider les lignes égales BN et AM, alors, puisque les angles CAM, DBN sont égaux, et par suite superposables, le côté BD couvrira AC, et de même le côté ND tombera sur MC. Mais le point D qui appartient à la fois aux deux lignes BD et NE, devra se trouver en même temps sur la ligne AC et sur MC, et ne pourra être que leur intersection C, donc les lignes BD et AC auront mêmes extrémités, se confondront exactement et seront égales. On prouverait également que AB = CD.

Voilà les théorèmes essentiels auxquels donnent lieu les combinaisons des lignes droites. Les principales propriétés que nous en avons déduites sont celles des angles, des perpendiculaires, des obliques et des parallèles : elles sont d'une grande importance, car nous aurons constamment besoin d'y avoir recours. Ainsi il est utile, avant d'aller plus loin, que les élèves se familiarisent avec elles.

47. Pour compléter l'étude de la ligne droite, il ne nous reste plus qu'à nous occuper de sa mesure.

Mais, mesurer une quantité, c'est comparer son étendue à celle d'une quantité de la même espèce, déterminée d'avance, et qu'on appelle *unité;* ainsi, il faut d'abord faire choix de cette unité.

L'unité linéaire adoptée en France depuis la fin du siècle dernier, est le MÈTRE (*). Ainsi, pour nous, mesurer une ligne droite, c'est chercher combien de fois la longueur du mètre se trouve contenue dans celle de cette ligne.

Le premier procédé qui se présente pour cela, c'est de prendre une tige inflexible de la longueur d'un mètre, et de la porter sur toute l'étendue de la ligne, autant de fois que possible. Ce nombre de fois sera la *mesure* de la droite donnée ; c'est ainsi qu'on dira que la ligne AB vaut 6 mètres, si la longueur contient six fois celle du mètre.

Mais on conçoit que souvent une longueur déterminée ne contiendra pas un nombre exact de fois la longueur de l'unité ; ainsi, il faudra savoir exprimer des fractions de cette unité. Or, pour y parvenir, on a subdivisé l'unité principale en parties aliquotes, qui deviennent à leur tour d'autres espèces

---

(*) Le mètre est la quarante-millionième partie de la longueur du méridien terrestre qui passe par Paris. Il est utile que chaque élève prenne une idée exacte de sa longueur.

d'unités. Mais il était utile, pour faciliter les calculs, de se conformer à notre système de numération, et d'adopter des *subdivisions décimales.*

On divise donc d'abord le mètre en dix parties égales, qui sont alors des *décimètres;* chaque décimètre est ensuite subdivisé en dix parties égales appelées CENTIMÈTRES; enfin, le centimètre fournit des *millimètres,* etc.

Au moyen de ces subdivisions, il est facile d'exprimer par un nombre (entier ou fractionnaire) une ligne droite quelconque. Ainsi, par exemple, si la ligne AB (fig. 36) était prolongée jusqu'en C d'une quantité BC trouvée égale à cinq décimètres et quatre centimètres, on poserait $AC = 6^m,54$.

Pour mesurer de grandes distances, on prend pour unité des multiples du mètre, dans le but d'éviter l'emploi de nombres trop grands. Ce sont le DÉCAMÈTRE ou la longueur de dix mètres; le KILOMÈTRE ou mille mètres; le MYRIAMÈTRE ou dix mille mètres.

48. Nous devons aplanir encore une difficulté; c'est que, lorsqu'on veut employer les subdivisions du mètre, on s'aperçoit bientôt qu'elles deviennent assez petites pour n'être plus appréciables à la vue ordinaire. Cependant il importe, dans bien des cas; d'obtenir la mesure d'une droite avec un grand degré d'approximation, et pour y parvenir, on fait usage d'un instrument appelé VERNIER ou NONIUS, que nous allons faire connaître.

Cet instrument consiste en une règle fixe AB (fig. 37), à laquelle est adaptée une seconde règle mobile CD. La règle AB est divisée en parties égales basées sur le mètre, et CD, qui doit avoir une longueur égale à neuf des divisions de AB, est divisée en dix parties égales : en sorte que les divisions de CD sont les $\frac{9}{10}$ de celles de AB, c'est-à-dire plus petites de $\frac{1}{10}$, et qu'en appliquant cet instrument sur la ligne à mesurer, on pourra apprecier des longueurs qui ne seront que le dixième des divisions faites sur AB.

En effet, supposons qu'en mesurant la ligne MN (fig. 38),

on obtienne un certain nombre d'unités, plus un reste NO, qu'on désire estimer avec précision. On portera le vernier sur la ligne MN, en plaçant l'extrémité A sur le point N, et faisant avancer la règle mobile CD jusqu'à ce que C arrive à l'extrémité O ; alors on examinera quelle est la division de CD qui correspond exactement à une division de AB, et son rang indiquera le nombre de dixièmes dont l'extrémité C aura dépassé la dernière division de AB. Ainsi, par exemple, si c'est la sixième division marquée S sur CD qui correspond à une division R de AB, c'est une preuve que le point O, qui se trouve entre la septième et la huitième division de AB, est en avant du point X de $\frac{6}{10}$, et qu'alors la longueur $NO = AX + \frac{6}{10} = 7 + \frac{6}{10}$ divisions de AB ; car la partie $AX = 7$.

Par conséquent, si AB est divisée en millimètres, on pourra, au moyen du vernier, estimer des dix-millimètres.

PROBLÈMES.

Dès qu'on sait mesurer une droite, on peut se proposer divers problèmes relatifs à cette ligne.

PROBLÈME Ier.

49. *Faire une ligne égale à une ligne donnée, ou bien double, triple, etc...., de cette ligne?*

1°. Soit A (fig. 39) la ligne donnée ; si l'on veut en faire une égale à celle-là, on tracera une droite indéfinie BX ; on prendra avec un compas, ou tout autrement, une longueur égale à A, on la portera de B en C, et BC sera la ligne demandée.

2°. Si l'on voulait une ligne double de A, on porterait cette même longueur deux fois de B vers X ; si on la voulait triple, on porterait trois fois cette longueur, etc....

3°. Enfin, si l'on demandait une ligne qui fût égale à la différence de deux autres A et BX, on porterait la plus petite A sur la plus grande BX, de B en C, et l'on aurait CX pour leur différence.

PROBLÈME II.

50. *Trouver la commune mesure de deux droites données, et par suite leur rapport numérique?*

Lorsque deux lignes ont été mesurées par le procédé connu, et qu'on a les nombres qui les représentent, il est facile de connaître leur rapport; car il suffit de diviser le plus grand par le plus petit de ces deux nombres.

Mais si les lignes données ne sont rapportées à aucune unité, et que leur longueur ne soit pas indiquée, on sera obligé, pour déterminer leur rapport, de chercher leur *commune mesure*, c'est-à-dire une longueur qui soit contenue un nombre exact de fois dans chacune d'elles. Le procédé qu'on emploie est analogue à celui qui est usité, en Arithmétique, pour la recherche du plus grand commun diviseur de deux nombres; le voici :

Soient AX et BY (fig. 40) les deux lignes données; leur commune mesure ne peut pas dépasser la plus petite des deux, mais elle peut lui être égale; ainsi donc, portons la plus petite BY sur la plus grande AX : si elle y est contenue un nombre exact de fois, BY sera la commune mesure cherchée; mais si nous trouvons, par exemple, un quotient 2 et un reste CX, ce ne sera pas BX. Alors nous observerons que toute quantité D qui divise exactement AX et BY, doit diviser aussi le reste CX : car, dans l'égalité $\frac{AX}{D} = \frac{2 \cdot BY}{D} + \frac{CX}{D}$, si D divise AX, le premier membre sera un nombre entier; si D divise BY, le terme $\frac{2BY}{D}$ sera entier, et il faudra alors que le second terme $\frac{CX}{D}$ soit aussi entier, sans quoi le premier membre entier serait égal au second membre fractionnaire, ce qui est impossible. Par conséquent, la mesure commune à AX et BY doit aussi mesurer le reste CX.

Ainsi donc, la commune mesure cherchée ne peut pas être plus grande que CX; mais elle peut lui être égale. Or, pour savoir si ce sera CX, portons ce reste sur la plus petite des denx lignes données BY. S'il y est contenu un nombre exact de fois, il le sera aussi dans AX, et CX sera cette commune mesure; mais si nous trouvons encore, par exemple, un quotient 2 et un reste EY, ce ne sera pas CX; et nous serons conduits, par un raisonnement analogue au précédent, à conclure que la commune mesure demandée doit diviser le second reste EY, et qu'il faut porter EY sur CX.

De même, si nous obtenons un troisième reste FX, il faudra le porter sur le second EY, et ainsi de suite, jusqu'à ce que nous arrivions à un dernier reste qui soit contenu un nombre exact de fois dans le précédent : alors ce dernier sera la commune mesure des deux lignes proposées.

Ainsi, par exemple, supposons que le reste FX soit contenu deux fois dans EY, il est facile de voir alors que FX sera la commune mesure des deux lignes AX, BY, car on aura successivement les égalités

$$\begin{aligned} EY &= 2.FX, \\ CX &= 2.EY + FX = 5.FX, \\ BY &= 2.CX + EY = 10.FX + 2.FX = 12.FX, \\ AX &= 2.BY + CX = 24.FX + 5FX = 29.FX, \end{aligned}$$

c'est-à-dire que l'on aura la proportion

$$AX : BY :: 29 : 12.$$

Ainsi donc, le rapport des deux lignes données est 29 : 12, ou bien $\frac{29}{12}$.

Il peut arriver que quelque loin qu'on pousse l'opération indiquée ci-dessus, on ne parvienne jamais à un reste qui soit exactement contenu dans le précédent, et qu'alors cette opération ne puisse se terminer. Dans ce cas, les lignes données n'auront point de commune mesure. Cela posé :

Des lignes données sont dites *commensurables*, ou *incommensurables* entre elles, selon qu'elles ont ou qu'elles n'ont pas de commune mesure. Leur rapport est dit *rationnel*, ou *irrationnel*, dans les mêmes cas.

Lorsque deux lignes sont incommensurables, si l'on néglige les fractions très petites que l'on obtient après un certain nombre d'opérations, on aura la valeur plus ou moins approchée de leur commune mesure. Cette approximation peut suffire dans quelques cas.

Observation. — L'opération que nous venons de décrire est applicable à toutes les quantités superposables, pourvu que les deux que l'on compare soient de même nature; car les quotiens successifs sont des nombres abstraits qui conviennent également à toute grandeur. Or, il peut arriver qu'en cherchant le rapport des deux quantités A et B, et celui des deux autres M et N, on trouve successivement les mêmes quotiens dans le même ordre, en sorte que l'opération se termine au même point pour tous les deux, ou qu'elle soit également interminable pour les deux cas. Alors le rapport $\frac{A}{B}$ sera exprimé par les mêmes nombres que le rapport $\frac{M}{N}$, tant dans le cas où ces rapports seraient rationnels, que s'ils étaient irrationnels. Ainsi, dans ces deux suppositions, les quantités A, B, M, N seraient toujours proportionnelles, et l'on aurait A : B :: M : N.

On voit par là que la proportionnalité peut exister entre des quantités incommensurables; et cette propriété importante nous sera d'un grand secours par la suite.

Remarque. — Lorsqu'une ligne AB (fig. 41) est déterminée de longueur, et que de ses extrémités A et B on abaisse des perpendiculaires sur une autre droite située d'une manière quelconque par rapport à la première; la partie MN comprise entre les pieds de ces perpendiculaires, s'appelle la *projection* de la droite AB sur la seconde ligne. Cette projection varie de longueur, selon les positions respectives des deux droites; elle est égale à AB lorsque ces lignes sont parallèles, et elle se réduit à un seul point dans le cas où elles seraient perpendiculaires.

§. II. — DE LA LIGNE COURBE.

De la circonférence du Cercle, de ses propriétés et de ses combinaisons avec la ligne droite.

52. Nous avons vu qu'il existe une infinité de lignes courbes ; mais la Géométrie élémentaire ne s'occupe que d'une seule : c'est la *circonférence du cercle.*

Pour avoir une idée exacte de cette ligne, supposons que l'on prenne un compas, ouvert d'une certaine quantité, et, qu'après avoir fixé une de ses pointes sur un plan au point C (fig. 42), on fasse exécuter une révolution entière à l'autre pointe ; celle-ci tracera dans son mouvement la ligne courbe AMN qu'on nomme *circonférence;* la portion du plan renfermée dans cette circonférence s'appelle *cercle;* le point fixe C est dit le *centre* du cercle ou de la circonférence ; et enfin, la longueur CA de l'ouverture du compas en est le *rayon.* Ainsi donc, on peut définir la circonférence : *Une ligne courbe fermée, dont tous les points sont à égale distance d'un point intérieur, appelé* centre (*).

Par conséquent, dans un cercle, tous les rayons sont égaux ; mais comme la longueur du rayon générateur est arbitraire, il existe une infinité de cercles différens.

53. Lorsque plusieurs circonférences (fig. 43) sont décrites du même centre avec divers rayons, elles sont appelées *concentriques ;* si les centres sont séparés, on les nomme *excentriques.*

Deux circonférences concentriques sont également distantes dans tous leurs points ; car cette distance constante est la dif-

---

(*) On confond quelquefois les dénominations de *cercle* et de *circonférence;* mais il faut bien se rappeler que la circonférence n'est qu'une ligne, et que le cercle est une surface.

férence de leurs rayons. L'espace ou bande qui les sépare s'appelle *couronne circulaire*.

54. Des circonférences excentriques décrites avec des rayons égaux sont égales, car elles coïncideraient exactement, si on les superposait.

Avant d'entamer l'étude de cette nouvelle ligne, il faut connaître quelques termes qui lui sont relatifs.

55. On désigne un cercle (fig. 42) par deux lettres placées l'une au centre et l'autre à la circonférence. Ainsi, on dit le cercle CA.

On donne le nom d'*arc* (fig. 44) à une portion de circonférence telle que ANB. L'arc peut être égal à la moitié de cette circonférence, et s'appelle alors *demi-circonférence;* il peut aussi être plus grand ou plus petit que cette moitié. Un arc égal au quart d'une circonférence porte le nom de *quadrant.*

56. Une ligne droite (fig. 44) qui coupe une circonférence est dite une *sécante;* elle divise cette circonférence en deux arcs ANB et AMB.

La portion de la sécante comprise dans le cercle se nomme la *corde*, ou sous-tendante de l'arc ou des arcs correspondans; ainsi, AB sera la corde de l'arc ANB et de l'arc AMB. La corde est plus ou moins longue, selon sa position. On l'appelle quelquefois ligne inscrite dans le cercle.

57. La portion de cercle limitée par l'arc et la corde, telle que ANBDA, s'appelle un *segment de cercle.*

58. Enfin, on donne le nom de *secteur* à une portion de cercle comprise entre un arc et les deux rayons qui aboutissent à ses extrémités, tel que CGH.

59. La corde qui passe par le centre s'appelle *diamètre.* Ainsi, LG est un diamètre. Nous démontrerons que c'est la plus longue corde possible, et qu'elle divise le cercle et la circonférence en deux parties égales.

Le diamètre est double du rayon.

Tous les diamètres sont égaux.

60. Lorsqu'une ligne droite touche une circonférence en un seul point, elle est dite *tangente* à cette circonférence, et le point commun s'appelle point de tangence ou point de contact ; de même, lorsque des circonférences sont placées de manière à se toucher par un seul point, on dit qu'elles sont tangentes entre elles.

61. On désigne par la dénomination d'*angle au centre* (fig. 44) un angle dont le sommet est au centre d'un cercle, tel que l'angle GCH.

Un angle qui a son sommet sur la circonférence (fig. 45), et dont les côtés sont des cordes, porte le nom d'*angle inscrit;* ainsi, CAB est un angle inscrit.

Enfin, un angle tel que MON, dont les côtés sont tangens à la circonférence, est dit *circonscrit*.

Observation. — Un arc et sa corde ont les mêmes extrémités ; ainsi la corde, qui est une ligne droite, est toujours plus courte que l'arc soutendu.

62. Deux arcs sont égaux lorsque, en les appliquant l'un sur l'autre, ils coïncident exactement ; mais pour que cette coïncidence puisse avoir lieu, il faut qu'ils aient été décrits avec le même rayon.

LEMME.

63. *Lorsque diverses lignes courbes ont les mêmes extrémités, la plus courte d'entre elles est celle qui s'approche le plus de la droite qui joint ces extrémités, et la plus longue, celle qui s'en éloigne davantage.*

Soient les lignes courbes ANB, AMB, APB, etc. (fig. 46), et prouvons que ANB $<$ AMB. En effet, entre ces deux lignes, menons une droite RS qui touche ANB en un seul point Z ; alors la droite RS $<$ RMS, et par conséquent, ARSB $<$ AMB.

De même, si nous menons une autre tangente TV, nous aurons TV $<$ TSV, et par suite ARSB $>$ ARTVB ; en continuant ainsi, nous obtiendrons des lignes brisées de plus en plus petites les unes que les autres, et à plus forte raison que AMB; mais en poursuivant cette construction jusqu'à ce que tous les points de tangence N,Q,Z, etc., se touchent, alors la ligne brisée finale aura tous ses points placés sur la courbe ANB, et sera, par conséquent, cette courbe elle-même; or, comme ces lignes brisées auront été constamment moindres que AMB, à plus forte raison, leur limite ANB $<$ AMB.

Si, parmi les lignes données, les unes étaient au-dessus, les autres au-dessous de AB, on replierait AQB, par exemple, sur la partie supérieure AMB, et en prouvant que AMB est plus grand que ANB, on l'aurait prouvé pour AQB.

Ce raisonnement s'appliquerait à des lignes qui s'envelopperaient dans tous les sens (fig. 47).

Par conséquent, *les lignes enveloppantes sont plus grandes que les lignes enveloppées.* Ce principe est vrai, tant que les lignes sont telles, qu'une droite ne puisse pas les couper en plus de deux points.

THÉORÈME I.

64. *Une ligne droite ne peut couper une circonférence en plus de deux points.*

En effet, puisque tous les points d'une circonférence sont à égale distance du centre, et que de ce centre on ne peut mener plus de deux obliques égales sur une sécante donnée; il est impossible que cette ligne et la circonférence aient plus de deux points communs.

THÉORÈME II.

65. *Le diamètre est la plus grande de toutes les cordes.*

Soit le diamètre AB et la corde DG (fig. 48); si du centre C on tire les rayons CD, CG aux extrémités de cette corde, on aura la droite DG $<$ CD $+$ CG; mais CD $+$ CG $=$ AB; donc AB $>$ DG.

THÉORÈME III.

66. *Tout diamètre divise le cercle et la circonférence en deux parties égales.*

Si l'on fait tourner le demi-cercle AMB (fig. 48) autour du diamètre AB, pour l'appliquer sur ANB, les deux parties devront coïncider exactement, sans quoi il y aurait des points de la circonférence inégalement distans du centre; donc, les deux demi-cercles sont égaux.

Corollaire. — Deux diamètres obliques AB,CD (fig. 49), divisent donc le cercle et la circonférence en quatre parties égales deux à deux; et si ces diamètres étaient perpendiculaires, tels que AB,MN, ces parties seraient toutes les quatre égales entre elles. On donne à chacune de ces parties le nom de *quart de cercle.*

THÉORÈME IV.

67. *La perpendiculaire abaissée du centre d'un cercle sur une corde quelconque, passe toujours par le milieu de cette corde et par les milieux des deux arcs soutendus.*

Soit la corde MN (fig. 50); du centre C abaissons la perpendiculaire CO, que nous prolongerons jusqu'en A et B, et menons les rayons BM,CN aux extrémités de la corde; ces rayons étant deux obliques égales, seront également éloignés de la perpendiculaire, et nous aurons NO = MO; donc le point O est le milieu de MN.

En second lieu, puisque AB est un diamètre, si l'on applique le demi-cercle AMB sur ANB, ils coïncideront exactement; mais, à cause des angles droits en O, OM tombera sur ON, et comme OM = ON, le point M tombera en N, alors les arcs AM et MB couvriront les arcs AN et NB, sans quoi il y aurait des points de la circonférence inégalement éloignés du centre; ainsi l'on aura arc AN = arc AM, et arc NB = arc MB; donc le point A est le milieu de l'arc MAN, et le point B le milieu de MBN.

Réciproquement, si les points A et B sont les milieux des deux arcs soutendus par la corde MN, et O le milieu de cette corde, ces trois points seront sur un même diamètre perpendiculaire à MN.

Corollaire 1. — On voit donc que le milieu de l'arc, le

milieu de la corde et le centre, sont toujours sur une même droite perpendiculaire à la corde ; par conséquent, deux de ces points étant connus, on pourra aisément connaître le troisième. Nous ferons souvent usage de ce principe.

Corollaire 2. — Toutes les cordes parallèles qu'on peut mener dans un cercle, ont donc leurs milieux situés sur un même diamètre qui leur est perpendiculaire.

Scolie. — La partie AO du rayon CA, menée perpendiculairement à une corde, s'appelle la *flèche* de l'arc soutendu. Cette flèche est la hauteur du segment.

THÉORÈME V.

68. *Dans un même cercle ou dans des cercles égaux, les arcs égaux sont soutendus par des cordes égales, et réciproquement.*

Supposons que l'arc ANB = DRE (fig. 51), je dis qu'on aura la corde AB = DE ; car si nous tirons les cordes AD et BE, et que par le milieu M des arcs AMD et BME, nous menions un diamètre MS, ce diamètre sera perpendiculaire aux cordes AD et BE, et passera par les points O et P milieux de ces cordes. Alors si nous faisons tourner le demi-cercle MES autour du diamètre, pour l'appliquer sur MBS, le point D tombera en A, et le point E en B ; donc la ligne droite DE se confondra avec AB, et lui sera égale.

Réciproquement, si la corde AB = DE, et qu'on porte le segment ANB sur DRE, en faisant coïncider les cordes AB et DE, alors les arcs, ayant mêmes extrémités, devront se recouvrir exactement, car sinon, il y aurait des points de la circonférence inégalement éloignés du centre ; donc, ces arcs sont égaux.

Scolie. — Les cordes accessoires AD et BE qui joignent les extrémités de deux cordes égales AB, DE, sont donc parallèles.

Corollaire. Pour déterminer des arcs égaux sur une circonférence, il suffit donc de porter, sur plusieurs points, un compas ouvert d'une quantité constante.

THÉORÈME VI.

69. *Les cordes égales sont également éloignées du centre, et parmi les cordes inégales, la plus grande en est le plus rapprochée.*

1°. Soit la corde AB = ED (fig. 52); du centre C abaissons les perpendiculaires CP, CQ, qui mesureront les distances de ces cordes au centre, et menons le diamètre MS perpendiculaire aux cordes accessoires AD, BE; après quoi, appliquons le demi-cercle MES sur MBS; alors les cordes égales AB et DE coïncideront dans tous leurs points, et le milieu P de DE tombera sur le milieu Q de AB; par conséquent, les perpendiculaires CP et CQ se confondront et seront égales.

2°. Si la corde AB > DE (fig. 53), et que du centre C on abaisse les perpendiculaires CP, CQ, on aura CP < CO et CO < CQ; d'où CP < CQ : donc la plus grande est la plus rapprochée du centre.

Si les deux cordes n'étaient pas d'un même côté du centre, comme AB et D'E', on pourrait toujours, du côté de AB, en tracer une DE = D'E' qui serait à la même distance du centre, et la question reviendrait au cas précédent.

Scolie. — Il est facile de s'assurer qu'à mesure que la corde augmente, l'un des deux arcs correspondans augmente aussi, pendant que l'autre diminue; mais l'augmentation sera moins rapide dans la corde que dans l'arc, en sorte qu'un arc double d'un autre est soutendu par une corde qui n'est pas le double de celle du premier : en effet, si l'arc D'NE' = 2.D'N, on aura la corde D'N = NE', mais D'E' < D'N + NE'; donc D'E' < 2.D'N.

THÉORÈME VII.

70. *La plus grande corde qu'on puisse mener dans un cercle, par un point donné, est le diamètre qui passe par ce point, et la plus petite est la perpendiculaire à ce diamètre.*

En effet, soit le point O (fig. 54). Il est d'abord évident

que le diamètre DE est la plus grande corde : ensuite, si par ce point O, on mène une corde MN perpendiculaire à DE, et une autre LF oblique à ce diamètre, on aura, en abaissant la perpendiculaire CG, CG < CO ; car CO sera oblique par rapport à CG : donc la corde LF est plus près du centre, et par suite plus grande que MN.

THÉORÈME VIII.

71. *La perpendiculaire élevée à l'extrémité d'un rayon est tangente à la circonférence, et réciproquement.*

Si l'on élève à l'extrémité T (fig. 55) du rayon CT la perpendiculaire DO, tous les autres points de cette ligne seront plus loin du centre C que le point T, car l'oblique CD > CT. Donc le premier point T, seul, appartient à la circonférence, et par conséquent DO est une tangente.

Réciproquement. Si DO est tangente, cette ligne et la circonférence n'auront que le point T commun ; et, par suite, ce point sera le plus près du centre : donc CT mesurera la distance du point C à la ligne DO, et sera la perpendiculaire abaissée du centre sur DO. Ainsi toutes les autres lignes, telles que CD, sont des obliques.

Corollaire. Par un point donné sur la circonférence, on ne peut donc mener qu'une seule tangente.

Scolie. On voit que la tangente n'est qu'une sécante dont la partie intérieure, ou corde, est réduite à un seul point.

THÉORÈME IX.

72. *Deux tangentes situées aux extrémités du même diamètre sont parallèles, et réciproquement.*

Puisque le rayon mené au point de contact est perpendiculaire à la tangente, il est évident d'abord que deux tangentes MR, NS (fig. 55) situées aux extrémités du même diamètre MN sont parallèles, car elles sont perpendiculaires à une même droite. En second lieu, si les points de tangence M et P ne sont pas sur le même diamètre, alors les rayons CM et CP ne seront plus en ligne droite, et (n° 45) les tangentes MR et PC seront concourantes.

THÉORÈME X.

73. *Les arcs compris entre deux droites parallèles qui rencontrent une circonférence sont égaux entre eux.*

Deux parallèles (fig. 56) peuvent rencontrer une circonférence dans trois positions différentes : elles peuvent être toutes les deux tangentes ou toutes les deux sécantes, ou bien l'une tangente, l'autre sécante ; de là, trois cas à examiner.

1°. Si les deux parallèles AT, BS sont tangentes, elles seront aux extrémités du même diamètre (n° 72), et les arcs compris seront des demi-circonférences.

2°. Si les parallèles AT, GH, sont l'une tangente, l'autre sécante, et qu'on mène un rayon CA au point de tangence, ce rayon sera perpendiculaire à AT, et par suite à sa parallèle GH, par conséquent (n° 67) le point A sera le milieu de l'arc GAH soutendu par la corde GH; donc encore arc AG = AH.

3°. Enfin, les parallèles GH et MN étant sécantes, si l'on abaisse un rayon CA perpendiculaire à l'une d'elles, il le sera aussi à l'autre, et le point A se trouvera au milieu de l'arc GAH ainsi que de l'arc MAN; et l'on aura GA = AH et AM = AN, d'où AM — AG = AN — AH, c'est-à-dire GM = HN.

Donc le théorème énoncé est démontré pour tous les cas.

La réciproque est vraie.

Une infinité de lignes courbes pouvant passer par un même point (fig. 57), on conçoit qu'un point donné puisse appartenir à la fois à une infinité de circonférences tangentes entre elles.

De même, une infinité de circonférences pouvant passer par deux points donnés A et B (fig. 58), la ligne droite AB sera une corde commune à toutes ces circonférences, qui seront *sécantes* entre elles.

Mais trois et un plus grand nombre de points déterminés ne

peuvent pas appartenir à la fois à plusieurs circonférences distinctes, ainsi que nous allons le prouver.

THÉORÈME XI.

74. *Par trois points donnés, non en ligne droite, on peut toujours faire passer une circonférence, mais on ne peut en faire passer qu'une seule.*

Soient les points A, B, C (fig. 59; joignons-les par les droites AB, BC, qui seront évidemment des cordes de la circonférence qui passera par ces points; par conséquent, la perpendiculaire MO élevée à AB par son milieu M, passera par le centre de cette circonférence (n° 67). De même, si par le milieu N de BC on élève une autre perpendiculaire NO, elle devra passer aussi par le même centre. Mais puisque les lignes AB, BC se coupent (n° 45), leurs perpendiculaires respectives MO et NO se couperont aussi en un point O qui sera également éloigné des points A, B, C. Ce point est donc le centre d'une circonférence qui aura OC pour rayon, et qui passera par ces trois points.

D'ailleurs les droites MO, NO ne peuvent se couper qu'en un seul point. Ainsi il ne peut y avoir qu'un seul centre, un seul rayon et une seule circonférence passant par trois points A, B, C.

Corollaire 1. Trois points donnés déterminent donc la position d'une circonférence, et deux circonférences ne peuvent se couper en plus de deux points sans se confondre exactement.

Corollaire 2. Un arc donné ne peut appartenir qu'à une seule circonférence.

Scolie. La propriété ci-dessus servira à trouver le centre et le rayon d'un cercle ou d'un arc donné.

THÉORÈME XII.

75. *Lorsque deux circonférences se coupent, leurs centres et le milieu de la corde commune se trouvent sur une droite perpendiculaire à cette corde.*

En effet, puisque MN (fig. 60) est une corde commune aux deux cercles, si par son milieu O on élève une perpendiculaire, elle ira passer par le centre C et par le centre D (n° 67).

Corollaire 1. Lorsqu'un nombre quelconque de circonférences passent par deux points communs A et B (fig. 58), tous leurs centres se trouvent sur une même perpendiculaire, élevée au milieu de la corde AB.

Corollaire 2. Le théorème ci-dessus est vrai, quelle que soit la distance AB, en sorte qu'il le sera encore à la limite, c'est-à-dire lorsque ces deux points se confondront en un seul, et que les cercles, au lieu d'être sécans, seront tangens intérieurement ou extérieurement. Car en faisant glisser les deux cercles CM, DM l'un sur l'autre, la corde MN augmentera ou diminuera de longueur, sans que son milieu O s'écarte de la ligne des centres CD ; et lorsque MN sera nulle, les deux cercles auront une des positions de la figure 61, où les points M, N, O de la figure 60 sont réunis en T ou T'.

Ainsi donc, lorsque deux cercles sont tangens, leur point de contact est sur la ligne OC ou OT' qui joint leurs centres.

THÉORÈME XIII.

76. *Lorsque deux circonférences sont tangentes, la perpendiculaire élevée par le point de tangence à la ligne qui joint leurs centres, est une tangente commune à ces circonférences.*

Car le point de contact T ou T' (fig. 61) étant sur la ligne des centres et sur chaque circonférence, la perpendiculaire MN sera perpendiculaire à l'extrémité de chaque rayon CT, OT, et par conséquent tangente aux deux cercles à la fois.

Corollaire. Un nombre quelconque de circonférences tangentes entre elles en un point O ont tous leurs centres situés sur une même droite passant par ce point, et perpendiculaire à leur tangente commune MN.

THÉORÈME XIV.

77. *Lorsque deux circonférences se coupent, la distance des centres est plus petite que la somme des rayons.*

En effet, si l'on mène les rayons CM, DM (fig. 60) à l'un des points d'intersection, on aura la ligne droite CD $<$ CM $+$ DM.

Il est facile de voir que si les cercles étaient tangens (fig. 61), la distance des centres serait égale à la somme des rayons, quand ces cercles sont extérieurs, et à leur différence lorsqu'ils sont intérieurs : car puisque le point de tangence est sur la ligne droite des centres, on a $CO = CT + OT$ et $OD = OT' - DT'$.

Enfin, si les cercles ne se touchent pas (fig. 62), la distance des centres sera plus grande que la somme des rayons, s'ils sont extérieurs, et plus petite que leur différence, si ces cercles sont intérieurs, car on a $CO = CN + OM + MN$ et $OD = OP - DQ - PQ$; donc $CO > CN + OM$ et $OD < OP - DQ$.

THÉORÈME XV.

78 *Lorsque des circonférences diverses passent par deux points donnés, l'arc soutendu par la corde commune est d'autant plus petit qu'il appartient à une circonférence plus grande, pourvu que cet arc soit moindre qu'une demi-circonférence; mais le contraire a lieu si l'on considère les arcs plus grands qu'une demi-circonférence.*

Soient deux cercles ON, CM (fig. 62.), qui se coupent en A et B; les centres O et C de ces cercles et les milieux M, N de leurs arcs seront sur la perpendiculaire MR élevée par le milieu de AB (nº 67). Cela posé, supposons le rayon $OB > CB$, et observons que la droite $OB < OC + CB$; mais $OB = ON$ et $CB = CM$, donc $ON < OC + CM$, par conséquent le point N sera plus près de la corde AB que le point M, et l'arc ANB enveloppé par l'arc AMB sera plus petit que ce dernier.

De même on a la droite $CB < OB$, et à plus forte raison $CB < CO + OB$, ou bien $CS < CR$; donc l'arc $BRA > BSA$.

Scolie. Lorsqu'un nombre quelconque de cercles différens

passent par deux points A et B (fig. 58), les arcs qui appartiennent aux cercles plus petits enveloppent ceux des cercles plus grands, et sont plus grands qu'eux du côté AMB, où ces arcs sont moindres qu'une demi-circonférence; et du côté opposé ANB, les arcs de cercles plus petits sont enveloppés par ceux des cercles plus grands et sont moindres qu'eux.

Observons que le plus petit cercle qui puisse passer par deux points donnés est celui qui a pour diamètre la distance AB de ces deux points. Par conséquent, la demi-circonférence AMB sera le plus grand arc possible du côté M, et le plus petit possible de l'autre côté N.

Mesure des Angles et des Arcs.

79. On peut mesurer, en général, une ligne courbe de la même manière qu'une ligne droite, c'est-à-dire, en portant sur elle une autre courbe prise pour unité. Mais pour que la superposition puisse s'effectuer, il faut que la courbure de l'unité soit la même que celle de la courbe à mesurer, ce qui nécessiterait une unité particulière pour chaque espèce de courbe, et quelquefois même plusieurs unités différentes pour la même ligne, lorsque ses diverses parties seraient inégalement courbées.

Mais nous n'avons pas encore à nous occuper de ces difficultés; ce qui nous importe pour le moment, c'est la mesure des arcs de cercle et celle des angles.

Pour mesurer un arc de cercle, on peut porter sur sa longueur un autre arc connu d'avance et décrit avec le même rayon, mais il faudrait alors autant d'unités qu'il y a de cercles différens.

Quant à la mesure des angles, elle pourrait être estimée au moyen d'un angle connu qu'on prendrait pour unité; mais un angle étant une grandeur indéfinie, ne présente pas cette précision qui doit être le caractère de l'unité.

Il s'agit donc, d'un côté, de ramener la mesure des arcs à une seule unité, et de l'autre, de débarrasser celle des angles de toute considération d'infini.

Pour cela, nous allons comparer les angles et les arcs entre eux ; et bien qu'au premier abord ces deux quantités paraissent n'avoir aucune relation, elles possèdent pourtant des propriétés communes au moyen desquelles nous pourrons les mesurer l'une par l'autre.

Lorsqu'un angle a son sommet au centre d'un cercle, ses côtés interceptent sur la circonférence un arc plus ou moins grand, selon que l'angle au centre est plus ou moins grand lui-même ; et il est évident que lorsque l'angle augmentera ou diminuera, l'arc correspondant subira la même variation ; en sorte que si l'on fait passer l'angle au centre BCD (fig. 64) par tous les états de grandeur, depuis zéro jusqu'à deux angles droits, en faisant tourner le rayon CD autour du centre, depuis la position CB jusqu'à son prolongement CG, l'arc compris BD variera aussi depuis zéro jusqu'à la demi-circonférence BDD'G.

Or, nous allons démontrer que, dans tous les cas, les angles au centre sont proportionnels aux arcs *correspondans*.

THÉORÈME I.

80. *Dans le même cercle, ou dans des cercles égaux, les angles au centre, égaux, correspondent à des arcs égaux, et réciproquement.*

1°. Soit l'angle ACB = BCD (fig. 64), je dis qu'on aura l'arc AB = arc BD : car, puisque les angles sont égaux, ils devront coïncider exactement en les appliquant l'un sur l'autre. Si donc on fait tourner le demi-cercle BDG autour du diamètre BG, le rayon CD viendra recouvrir le rayon CA ; et comme ces rayons sont égaux, le point D tombera en A : alors les arcs BD et BA ayant mêmes extrémités, se confondront. Donc AD = BD.

De même si l'on porte les cercles égaux CA, CD (fig. 65) l'un sur l'autre, en faisant coïncider les centres C et les rayons CB, les deux autres CD et CA se recouvriront à cause de l'égalité des angles ACB, DCB, et les extrémités des deux arcs BD et BA tomberont aux mêmes points. Donc ces arcs seront égaux.

2°. Réciproquement. Si les arcs AB et BD sont égaux, les angles au centre le seront aussi; car si l'on applique les arcs égaux l'un sur l'autre, leurs extrémités se confondront, et, par suite, les rayons qui y aboutissent se confondront aussi et feront des angles égaux.

Corollaire 1. Il est facile de conclure de là que, si l'on avait des angles au centre doubles, triples, etc. les uns des autres, leurs arcs correspondans seraient aussi doubles, triples, etc.; car si l'angle BCD″ est triple de BCA, on pourra porter trois fois ce dernier BCA sur BCD″, et à chaque fois on déterminera des arcs BD, DD′, D′D″ égaux à l'arc AB.

Corollaire 2. Pour faire un angle au centre égal à un angle donné, il suffit de prendre une ouverture de compas égale à la corde de son arc, de la porter sur la circonférence, et de mener des rayons à ses extrémités.

THÉORÈME II.

81. *Dans le même cercle, ou dans des cercles égaux, les angles au centre sont proportionnels aux arcs correspondans.*

Pour démontrer cette proposition, il faut chercherle rapport des angles donnés et celui de leurs arcs, par un procédé analogue à celui employé pour les lignes droites, et faire voir que ces rapports sont toujours égaux.

Ainsi, soient les deux angles ACB et DCH (fig. 66), qui ont le sommet au centre d'un même cercle, et dont les côtés interceptent les arcs AB et DH; portons le plus petit arc AB sur le plus grand DH, en prenant, à partir du point D, une ouverture de compas DM égale à la corde de l'arc AB, et menons le rayon CM; alors l'angle DCM sera égal à ACB, puisque l'arc DM = AB.

Ensuite, du point M portons le même arc AB en MN, et nous aurons encore un angle MCN = ACB; enfin, continuons cette marche tant que cela sera possible, c'est-à-dire jusqu'à ce que nous obtenions un reste plus petit que AB; ce qui arrive, dans ce cas, après la seconde opération, et nous aurons

arc DH = 2.AB + NH, et angle DCH = 2.ACB + NCH.

A présent portons le premier reste NH sur AB autant de fois qu'il pourra y être contenu, en menant des rayons Cp, Cq, Cr aux points de division, nous formerons autant d'angles BCp, pCq, qCr, égaux à l'angle NCH, qu'il y aura d'arcs Bp, pq, qr, égaux à l'arc NH, et si nous admettons que AB contienne trois fois NH, plus le reste rA, nous aurons

$$\text{arc } AB = 3.NH + rA, \quad \text{et angle } ACB = 3.NCH + rCA.$$

Portons ensuite le second reste rA sur le premier NH, qui le contiendra 3 fois plus un reste HX; d'où

$$\text{arc } NH = 3.rA + HX, \quad \text{et angle } NCH = 3.rCA + XCH.$$

Enfin, supposons que XH soit contenu deux fois dans rA, alors l'opération sera terminée, et nous poserons

$$\text{arc } rA = 2.HX, \quad \text{et} \quad \text{angle } rCA = 2.XCH.$$

HX sera donc la commune mesure des arcs, et XCH la commune mesure des angles.

En remontant de l'une à l'autre, ces diverses égalités donneront successivement

$$\begin{array}{llll} \text{arc } NH = & 7.HX, & \text{angle } NCH = & 7.XCH, \\ \text{arc } AB = & 23.HX, & \text{angle } ACB = & 23.XCH, \\ \text{arc } DH = & 53.XH, & \text{angle } DCH = & 53.XCH. \end{array}$$

On voit par là que l'unité d'arc HX est contenue 23 fois dans AB et 53 fois dans DH, et que l'unité d'angle XCH est aussi contenue 23 fois dans ACB et 53 fois dans DCH; donc les arcs sont dans le même rapport que les angles, et l'on a la proportion

$$\text{angle } ACB : \text{angle } DCH :: \text{arc } AB : \text{arc } DH :: 23 : 53.$$

La marche que nous venons de suivre est également applicable à tous les angles placés au centre d'un même cercle, ou bien aux centres de cercles égaux. Par conséquent le principe est général.

Nous avons supposé, dans l'exemple précédent, que les arcs étaient commensurables; mais il est facile de se convaincre que lors même que ces arcs seraient incommensurables, la proportionnalité entre les arcs et les angles correspondans existerait toujours : car il est bien évident que les quotiens successifs, fournis par les arcs, sont numériquement les mêmes que ceux fournis par les angles, que les uns ne peuvent pas donner de reste, sans que les autres en donnent un correspondant; que l'opération se terminera toujours pour les angles, au même point où elle se terminera pour les arcs; et qu'enfin, si les arcs sont incommensurables, les angles le seront nécessairement. Dans cette dernière supposition, la commune mesure ne s'obtiendra que plus ou moins approximativement; mais l'approximation sera la même pour les deux rapports; ainsi, dans tous les cas : *Les angles au centre sont proportionnels aux arcs qu'ils comprennent entre leurs côtés.*

COROLLAIRE. — Il résulte de là qu'un arc donné est à la circonférence entière, comme son angle est à quatre angles droits. Ainsi un angle droit comprendra un quadrant.

82. Le théorème précédent prouve donc clairement que si l'on prend pour unité de mesure des arcs, un arc *déterminé*, et pour unité de mesure des angles, l'angle correspondant à cet arc, on pourra mesurer les angles par les arcs compris entre leurs côtés; car les nombres qui exprimeront la mesure des arcs, seront les mêmes que ceux qui exprimeront la mesure des angles.

C'est ainsi que des quantités indéfinies se trouvent ramenées à des quantités finies.

Mais observons que la grandeur du rayon n'entre pour rien dans la démonstration ci-dessus, et qu'ainsi les résultats obtenus sont indépendans de cette grandeur : en sorte qu'en général les angles placés au centre commun d'un nombre quelconque de cercles concentriques, sont proportionnels aux arcs qu'ils interceptent sur chacun de ces cercles, comme le montre la figure 67 ; car si du sommet C de l'angle ACB on décrit diverses circonférences, chacun des arcs AB, DH, KL, MN, sera une même portion de sa circonférence respective, puisque ces arcs seront à leur circonférence comme l'angle ACB est à quatre angles droits.

Par conséquent : *La mesure d'un angle est l'arc de cercle compris entre ses côtés et décrit de son sommet comme centre avec un rayon arbitraire.*

Cependant, quand on voudra comparer des angles ou des arcs entre eux, il faudra faire attention d'employer le même rayon pour les uns et pour les autres.

Au reste, pour faciliter la mesure et la comparaison des angles, et pour la rendre tout-à-fait indépendante du rayon, on est convenu de diviser la circonférence de tout cercle en un même nombre de parties égales ; alors la mesure des angles et des arcs ne sera plus exprimée par la longueur d'un arc, mais par le nombre de parties que contiendra cet arc. Cette mesure sera donc un nombre *abstrait*, qui se prêtera aux opérations ordinaires de l'Arithmétique.

On emploie deux modes de division : l'un, ancien, qui consiste à diviser la circonférence entière en 360 parties égales, appelées *degrés ;* ces degrés se subdivisent ensuite en 60 parties égales, nommées *minutes;* les minutes, en 60 *secondes;* les secondes, en 60 *tierces*, etc....

Les degrés, minutes, secondes, tierces, etc., se distinguent par les signes suivans, qu'on met au haut des nombres qui les expriment : (°), ('), (''), ('''). ... Ainsi 25° 9' 32'' etc., indiquera un arc de 25 degrés 9 minutes 32 secondes, et sera la mesure de l'angle correspondant. On dira donc indifféremment un arc ou un angle de 25°9'32''.

L'angle droit, étant une quantité constante, est pris avec raison pour l'unité d'angle, et alors le quadrant sera l'unité d'arc. La mesure de cette unité est le quart de 360°, ou bien 90°. Ainsi l'angle droit, le quadrant ou l'arc de 90°, désignent la même chose, et ce sont des expressions qu'on emploie l'une pour l'autre.

L'autre mode de division, adopté en France depuis la création du système décimal des poids et mesures, consiste à diviser la circonférence en 400 parties égales, appelées *grades;* les grades, en 100 minutes; les minutes, en 100 secondes, etc. . . . . ; et l'on emploie, pour les désigner, les mêmes signes que dans l'ancienne division.

Ces deux systèmes ont chacun leurs avantages particuliers, et peuvent être employés indifféremment; cependant l'ancien est plus répandu que le nouveau, bien que celui-ci offre plus de simplicité dans les calculs.

Le premier porte le nom de *division sexagésimale,* et le second celui de *division centésimale.*

Ces divisions sont adoptées pour tous les cercles, et par conséquent, la grandeur absolue des degrés varie en même temps que le rayon ; mais la mesure et la comparaison des angles et des arcs, étant fondées sur le rapport numérique des degrés qui leur correspondent, sont tout-à-fait indépendantes de cette grandeur.

D'ailleurs, la construction de la figure 67 montre clairement que si, par exemple, l'arc AB (fig. 67) contient 60° de la circonférence CA, l'arc DH contiendra aussi 60° de la circonférence CD; l'arc MN, 60° de la circonférence CM, etc. . . ., et qu'ainsi l'arc AB, ou l'arc DH, ou bien l'arc MN, etc. . . ., sont également la mesure de l'angle ACD.

Nous dirons pour les arcs et pour les degrés ce que nous avons dit pour les angles : ainsi l'arc, ou le nombre de degrés qu'il faudra ajouter à un arc donné pour avoir un quadrant, sera le *complément* de cet arc ou de ces degrés ; et l'arc, ou le nombre de degrés qu'il faut ajouter à un arc donné pour avoir une demi-circonférence, s'appelle le *supplément* de cet arc. Ainsi donc,

37° 25′ 48″ est le *complément* de 52° 34′ 12″ ;

car 37° 25′ 48″, plus 52° 34′ 12″, égalent 90° ;

et puisque 56° 30′ 15″, plus 123° 29′ 45″, font 180°, ou la

demi-circonférence, ces deux arcs sont *supplémens* l'un de l'autre.

Ces conventions établies, il se présente naturellement une question.

PROBLÈME Ier.

83. *Un angle, ou un arc, étant donné, trouver le nombre de degrés qui lui correspond, c'est-à-dire sa mesure.*

Pour résoudre ce problème, il faut du sommet de l'angle, ou du centre de l'arc donné, tracer une circonférence entière ; chercher, par le procédé indiqué dans le théorème précédent, la commune mesure qui existe entre cet arc et le reste de la circonférence, et par suite leur rapport. Ce rapport étant connu, on trouvera la mesure exprimée en degrés, minutes et secondes, par une simple proportion.

Ainsi, supposons que l'arc AXB ou l'angle ACB, comparé au reste de la circonférence AYB, ait fourni le rapport 13 : 58. Alors on dira, puisque l'arc AXB contient 13 mesures, et que AYB en contient 58, la circonférence entière vaudra donc $13 + 58 = 71$ mesures; ainsi, l'on aura la proportion

$$71 : 13 :: 360 : x; \quad \text{d'où } x = 65^\circ\ 54'\ 55''\ 46'''\ \tfrac{1}{2}.$$

Cette valeur de x exprime la mesure de l'angle ACB, ou de l'arc AXB.

84. Dans la pratique, on fait usage de divers instrumens pour prendre la mesure des angles ou des arcs. Ce sont principalement le *rapporteur* et le *graphomètre*.

Le Rapporteur (fig. 68) est un demi-cercle en cuivre, dont la circonférence est divisée en 180° ou en 200°, selon le système qu'on veut employer. Pour s'en servir, on l'applique sur l'angle à mesurer, en faisant coïncider le centre de l'instrument avec le sommet de l'angle, et le nombre de degrés compris dans l'ouverture de cet angle indique sa mesure.

Le rapporteur ne peut servir que lorsque l'angle donné est tracé sur un plan ou sur le papier ; mais souvent on a besoin de connaître l'angle que font entre eux des objets situés sur le terrain, et alors on emploie le *graphomètre*.

Le Graphomètre (fig. 69) est composé d'un demi-cercle en cuivre, ou mieux d'un cercle entier, garni à son centre d'une règle mobile ; cette règle, appelée *alidade*, porte une lunette, ou bien deux petites plaques nommées *pinnules*, posées à angle droit aux extrémités de la règle et percées d'une fente verticale; elle sert à diriger le rayon visuel sur un point déterminé. La circonférence de l'instrument, appelée *limbe*, est divisée en 360 parties ou en 400 ; et sur la direction du diamètre qui va du point marqué zéro au point opposé, on fixe aussi deux pinnules, ou bien une autre lunette immobile.

Le graphomètre est supporté par un trépied, qui permet de le fixer à un point quelconque.

Pour en faire usage, on le pose de manière que le plan de son cercle soit horizontal, et que son centre soit sur la verticale élevée par le point du terrain qui est le sommet de l'angle à mesurer ; ensuite on dirige l'alidade ou la lunette fixe sur la direction d'un des côtés de l'angle, et l'on fait tourner l'alidade mobile jusqu'à ce qu'elle arrive sur la direction de l'autre côté ; alors le nombre de degrés compris entre les deux, est la mesure de l'angle observé.

Nous verrons plus loin l'utilité et les avantages que présentent ces instrumens.

D'après les principes posés ci-dessus, pour que la mesure d'un angle soit l'arc compris entre ses côtés, il faut que le sommet de l'angle soit le centre de l'arc ; et pour comparer des angles entre eux, il est indispensable de les transporter tous au centre d'un même cercle, ou bien de décrire des arcs, de leurs sommets comme centre, avec un même rayon. Cependant un angle peut quelquefois, sans avoir son sommet au centre, se trouver placé, par rapport à une circonférence, de manière à ce qu'on obtienne directement sa mesure, ainsi que nous allons le démontrer.

Un angle dont les côtés rencontrent la circonférence, sans que son sommet soit au centre, peut avoir trois positions différentes, par rapport à ce cercle ; car ce sommet sera ou sur la circonférence, ou entre elle et le centre, ou hors du cercle. Examinons ces trois circonstances.

THÉORÈME Ier.

85. *Tout angle dont le sommet est sur la circonférence d'un cercle, a pour mesure la moitié de l'arc compris entre ses côtés.*

Il y a quatre cas à examiner, selon que le centre est compris dans l'angle, ou qu'il est sur un de ses côtés, ou bien qu'il se trouve hors de cet angle, et enfin, le cas où l'angle est formé par une tangente et une corde.

1°. Soit l'angle inscrit BAD (fig. 70); pour avoir sa mesure, il faudrait transporter son sommet au centre C. Si donc, de ce centre, on mène des diamètres MN, GH, respectivement parallèles aux côtés AB, AD, l'angle au centre MCG et son opposé HCN, seront égaux à l'angle donné A; par conséquent, la mesure de l'angle A sera l'arc MG, qui est celle de son égal MCG. Mais arc MG = HN = HA + AN, et à cause des parallèles, on a arc HA = GD et arc AN = MB; d'où HA + AN = GD + BM, et par suite MG = BM + GD; donc enfin, arc MG = $\frac{1}{2}$ arc BMD. Ce qui prouve qu'un angle inscrit intercepte un arc double de celui qu'il intercepterait, s'il était au centre, et démontre la proposition énoncée.

2°. Si un des côtés de l'angle A (fig. 71) passait par le centre, la démonstration serait plus simple encore; car il suffit de mener un diamètre MN parallèle à l'autre côté, et alors on aura l'angle au centre BCN = MCA = BAD; donc l'arc BN sera la mesure de l'angle donné; mais BN = MA et MA = ND à cause des parallèles, donc BN = ND = $\frac{1}{2}$ BD.

3°. Enfin, si le centre est hors de l'angle A (fig. 72), et que l'on mène le diamètre MN, parallèle au côté AB, et la corde NH, parallèle à l'autre côté AD, on aura l'angle MNH = BAD, et comme l'angle N a pour mesure $\frac{1}{2}$ MH, l'angle A aura même mesure; mais, à cause des parallèles, arc MB = NA = DH, et par conséquent, arc MH = BD; donc, l'angle A a encore pour mesure $\frac{1}{2}$ BD.

4°. Si l'angle était formé par une tangente AT (fig. 73) et une corde AB, sa mesure serait aussi la moitié de l'arc compris BNA, car une tangente n'est qu'une corde *limite.* Mais on peut le démontrer directement, en menant le diamètre GH parallèle à la corde AB, et la corde HN parallèle à la tangente AT; car, à cause des parallèles, on a l'angle H = A, l'arc AH = AN = GB; et par suite GBN = BNA; mais $\frac{1}{2}$ GBN est la mesure de l'angle H; donc $\frac{1}{2}$ BNA sera celle de l'angle A.

De même l'angle BAS, *supplément* de BAT, aura pour mesure la moitié de l'arc BGHA, supplément de BNA.

Corollaire. — Il résulte de ce théorème, que tous les angles *inscrits dans un même segment,* tels que AMD, AND, APD (fig. 74), sont égaux, parce qu'ils ont tous pour mesure la moitié du même arc AHD; que tout angle formé par une corde AD et la tangente DT menée à ses extrémités, est égal à ceux inscrits dans le segment correspondant; et que tout angle AHB inscrit dans une demi-circonférence est droit, car il a pour mesure la moitié de l'autre demi-circonférence, c'est-à-dire un quadrant ou 90°.

Scolie. — Un angle inscrit dans un segment est droit, aigu, ou obtus, selon que ce segment est égal à une demi-circonférence, ou bien qu'il est plus grand ou plus petit.

On donne le nom de *segment capable d'un angle donné,* à un segment tel, que tous les angles qu'on peut lui inscrire soient égaux à cet angle.

THÉORÈME II.

86. *Tout angle dont le sommet est entre le centre et la circonférence, a pour mesure la demi-somme des arcs que comprennent ses côtés et leurs prolongemens.*

Soit l'angle BAD (fig. 75) formé par les deux cordes BG, HD qui interceptent les deux arcs BD et HG; si l'on mène la corde GN parallèle à HD, on aura l'angle G = BAD; ainsi, la mesure de l'angle BAD sera $\frac{1}{2}$ arc BDN : mais l'arc DN = HG, alors BDN $=$ BD $+$ HG; donc $\frac{1}{2}$ (BD $+$ HG) sera la mesure de l'angle donné.

THÉORÈME III.

87. *Tout angle dont le sommet est extérieur au cercle, a pour mesure la demi-différence des arcs compris entre ses côtés.*

L'angle extérieur peut être formé par deux sécantes, ou par deux tangentes, ou par une tangente et une sécante.

1°. Soit l'angle extérieur A (fig. 76) formé par les deux sécantes AB, AD qui comprennent les arcs BD, GN : si par le point G on mène GH parallèle à AB, on aura l'angle G $=$ A et l'arc GN $=$ BH ; ainsi $\frac{1}{2}$ HD sera la mesure de l'angle A; mais HD $=$ BD $-$ BH $=$ BD $-$ GN ; donc la mesure A $=$ $\frac{1}{2}$ (BD $-$ GN).

2°. Si l'un des côtés était tangent (fig. 77), la proposition ci-dessus aurait toujours lieu; car la tangente n'est qu'une sécante *limite;* mais on peut le démontrer directement : menons par le point de tangence TN parallèle à la sécante, les arcs TD et NB, compris entre parallèles, seront égaux, et l'angle NTS $=$ A ; mais NTS, formé par une tangente et une corde, a pour mesure $\frac{1}{2}$ arc TN ; or, TN $=$ TNB $-$ NB $=$ TNB $-$ TD ; donc $\frac{1}{2}$ TN $=$ $\frac{1}{2}$ (TB $-$ TD).

3°. Enfin, si les deux côtés de l'angle étaient tangens (fig. 78), on aurait toujours la même chose; car si l'on mène BH parallèle à AD, on aura l'angle HBS $=$ A, et l'arc HD $=$ BD; ainsi, $\frac{1}{2}$ arc BH étant la mesure de HBS, sera celle de A; or BH $=$ BHD $-$ DH $=$ BHD $-$ BD; d'où $\frac{1}{2}$ BH $=$ $\frac{1}{2}$ BHD $-$ $\frac{1}{2}$ BD.

Ce qui précède renferme toutes les propriétés importantes que les lignes peuvent nous offrir, et que nous avons besoin de connaître pour entreprendre l'étude des surfaces; mais il importe de ne passer outre qu'après les avoir bien comprises; au reste, pour en présenter ici le résumé, nous allons en faire l'application à la résolution de quelques problèmes qui en dépendent, et qui sont fréquemment usités.

PROBLÈMES.

88. Pour exécuter les *constructions graphiques* auxquelles vont donner lieu les problèmes suivans, nous n'aurons besoin que d'une *règle* et d'un *compas*, instrumens que tout le monde connaît. La règle servira à tirer des lignes droites, et le compas à prendre des longueurs déterminées et à tracer des arcs de cercle; les surfaces et le papier sur lesquels nous opérerons, devront être bien unis, bien tendus, et approcher du plan autant que possible.

Souvent, dans la pratique, on se sert d'autres instrumens, destinés à abréger le travail, tels que l'*équerre* (fig. 79), qui est un morceau de bois ou de métal, coupé à angle droit, ou bien deux règles assemblées sous le même angle; et la *fausse-équerre* (fig. 80), composée de deux règles mobiles autour d'une charnière.

Tous ces instrumens sont toujours imparfaits, quelque soin que l'ouvrier apporte à leur construction, et sont d'ailleurs facilement altérables; mais leur usage est si commode, qu'on les emploie dans la plupart des cas.

PROBLÈME Ier.

89. *Élever une perpendiculaire à une droite donnée, par un point pris sur sa direction.*

Pour résoudre ce problème, il faut se rappeler que la perpendiculaire à une droite a chacun de ses points également éloigné de deux points fixes pris, sur cette droite, à des distances égales du pied de la perpendiculaire. Or, le point donné étant ce pied, il suffit de trouver hors de la droite un second point qui appartienne à la perpendiculaire demandée, et en joignant ces deux points, le problème sera résolu. Cela posé :

Soit A (fig. 81) le point donné sur la droite MN; prenez à droite et à gauche de A des distances AB = AD; ouvrez un compas d'une quantité arbitraire, mais plus grande que AB; posez successivement une de ses pointes en B et D, et décrivez deux arcs qui se couperont en X, puisque la distance des centres est plus petite que la somme des rayons. Or, ce point X étant également éloigné des points B et D, appartiendra à la perpendiculaire qui passe par le milieu A; donc, en joignant AX, on aura cette perpendiculaire, car deux points déterminent la position d'une droite.

Si le point A (fig. 82) était à l'extrémité de la ligne donnée, et qu'on ne pût pas la prolonger au-delà, alors ce procédé ne serait plus praticable. Dans ce cas, il faudrait opérer comme il suit :

Prenez un point arbitraire O plus près de la ligne AB que de l'extrémité A, et de ce point, avec un rayon OA, décrivez une circonférence qui coupera la ligne donnée AB en B, alors, par ce point et par le centre, menez le diamètre BD et joignez AD, qui sera la perpendiculaire demandée ; car l'angle BAD inscrit dans une demi-circonférence est droit.

Quelquefois, dans la pratique, on se contente, pour élever une perpendiculaire, de placer un des côtés d'une équerre sur la ligne donnée, de manière que son sommet arrive au point déterminé, et alors on trace, suivant l'autre côté, une ligne qui est perpendiculaire à la première.

PROBLÈME II.

90. *Diviser une droite en deux parties égales, et par suite en* 4, 8, 16, etc.

Ce problème est fondé sur le même principe que le précédent. Rappelons-nous que tous les points également éloignés des deux extrémités A et B (fig. 83) d'une ligne sont situés sur la perpendiculaire qui passe par le milieu de cette ligne. Ainsi prenons une ouverture de compas arbitraire, mais plus grande que la moitié de AB ; posons successivement une de ses pointes en A et en B, et traçons au-dessus et au-dessous des arcs qui, par leur intersection, détermineront deux points M et N appartenant à la perpendiculaire qui passe par le milieu de AB ; enfin, joignons MN, et le point P sera le point de division.

En opérant pour chaque portion PB, PA, comme pour la

ligne entière, on la diviserait successivement en 4, 8, 16, etc., parties égales.

PROBLÈME II.

91. *Par un point donné hors d'une droite, abaisser une perpendiculaire sur cette droite.*

Si l'on connaissait deux points de la droite qui fussent à égale distance du point extérieur, on pourrait, par le procédé ci-dessus, trouver hors de cette droite un second point qui appartînt à la perpendiculaire cherchée.

Soient donc la ligne AB (fig. 84) et le point O donnés; de ce point, avec un rayon suffisamment grand, décrivez un arc qui coupera la ligne donnée en deux points M, N; de ces deux points et avec un même rayon, décrivez deux arcs qui se couperont en un autre point X; enfin joignez OX, qui sera la perpendiculaire demandée.

PROBLÈME IV.

92. *Étant donnés une droite et deux points quelconques extérieurs, trouver un troisième point sur cette droite, qui soit également éloigné des deux autres.*

Soit la droite AB (fig. 85) et les points M, N placés d'un même côté, ou l'un d'un côté, l'autre de l'autre de la ligne AB. Il est évident que tout point également éloigné de M et de N doit se trouver sur la perpendiculaire qui passerait par le milieu de la ligne MN. Ainsi donc joignez MN, et élevez par le procédé connu une perpendiculaire par son milieu O, laquelle ira couper AB au point demandé D, car les obliques DM et DN sont nécessairement égales.

PROBLÈME V.

93. *Étant donnés une droite et deux points extérieurs, trouver sur cette droite un troisième point tel, que les lignes incidentes qui le joindront aux autres, fassent avec elle des angles égaux.*

Soit la ligne AB (fig. 86) et les deux points M et N; abaissez sur AB la perpendiculaire ND; prenez AD = AN, et joignez

BM qui coupera AB au point demandé O : car d'après cette construction, les lignes OD, ON, étant des obliques égales, feront des angles égaux avec la perpendiculaire. Donc l'angle NOA = AOD, mais AOD = MOB comme opposés au sommet ; donc NOA = MOB.

PROBLÈME VI.

94. *Mener une parallèle à une ligne donnée.*

Si la parallèle n'est pas assujettie à passer par un point donné, on menera une perpendiculaire quelconque AC à la ligne AB (fig. 87), et par un de ses points C on élevera à AC une autre perpendiculaire CD, qui sera parallèle à AB.

Ou bien on peut aussi, par deux points différens A et B de AB, élever des perpendiculaires AC, BD, prendre des longueurs égales AC = BD, et tirer la ligne CD qui sera parallèle à AB.

Si la parallèle doit passer par un point donné C, on abaissera alors de ce point la perpendiculaire CA sur AB, et l'on élevera CD perpendiculaire à CA.

Mais, sans avoir recours aux perpendiculaires (fig. 88), on peut opérer plus rigoureusement de la manière suivante :

Soient AB la droite et M le point donnés : de ce point décrivez un arc quelconque BN qui coupera AB en B ; du point B, avec le même rayon BM, décrivez un second arc MA ; prenez la longueur de la corde AM et portez-la de B en N ; enfin joignez MN, qui sera la parallèle demandée : car, à cause des arcs égaux ; les angles alternes-internes MBA et BMN seront égaux.

Dans la pratique, on peut employer une équerre (fig. 89), ou une fausse équerre pour mener des parallèles.

PROBLÈME VII.

95. *Faire un angle égal à un angle donné.*

Soit l'angle donné A (fig. 90), et soit la ligne MN sur laquelle on veut faire l'angle égal. Du point A comme centre, et d'un rayon arbitraire décrivez un arc CD ; du point M avec le même rayon décrivez un autre arc NG, et portez ensuite la corde CD de N en H; enfin joignez MH et l'angle HMN = A.

On pourrait aussi employer le rapporteur, au moyen duquel on compterait le nombre de degrés correspondant à l'angle A; et qu'on transporterait ensuite sur la ligne donnée, en faisant coïncider le point M avec le centre de l'instrument, la ligne MN avec son diamètre, et en prenant sur le limbe autant de degrés qu'on en aurait trouvé dans l'arc CD, on marquerait le point H.

Il serait facile de faire également un angle double, triple, etc., d'un autre, en portant la corde de celui-ci deux, trois fois sur l'arc décrit.

PROBLÈME VIII.

96. *Déterminer l'angle de deux lignes concourantes qu'on ne peut pas prolonger jusqu'au point de concours.*

Soient les deux lignes AB, CD (fig. 91). Par un point B de l'une, menez une parallèle BN à l'autre, et l'angle NBA sera égal à celui des deux lignes concourantes, car ces deux angles sont correspondans.

PROBLÈME IX.

97. *Par un point donné hors d'une droite, mener une ligne qui fasse un angle donné avec cette droite.*

Soient AB (fig. 92) la droite, O le point extérieur et M l'angle donnés. A un point quelconque D de la droite, faisons un angle CDB = M; ensuite par le point O menons OG parallèle à CN, et OG sera la ligne demandée, car l'angle OGD = CDB = M.

PROBLÈME X.

98. *Trouver le centre d'une circonférence donnée ou d'un arc donné.*

Prenez trois points arbitraires A, B, C (fig. 93) sur la circonférence ou sur l'arc, joignez-les par des cordes et élevez des perpendiculaires par les milieux de ces cordes. Ces perpendiculaires se couperont au centre demandé O.

PROBLÈME XI.

99. *Diviser un angle ou un arc en deux parties égales.*

1°. Soit l'angle A (fig. 94) ; de son sommet décrivez un arc BC ; de ces points B et C, avec un même rayon, décrivez deux arcs qui se coupent en D et joignez AD, qui étant perpendiculaire au milieu de BC, divisera l'angle A et l'arc BC en deux parties égales.

2°. Si c'était l'arc BC qu'on voulût diviser on chercherait d'abord son centre A et l'on opérerait ensuite comme ci-dessus.

On pourrait par ce moyen diviser un arc ou un angle en 4, 8, 16 parties égales.

PROBLÈME XII.

100. *Étant donnés un point sur une droite et un point extérieur, décrire une circonférence qui passe par ces deux points et qui soit tangente à la droite.*

Soient la droite AB (fig. 95) et les deux points T et M : puisque la circonférence doit passer par ces deux points, il faut que son centre soit sur la perpendiculaire élevée au milieu de la droite TM. D'un autre côté, puisque AB doit être tangent à la circonférence au point T, la perpendiculaire élevée par le point T à AB passera aussi par le centre. Si donc on mène ces deux perpendiculaires, elles se couperont au centre cherché O, et il n'y aura plus qu'à décrire la circonférence avec un rayon OT.

PROBLÈME XIII.

101. *Étant donnés un point sur une circonférence et un point extérieur, décrire une seconde circonférence qui passe par ces deux points et qui soit tangente à la première.*

Soient A (fig. 96) le point donné sur la circonférence et B le point extérieur. Puisque les deux circonférences doivent être tangentes en A, le centre cherché se trouvera sur le prolongement de CA ; et d'un autre côté, puisque la circonférence cherchée doit passer par A et B, la ligne AB sera une de ses cordes, et la perpendiculaire, élevée par le milieu de cette ligne, ira aussi passer par son centre. Or, cette perpendiculaire coupera CA en O, qui sera le centre demandé, et OA sera le rayon demandé.

Observation. Si le point B était en B′, le centre O se trouverait en O′, et les deux cercles seraient tangens intérieurement. Si B était sur la ligne CA en B″, la distance AB″ serait le diamètre du cercle cherché.

PROBLÈME XIV.

102. *Étant donné un angle au centre d'un cercle, trouver dans l'intérieur de ce cercle une suite de points tels, qu'en les joignant par des droites aux extrémités de la corde correspondante à l'angle donné, ces lignes fassent entre elles un angle égal à ce dernier.*

Soit l'angle ACB (fig. 97). Par les trois points A, C, B, faisons passer une circonférence, et tous les points de l'arc ACB jouiront de la propriété demandée ; car tous les angles ACB, AMB, ANB, APB,.... étant inscrits dans le même segment auront pour mesure $\frac{1}{2}$ ARB et seront égaux entre eux et à l'angle ACB.

PROBLÈME XV.

103. *Une droite déterminée et un angle étant donnés, décrire sur cette droite un segment capable de l'angle donné.*

Soit AB (fig. 98) la ligne, et N l'angle donnés. Faites à l'extrémité B l'angle ABD = N, ensuite, par les points A et B, faites passer une circonférence qui soit tangente à BD (n° 101), et le segment AMB satisfera à la question : car tous les angles inscrits AMB, ACB, APB auront pour mesure la moitié de l'arc AXB, qui est celle de l'angle donné ABD = N.

PROBLÈME XVI.

104. *Mener une tangente à un cercle par un point donné.*

1°. Si le point donné A′ (fig. 99) est sur la circonférence, il suffit de mener une perpendiculaire au rayon CA′ qui passe par ce point.

2°. Si le point A est hors de la circonférence, il faut d'abord déterminer le point de tangence. Pour cela, observons que le rayon mené à ce point doit être perpendiculaire à la ligne qui joindra ce même point au point A, c'est-à-dire à la tangente; par conséquent ce point devra être sur une circonférence dont CA serait le diamètre. Si donc sur CA, comme diamètre, on décrit une circonférence, elle coupera la première en deux points M, N, qui jouiront de la propriété demandée : car si l'on mène les lignes AM, AN, les angles CMA, CNA seront droits, et par conséquent les lignes AM, AN tangentes.

Il y aura donc deux solutions.

PROBLÈME XVII.

105. *Étant donnés un angle* A, *une ligne* BD *et un cercle* CO, *mener une seconde ligne qui soit tangente au cercle, et qui fasse avec* BD *un angle égal à* A.

Menons dans le cercle un diamètre parallèle à la ligne donnée BD (fig. 100); à un point quelconque P de ce diamètre faisons un angle CPN = A; abaissons du centre la perpendiculaire CH sur PN, et son prolongement déterminera le point de tangence T; enfin, menons TR perpendiculaire à TH, et ce sera la ligne demandée. En effet, l'angle TRD=CPN=A, à cause des côtés parallèles.

De la Symétrie sur un plan.

106. Remarque. — Lorsque deux points situés sur un plan sont placés de la même manière par rapport à un troisième, on dit qu'ils sont *symétriques* par rapport à ce point, et ce troisième point s'appelle *le centre de symétrie.*

Ainsi, deux points situés sur une droite sont symétriques par rapport à celui qui est placé au milieu de la distance qui les sépare.

Deux points placés sur les côtés d'un angle et à égale distance du sommet, sont donc symétriques par rapport à ce sommet.

Lorsque deux points sont symétriques par rapport à chacun

des points d'une droite, on dit qu'ils le sont par rapport à cette droite elle-même, qui se nomme alors l'*axe* de symétrie. La droite qui joint ces deux points est perpendiculaire à l'axe, et est divisée en deux parties égales par cet axe même.

Ainsi, deux points situés aux extrémités d'une droite sont symétriques par rapport à la perpendiculaire élevée sur le milieu de cette droite : celle-ci est l'axe de symétrie de ces deux points.

De même, lorsque deux droites sont situées de manière que tous leurs points, pris deux à deux, sont symétriques par rapport à un même centre, on dit qu'elles sont symétriques.

Enfin, deux droites sont symétriques par rapport à une troisième, lorsque tous les points des deux premières, pris deux à deux, ont cette troisième pour axe de symétrie.

Ainsi les deux côtés d'un angle sont symétriques par rapport à l'axe qui le divise en deux parties égales.

Les obliques, également éloignées de la perpendiculaire, sont symétriques par rapport à cette perpendiculaire, qui est leur axe de symétrie.

Deux parallèles sont symétriques par rapport à une troisième placée à égale distance des deux autres.

Tout diamètre est un axe de symétrie pour les deux demi-cercles qu'il sépare.

Le caractère distinctif de l'axe de symétrie, c'est que si l'on fait tourner autour de lui la partie gauche du plan, pour l'appliquer sur la partie droite, tous les points et toutes les lignes situées d'un côté viendront recouvrir exactement leurs symétriques placés de l'autre côté.

Nous verrons plus loin d'autres considérations sur la symétrie dans l'espace.

CHAPITRE II.

DES SURFACES PLANES.

PRÉLIMINAIRES.

107. Nous avons dit qu'il existait une infinité de surfaces différentes; mais il est facile de comprendre qu'elles se réduisent à deux espèces, la *surface plane* et la *surface courbe*. De plus, les surfaces courbes peuvent être considérées comme la réunion d'un nombre infini de surfaces planes infiniment petites, et alors leurs propriétés dépendront de celles du plan. Ainsi, c'est par le plan qu'il faut commencer l'étude des surfaces.

108. Le plan, par sa nature, est une étendue *indéfinie*, et dans ce sens abstrait, il ne nous offre rien de bien intéressant; mais, si nous considérons des portions limitées de cette étendue, alors nous découvrirons en elles un grand nombre de propriétés, sur lesquelles repose toute la science du géomètre.

Une portion de plan ne peut être limitée que par des lignes droites ou courbes. Il est bien évident qu'une seule courbe suffit pour cela, comme nous en avons un exemple dans le cercle: mais pour limiter un plan avec des lignes droites, il faut en employer plusieurs.

109. Nous avons vu que deux droites *concourantes* déterminent un angle; mais un angle étant infini dans un sens,

laisse encore une ouverture, qui nécessite une troisième ligne pour la fermer : donc, *on ne peut renfermer une portion de plan avec moins de trois lignes droites*. A partir de trois, ce nombre peut d'ailleurs être quelconque.

Cela posé, on donne le nom de *figure plane* à une portion plus ou moins grande de plan, limitée par des lignes. Si les lignes sont droites, la figure est dite *rectiligne*, et on lui donne la dénomination de *curviligne*, si ces lignes sont courbes.

110. Les figures rectilignes portent le nom générique de *polygones*, et les polygones se distinguent par le nombre des lignes qui les composent, et qu'on appelle leurs *côtés*.

Le polygone formé par trois droites qui se coupent deux à deux, porte le nom de *triangle* (fig. 101); c'est le plus simple des polygones : il contient trois côtés et trois angles.

Si le plan est limité par quatre lignes droites, le polygone s'appelle un *quadrilatère* (fig. 102).

S'il en contient cinq, on le nomme *pentagone* (fig. 103).

Enfin, on appelle *hexagone*, *heptagone*, *octogone*, *ennéagone*, *décagone*, *endécagone*, *dodécagone*, *pentédécagone*, les polygones de six, sept, huit, neuf, dix, onze, douze et quinze côtés : ce sont les seuls qui aient reçu des noms particuliers. Quant aux autres, on dit un polygone de vingt côtés, de trente-six côtés, de cent côtés, etc.

Les divers côtés des polygones se coupent deux à deux, et forment ainsi autant d'angles qu'il y a de côtés.

Il y a donc trois objets distincts à considérer dans un polygone : 1°. les côtés, dont la somme totale forme le contour ou *périmètre* du polygone; 2°. les angles; 3°. l'étendue, qu'on appelle *aire* ou superficie du polygone.

111. Les côtés et les angles qui composent les polygones peuvent varier en grandeur et en position d'une infinité de manières.

Celui dont les côtés et les angles sont inégaux, s'appelle, par cette raison, *polygone irrégulier*.

Celui dont tous les côtés sont égaux entre eux, les angles étant quelconques, porte le nom de *polygone équilatéral.*

Celui qui a tous les angles égaux entre eux, est dit *polygone équiangle.*

Enfin, celui qui est en même temps équiangle et équilatéral, s'appelle *polygone régulier.*

Lorsque deux polygones sont formés d'un même nombre de côtés, et que chacun des côtés du premier est respectivement égal à chacun des côtés de l'autre, on dit alors qu'ils sont *équilatéraux entre eux.*

On comprend de même ce que signifie l'expression de *polygones équiangles entre eux.*

112. Des polygones qui seraient composés d'un même nombre d'angles et de côtés égaux, chacun à chacun, seraient évidemment superposables, et devraient coïncider exactement, de manière à ne former qu'un seul polygone. Dans ce cas, on dit qu'ils sont *égaux.*

113. Enfin, des polygones qui, sous une forme différente, renfermeraient une même étendue, sont *équivalens.*

114. On distingue encore les polygones en *convexes* et *concaves.* On donne le nom de *convexes* (fig. 103) à ceux qui ne peuvent pas être coupés par une droite en plus de deux points, et ceux qui peuvent l'être sont dits *concaves* (fig. 104).

Un polygone convexe a tous les angles *saillans*, et le concave en a de *rentrans.*

115. Une ligne droite qui joint les sommets de deux angles non adjacens dans un polygone, s'appelle une *diagonale.*

116. Un polygone est dit *symétrique,* lorsqu'une sécante peut le couper en deux parties telles, qu'en faisant tourner l'une de ces parties autour de la sécante, elle vient recouvrir exactement l'autre : la sécante, dans ce cas, porte le nom d'*axe de symétrie.*

117. *Deux triangles sont symétriques,* lorsque les côtés et les angles de l'un sont égaux, chacun à chacun, aux côtés et

aux angles de l'autre, mais disposés d'une manière inverse; en sorte que, pour qu'ils fussent superposables, il faudrait en tourner un dessus dessous.

Deux polygones sont symétriques, lorsqu'ils sont composés d'un même nombre de triangles symétriques chacun à chacun.

118. Un polygone est dit *inscrit* dans un cercle, lorsque tous ses sommets sont placés sur la circonférence de ce cercle, et il est *circonscrit* à ce même cercle, lorsque les côtés du polygone sont des tangentes. *Réciproquement*, le cercle est dit circonscrit ou inscrit au polygone, dans les mêmes cas.

§ Ier. — DU TRIANGLE.

119. Trois lignes qui se coupent pour former un triangle, peuvent être égales ou inégales, et déterminer des angles égaux ou inégaux; de là plusieurs espèces de triangles, qui ont reçu les noms particuliers suivans :

1°. *Triangle équilatéral* (fig. 105). — On donne ce nom à un triangle qui a ses trois côtés égaux entre eux.

2°. *Triangle isoscèle* (fig. 106, 107). — C'est celui qui a deux côtés égaux, le troisième étant plus grand ou plus petit qu'eux.

3°. *Triangle scalène* (fig. 108, 109). — On appelle *triangle scalène*, celui dont les côtés sont tous les trois inégaux.

4°. *Triangle rectangle* (fig. 110). — Un triangle est dit *rectangle*, lorsqu'un de ses angles est droit; la longueur de ses côtés étant quelconque, le côté opposé à l'angle droit s'appelle *hypoténuse*.

5°. *Triangle acutangle* (fig. 108). — On appelle ainsi celui dont tous les angles sont aigus.

6°. *Triangle obtusangle* (fig. 109). — On donne ce nom à un triangle qui a un angle obtus.

Un triangle se désigne par trois lettres placées aux sommets de ses angles.

On distingue encore, dans un triangle, sa *base* et sa *hauteur*.

On donne le nom de *base* à l'un quelconque de ses côtés, et alors sa hauteur est la perpendiculaire abaissée du sommet opposé sur cette base, ou sur son prolongement; ainsi en prenant, dans le triangle ABC (fig. 108, 109), le côté BC pour base, on aura pour sa hauteur la perpendiculaire AD.

Un triangle a donc trois bases, et, par suite, trois hauteurs, car on peut prendre indifféremment l'un ou l'autre de ses côtés pour base; mais cependant, pour le triangle isoscèle, on est convenu d'appeler seulement *base*, le côté qui n'est pas égal aux autres.

THÉORÈME Ier.

120. *La somme des trois angles d'un triangle est constamment égale à deux angles droits.*

Soit le triangle ABD (fig. 111); on pourra toujours prolonger un de ses côtés, BD, par exemple; et par le sommet D, mener une parallèle DC au côté BA. Par suite de cette construction, il y aura au point D trois angles respectivement égaux à ceux du triangle donné; car,

l'angle CDN = ABD comme correspondant,

l'angle ADC = DAB comme alterne-interne,

et l'angle ADB appartient au triangle.

Mais puisque BN est une ligne droite,

$$CDN+CDC+ADB=2\text{ droits; donc, } A+B+ADB=2\text{ droits.}$$

Corollaire 1. — Tout angle d'un triangle est donc le supplément de la somme des deux autres, et par conséquent, dès que l'on en connaîtra deux, on aura le troisième, en retranchant la somme de ces deux, de deux angles droits, ou de 180°.

Corollaire 2. — Dans un triangle, il ne peut pas y avoir plus d'un angle obtus, ni plus d'un angle droit.

Corollaire 3. — Dans un triangle rectangle, la somme des deux angles aigus vaut toujours un angle droit; ainsi, ces angles sont *complémentaires*.

CoROLLAIRE 4. — Lorsque deux angles d'un triangle sont égaux chacun à chacun à deux angles d'un autre triangle, ces triangles sont nécessairement *équiangles entre eux*.

CoROLLAIRE 5. — Lorsqu'on prolonge un des côtés BD d'un triangle, l'angle extérieur, ADN, est égal à la somme des deux opposés A et B.

THÉORÈME II.

121. *Dans tout triangle, un côté quelconque est plus petit que la somme des deux autres, et plus grand que leur différence.*

Soit le triangle ABC (fig. 108); par suite de la définition de la ligne droite, il est évident que la ligne droite $AC < AB + BC$, et que si l'on retranche BC de part et d'autre, on aura $AC - BC < AB$, ou $AB > AC - BC$.

THÉORÈME III.

122. *Si d'un point* O, *pris dans un triangle* ABC, *on mène des droites* OB, OC *aux extrémités d'un de ses côtés, la somme de ces droites sera toujours plus petite que la somme des deux autres côtés.*

Prolongeons BO jusqu'en D (fig. 112), alors nous aurons la droite $OC < OD + DC$, et en ajoutant BO, $BO + OC < BD + DC$; mais, d'un autre côté, $BD < BA + AD$; donc, en mettant dans l'inégalité ci-dessus $BA + AD$ au lieu de BD, nous obtiendrons $BO + OC < BA + AD + DC$, ou bien $BO + OC < BA + AC$.

THÉORÈME IV.

123. *Un triangle quelconque peut toujours être divisé en deux triangles rectangles.*

Il suffit, pour cela, d'abaisser d'un de ses sommets A (fig. 108) la perpendiculaire AD sur le côté opposé, car alors les deux triangles qui en résultent, ADB, ADC, ayant un angle droit en D, sont rectangles. Si le triangle donné était déjà rectangle, ou bien s'il était obtusangle, il faudrait mener une perpendiculaire par le sommet du plus grand angle.

THÉORÈME V.

124. *Si un triangle a deux côtés égaux, les angles opposés à ces côtés sont aussi égaux, et réciproquement.*

Soit le triangle ABC (fig. 106) dans lequel on suppose AB = AC; si du sommet A on abaisse une perpendiculaire sur la base BC, son pied D sera le milieu de BC; car les lignes AB et AC étant égales, seront deux obliques également éloignées de la perpendiculaire, et si l'on fait tourner la partie ADC autour de AD, pour l'appliquer sur ADB, le point C tombera en B, et les lignes AC, AB se confondront; donc, l'angle B = C.

Réciproquement : Si l'angle B = C, je dis que l'on aura le côté AB = AC. En effet, par le milieu D de la ligne BC élevons une perpendiculaire, et autour de cette ligne faisons tourner la partie ADC, pour l'appliquer sur ADB; alors le point C tombera sur le point B; et puisque les angles C et B sont égaux, la ligne CA se confondra avec BA : ce qui exige que ces lignes coupent la perpendiculaire DA en un même point A, c'est-à-dire que la perpendiculaire DA passe par le sommet A du triangle donné : donc alors AC et AB seront des obliques également éloignées, et par conséquent égales.

Corollaire 1. — Un triangle isoscèle a donc les angles adjacens à la base égaux et réciproquement, tout triangle qui a deux angles égaux, est isoscèle.

Corollaire 2. — Dans un triangle isoscèle, la ligne qui joint le sommet au milieu de la base est perpendiculaire à cette base, divise l'angle du sommet en deux parties égales, et le triangle total en deux triangles rectangles égaux.

Ce que nous disons pour le triangle isoscèle, peut s'appliquer au triangle équilatéral.

Corollaire 3. — Il résulte encore de là, que le triangle isoscèle et le triangle équilatéral sont deux figures symétriques, dont l'axe de symétrie est la perpendiculaire abaissée du sommet sur la base.

THÉORÈME VI.

125. *Si deux côtés d'un triangle sont inégaux, l'angle opposé au plus grand sera aussi plus grand que l'angle opposé à l'autre, et réciproquement.*

Soit le triangle ABC (fig. 113) dans lequel AC > AB : par le milieu D de l'autre côté BC élevons une perpendiculaire DN qui passera à droite du sommet A, puisque AB < AC, et qui coupera alors le côté CA en un point N. Si par ce point on mène la ligne NB, on aura NB = NC, et par suite (n° 124) l'angle NBD = C, mais la partie NBD < ABD ; donc, ABD > C.

Réciproquement : Lorsqu'un angle B sera plus grand qu'un autre angle C, on pourra faire au point B un angle DBN = C, et l'on aura alors BN = NC, mais la droite AB < AN + NB, et comme AN + NB = AN + NC = AC, on aura AB < AC.

Corollaire 1. — Dans tout triangle, le plus grand côté est opposé au plus grand angle, et le plus petit au plus petit, et réciproquement. Ainsi, dans le triangle rectangle, l'hypoténuse est le plus grand côté.

Corollaire 2. — Un triangle qui aurait les côtés égaux, aurait donc aussi les angles égaux; donc un triangle équilatéral est en même temps équiangle, et un triangle équiangle est nécessairement équilatéral.

Dans le triangle équilatéral, chaque angle vaut le tiers de deux angles droits, ou les deux tiers d'un droit, ou 60°.

THÉORÈME VII.

126. *Les trois perpendiculaires élevées par les milieux des côtés d'un triangle quelconque, concourent en un même point.*

Soit le triangle ABC (fig. 114, 115). Si par les milieux M, N des côtés AB et BC, on mène les perpendiculaires MO, NO, elles se couperont en un point O, puisque les droites AB et BC se coupent (n° 45), et ce point O sera à égale distance des trois sommets A, B, C; par conséquent, il doit appartenir aussi à la perpendiculaire PO élevée par le milieu de AC (n° 30); donc MO, NO et PO se rencontreront en un même point.

Scolie. — Ce point de concours serait le centre de la circonférence, qui passerait par les trois sommets du triangle donné. Il sera extérieur si le triangle est obtusangle, et intérieur s'il est acutangle; enfin, si le triangle était rectangle, le point O se trouverait sur le milieu de l'hypoténuse.

THÉORÈME VIII.

127. *Les trois droites qui partagent les angles d'un triangle en deux parties égales, concourent en un même point.*

Divisons l'angle A (fig. 116) en deux parties égales par la droite AO, ainsi que l'angle B par la droite BO; ces deux droites se couperont en un même point O, car les angles OAB + OBA ne peuvent pas valoir deux angles droits. Mais tous les points de la ligne AO étant également distans des côtés AB et AC (n° 31), et tous ceux de la ligne BO étant aussi à une égale distance des côtés BA, BC, il en résulte que le point O se trouve également éloigné des trois côtés du triangle, et qu'il doit appartenir à la ligne OC qui divise l'angle C en deux parties égales. Donc, les trois lignes indiquées se coupent en un même point.

Scolie. — Ce point serait le centre d'un cercle qui toucherait à la fois les trois côtés du triangle.

ÉGALITÉ DES TRIANGLES.

128. Deux triangles sont égaux, lorsqu'ils sont superposables; mais comme ordinairement on ne peut pas opérer la superposition directe de deux étendues données, pour vérifier leur égalité, il faut savoir quels sont les *caractères* au moyen desquels on pourra s'assurer qu'elle existe : c'est de la recherche de ces propriétés que nous allons nous occuper.

Il est bien évident, d'abord, que deux triangles qui auraient les côtés et les angles égaux chacun à chacun, seraient nécessairement superposables, et par conséquent égaux ; donc deux triangles équilatéraux sont égaux, dès qu'ils ont un côté égal.

THÉORÈME IX.

129. *Deux triangles quelconques sont égaux, lorsqu'ils ont les trois côtés égaux chacun à chacun.*

Soient les deux triangles ABD, *abd* (fig. 117), dans lesquels on suppose $AB = ab$, $AD = ad$, $BD = bd$.

Portons *abd* sur ABD, en plaçant le point *a* en A, et *b* en B, ce qui est possible, puisque $AB = ab$; et prouvons qu'alors les autres côtés doivent nécessairement coïncider. En effet, s'ils ne coïncidaient pas, les côtés *ad* et *bd* prendraient une autre direction telle, par exemple, que Ad', Bd', et le point *d* tomberait ou dans le triangle ABD, ou hors de ce triangle, ou sur un des côtés BD, AD. Mais quelle que soit la supposition que l'on adopte, on sera conduit à une absurdité; car, 1°. si *d* tombait dans le triangle ABD en d'', on aurait la somme $Ad'' + d''B < AD + DB$ (n° 122) : ce qui est contraire à l'hypothèse. 2°. Si *d* tombe en dehors, on aura deux petits triangles AoD, Bod', qui donneront $AD < Ao + oD$ et $Bd' < Bo + d'o$; d'où $AD + Bd' < Ao + oD + Bo + od'$, ou bien $AD + BD < Ad' + BD$; ce qui est encore contraire à l'hypothèse, puisque $AD = Ad'$ et $BD = Bd'$. 3°. Enfin, si *d* tombait en *o*, il faudrait que $Bo = BD$; ce qui est absurde, tant que *o* est différent de D : donc, le point *d* doit tomber en D, et par conséquent, les triangles donnés doivent coïncider et être égaux.

Scolie. — Il pourrait se faire que dans les deux triangles donnés, les côtés de l'un eussent une disposition inverse à celle des côtés de l'autre, comme les triangles $a'b'd'$ et ABD, alors l'égalité existerait aussi; mais pour que la superposition pût s'effectuer, il faudrait tourner l'un d'eux dessus dessous. Dans ce cas, les triangles sont *symétriques*.

COROLLAIRE. — Il résulte de là, qu'avec trois lignes d'une longueur déterminée, on ne peut former qu'un seul triangle, ou son *symétrique*, ce qui est la même chose, parce que dans les surfaces planes, il est absolument indifférent de tourner une figure d'un côté ou de l'autre.

THÉORÈME X.

130. *Deux triangles sont égaux, lorsqu'ils ont deux côtés égaux chacun à chacun, ainsi que l'angle qu'ils comprennent.*

Supposons que dans les deux triangles ABD, *abd* (fig. 118), on ait AB $=$ *ab*, AD $=$ *ad*, et l'angle A $=$ *a*.

Portons *abd* sur ABD, en posant le point *a* sur A et le côté *ab* sur AB. Alors, puisque l'angle *a* $=$ A, le second côté *ad* tombera sur AD, et comme *ab* $=$ AB et *ad* $=$ AD, les sommets *d* et *b* aboutiront aux sommets D et B, et par suite le troisième côté *bd* couvrira exactement BD; donc, les triangles donnés sont égaux.

THÉORÈME XI.

131. *Deux triangles sont égaux, lorsqu'ils ont un côté et deux angles égaux, chacun à chacun.*

Lorsque deux des angles d'un triangle sont égaux à deux angles d'un autre triangle (fig. 118), le troisième angle du premier est aussi égal au troisième angle du second; ainsi, si l'on a dans les deux triangles ABD, *abd*, le côté AB $=$ *ab*, l'angle A $=$ *a*, et l'angle B $=$ *b*, il est facile de s'assurer qu'ils coïncideront. En effet, portons *abd* sur ABD, en posant *ab* sur AB. Puisque l'angle *a* $=$ A, dès que le point *a* sera sur A, le côté *ad* se dirigera selon AD, et dès que B sera sur *b*, le côté *bd* s'appliquera sur BD; donc, le point *d* qui appartient aux deux côtés *ad* et *bd*, devra se trouver en même temps sur AD et BD, et leur être commun; mais comme ces dernières lignes n'ont de commun que le seul point D, il faudra nécessairement que *d* tombe en D; donc les deux triangles donnés sont égaux.

THÉORÈME XII.

132. *Lorsque deux triangles ont deux côtés égaux, chacun à chacun, et que l'angle compris entre ces côtés n'est pas*

le même dans les deux triangles, le troisième côté du triangle qui aura l'angle plus grand, sera plus grand que le troisième côté de l'autre triangle.

Soient les deux triangles ABD, *abd* (fig. 119), dans lesquels $AB = ab$, $AD = ad$, et l'angle $A > a$. Je dis que l'on aura le côté $BD > bd$.

D'abord, les troisièmes côtés BD et *bd* ne peuvent pas être égaux, car les deux triangles donnés auraient alors les trois côtés égaux chacun à chacun (n° 129), et seraient superposables, ce qui exigerait que l'angle $A = a$, tandis qu'on suppose le contraire : ainsi donc, ces côtés sont plus petits l'un que l'autre. Cela posé, portons le triangle *abd* sur ABD, et faisant coïncider *ab* et AB, et puisque l'angle $A > a$, le côté *ad* passera dans le triangle ABD, et *abd* prendra une certaine position, d'après laquelle le sommet *d* tombera ou sur BD en *o*, ou dans le triangle en *d'* ou au dehors en *d"*.

1°. Si ce point tombe en *o*, nous aurons évidemment la partie $Bo < BD$.

2°. S'il tombe en *d'*, alors $Ad' + d'B < AD + DB$; et comme par hypothèse $AD = ad = Ad'$, nous aurons encore $Bd' < BD$.

3°. Si ce point tombe en *d"*, nous aurons d'abord $AD + d''B < Ao + oD + od'' + oB$, ou bien $AD + d''B < Ad'' + BD$; et puisque $AD = Ad''$, il faut que $d''B < BD$.

Donc, dans tous les cas, le côté BD opposé à un angle plus grand, est plus grand que *bd* opposé à un angle plus petit.

133. Nous venons de prouver qu'il existe trois cas généraux d'égalité pour les triangles, ce sont :

1°. Lorsque les triangles ont les côtés égaux chacun à chacun;

2°. Lorsqu'ils ont un angle égal compris entre côtés égaux chacun à chacun;

3°. Lorsqu'ils ont un côté et deux angles égaux chacun à chacun.

Par conséquent, lorsqu'on pourra s'assurer que l'une de ces

conditions existe entre des triangles donnés, on sera convaincu que ces triangles coïncideraient exactement si on les superposait : dès lors, on sera dispensé d'avoir recours à la superposition directe, pour constater l'égalité des triangles ; car tout se réduit à mesurer des lignes et des angles par les procédés indiqués.

Observons qu'il suffit de connaître trois des six parties qui composent un triangle (trois côtés et trois angles), pour être dans le cas de déterminer les trois autres, pourvu toutefois que parmi les données il y ait au moins un côté. Il est facile de concevoir que les trois angles seuls ne pourraient pas suffire. En effet, si l'on mène diverses parallèles à un des côtés d'un triangle, on formera une suite de triangles différens ayant tous les mêmes angles.

Outre ces principes généraux, il existe plusieurs autres cas d'égalité pour les triangles qui ont une forme particulière, comme nous allons le voir.

THÉORÈME XIII.

134. *Deux triangles isoscèles sont égaux lorsqu'ils ont des bases et des hauteurs égales.*

Si dans les deux triangles isoscèles ABD, *abd* (fig. 120), on a AB $=$ *ab*, DP $=$ *dp*, et qu'on porte l'un sur l'autre ; dès que les extrémités *a*, *b* seront posées sur A et B, le milieu *p* tombera sur le milieu P, et les perpendiculaires *pd* et PD se recouvriront; de plus, puisque PD $=$ *pd*, les points *d* et D se confondront, et les côtés *da*, *db* coïncideront avec DA, DB, puisqu'ils auront mêmes extrémités : donc les deux triangles seront égaux.

THÉORÈME XIV.

135. *Deux triangles isoscèles sont égaux lorsqu'un côté et un angle de l'un sont respectivement égaux à un côté et un angle de l'autre, et semblablement placés.*

Dès que l'on connaît un angle quelconque d'un triangle isoscèle (fig. 120) on les connaît tous les trois, puisque ceux à la base sont égaux ; ainsi deux triangles isoscèles ne peuvent pas avoir un angle, semblablement placé, égal sans être équiangles entre eux. Par conséquent, s'ils ont de plus un côté égal, alors ils réunissent les conditions nécessaires pour être égaux.

On pourrait démontrer aussi que deux triangles isoscèles sont égaux lorsqu'ils ont même hauteur et un angle égal, soit à la base, soit au sommet.

THÉORÈME XV.

136. *Deux triangles rectangles sont égaux lorsqu'ils ont deux côtés égaux chacun à chacun.*

Si les deux côtés égaux étaient ceux qui comprennent l'angle droit, la proportion serait évidente (n° 130).

Mais examinons le cas où ce sont l'hypoténuse et un autre côté. Soient donc les deux triangles rectangles ABD, *abd*, dans lesquels BD $=$ *bd* et AD $=$ *ad*; portons *abd* sur ABD, en faisant coïncider les points *d* et *a* avec D et A. Puisque les angles A et *a* sont droits, le côté *ab* tombera sur AB, et l'extrémité *b* de l'oblique *ab* sera située sur un point de la ligne AB, mais les obliques égales *bd* et BD devront être également éloignées de la perpendiculaire, ce qui exige que *ab* $=$ AB; par conséquent le point *b* tombera sur B, et les triangles seront égaux.

THÉORÈME XVI.

137. *Deux triangles rectangles sont égaux lorsqu'ils ont des hypoténuses égales et un angle aigu égal.*

Car alors les deux angles (fig. 121) aigus seront aussi égaux comme complémens des premiers, et les deux triangles auront un côté égal, et tous les angles égaux chacun à chacun : donc ils seront égaux.

On voit de même que deux triangles rectangles sont égaux lorsqu'ils ont un angle aigu et un des côtés de l'angle droit égaux chacun à chacun.

Voilà l'exposé de toutes les propriétés des triangles égaux. Au moyen de ces principes, il sera toujours facile de construire un triangle égal à un triangle donné, ou tel, qu'il réunisse certaines conditions déterminées, ainsi que nous allons le montrer en nous proposant la solution de quelques problèmes.

PROBLÈMES.

PROBLÈME Ier.

138. *Étant donnés deux angles d'un triangle, trouver le troisième.*

Si ces deux angles sont donnés en degrés, il suffira de retrancher leur somme de 180°; mais si leur mesure n'est pas connue, on opérera comme il suit :

Soient M et N (fig. 122) les deux angles donnés. En un point O d'une droite AB faites un angle DOB = M et un autre angle COA = N, alors l'angle restant COD sera l'angle cherché ; ce sera le supplément de la somme des deux autres.

PROBLÈME II.

139. *Faire un triangle égal à un triangle donné.*

Ce problème peut être résolu de trois manières différentes basées sur les trois cas d'égalité. Ainsi, soit le triangle ABD (fig. 123).

1°. On prendra une ligne *ab*=AB, de son extrémité *a* comme centre, et d'un rayon égal à AD on décrira un arc de cercle ; de son autre extrémité *b*, avec un rayon BD, on décrira un autre arc qui coupera le premier, et en joignant le point d'intersection *d* aux points *a* et *b*, on aura le triangle *abd* = ABD.

Les arcs se couperont de côté et d'autre de la ligne *ab*, et il y aura deux solutions possibles ; le triangle *abd* sera directement le même que ABD et *abd'* son symétrique.

2°. On peut, en second lieu, prendre *ab* = AB, faire au point *a* un angle *dab* = A, sur *ad* prendre une longueur *ad* = AD, et joindre *db*.

3°. Enfin on peut encore prendre *ab* = AB, faire en *a* un angle égal à A, en *b* un angle égal à B, et les deux lignes *ad*, *bd*, en se coupant en *d*, détermineront le triangle demandé.

Le premier procédé est le plus avantageux, puisqu'il donne deux triangles symétriques.

PROBLÈME III.

140. *Construire un triangle dont on connaît 1°. les trois côtés; 2°. un angle et les côtés qui les comprennent; 3°. un côté et deux angles.*

On opérera dans chacun de ces cas comme on l'a dit ci-dessus, pour faire un triangle égal à un triangle donné.

Dans le troisième cas, si les deux angles donnés ne sont pas ceux adjacens au côté connu, il faudra d'abord chercher le troisième, et opérer ensuite comme il a été dit.

Lorsqu'on donne la longueur des trois côtés d'un triangle, il faut, pour que le triangle soit possible, que l'une quelconque de ces longueurs soit moindre que la somme des deux autres.

PROBLÈME IV.

141. *Construire un triangle rectangle dont on connaît l'hypoténuse et un autre côté.*

Soient M (fig. 124) l'hypoténuse, et N l'autre côté; faites un angle droit A, et prenez AB = N; ensuite du point B et d'une ouverture de compas égale à M, décrivez un arc qui coupera AD en D, et ABD sera le triangle demandé.

PROBLÈME V.

142. *Construire un triangle isoscèle dont on connaît la base et un angle.*

Soient M (fig. 125) la base, et N l'angle donnés. Si l'angle N est adjacent à la base, prenez AB = M, et aux extrémités A et B faites des angles égaux à N, l'intersection des côtés AD, BD déterminera le triangle demandé.

Si l'angle N est celui du sommet, retranchez-le de deux angles droits, et faites ensuite à chaque extrémité de AB des angles égaux à la demi-différence trouvée.

PROBLÈME VI.

143. *Construire un triangle isoscèle dont on connaît la hauteur et l'angle du sommet.*

Soient H (fig. 126) cette hauteur et N l'angle du sommet. Faites un angle A = N, divisez-le en deux parties égales par la droite AD ; prenez AD = H, et par le point D menez une perpendiculaire à AD qui déterminera le triangle demandé ABC.

PROBLÈME VII.

144. *Construire un triangle dont on connaît un angle, un côté et la somme des deux autres côtés.*

Soient N (fig. 127) l'angle donné, M le côté connu, et S la somme des deux autres côtés.

Prenons une longueur AB = M ; au point A, faisons un angle BAC = N, et portons sur AC une longueur AD = S, ensuite joignons BD.

Cela fait, prenons le milieu R de BD, et élevons une perpendiculaire qui coupera AD en C ; enfin menons CB ; le triangle ABC satisfera à la question, car à cause de la perpendiculaire RC, on aura CB = CD, et par conséquent AC + CB = S.

PROBLÈME VIII.

145. *Construire un triangle lorsque l'on connaît un angle, un des côtés adjacens, et la différence des deux autres côtés.*

Soient l'angle N (fig. 128), le côté M et la différence donnée D.

Faites un angle A = N ; prenez AB = M, AC = D, et joignez BC ; ensuite faites au point B l'angle CBG = GCB, et vous aurez le triangle demandé ABG, dans lequel A = N ; AB = M, et AG — GB = AC = D : car GB = GC.

PROBLÈME IX.

146. *Construire un triangle lorsque l'on connaît un angle, le côté qui lui est opposé et la différence des deux autres côtés.*

6..

Soient N (fig. 129) l'angle donné, M le côté opposé, et D la différence des deux autres côtés.

Faites un triangle isoscèle provisoire ABG, dont l'angle du sommet A = N; prolongez le côté AB d'une quantité BH = D, et du point A avec un rayon M, décrivez un arc qui coupera BG en R; du point R, menez la parallèle RS qui déterminera le triangle RSH demandé : car l'angle S = A = N, le côté HR = M, et à cause du triangle isoscèle SRB, on a SR = SB, et par suite SH — SR = BH = D.

§ II. — DU QUADRILATÈRE.

147. Quatre droites, en se coupant deux à deux, déterminent un quadrilatère. La grandeur de ces lignes, leurs positions relatives, les angles qu'elles feront pouvant varier à volonté, on conçoit qu'il doit exister une infinité de quadrilatères différens.

Mais dans le nombre il y a quelques espèces particulières qui possèdent des propriétés caractéristiques, et qui méritent une étude spéciale; aussi leur a-t-on donné des noms distinctifs, ce sont :

1°. *Le carré* (fig. 130). — On donne ce nom à un quadrilatère qui a les quatre côtés égaux entre eux, et dont les quatre angles sont droits.

2°. *Le rectangle* (fig. 131). — On appelle rectangle un quadrilatère composé de quatre lignes parallèles et égales, deux à deux, qui se coupent à angles droits.

3°. *Le losange* ou *rhombe* (fig. 133). — C'est un quadrilatère formé par quatre droites égales entre elles, parallèles, deux à deux, et qui ne se coupent pas à angles droits.

4°. *Le parallélogramme* ou *rhomboïde* (fig. 132). — C'est un quadrilatère dont les côtés sont égaux et parallèles, deux à deux, sans que les angles soient droits.

5°. *Le trapèze* (fig. 134). — Le trapèze est un quadrilatère qui a deux côtés parallèles et inégaux, les deux autres et les angles étant quelconques.

Le trapèze est dit rectangle (fig. 135) dans le cas où l'un des côtés non parallèles est perpendiculaire aux côtés parallèles.

Il est dit isoscèle ou symétrique (fig. 136), si les côtés non parallèles sont égaux, parce que, dans ce cas, il est divisible en deux moitiés superposables.

6°. *Le quadrilatère symétrique* (fig. 137). — On appelle ainsi un quadrilatère dont les côtés sont égaux, deux à deux, mais non parallèles, c'est-à-dire dans lequel les côtés égaux sont adjacens.

On voit, par ces définitions, que le carré et le losange ne diffèrent que par les angles, ainsi que le rectangle et le parallélogramme, en sorte qu'il est facile de prévoir que ces quadrilatères posséderont des propriétés communes.

Dans le carré, le rectangle, le losange et le parallélogramme, on appelle *base* un quelconque de leurs côtés, et alors la *hauteur* est la distance qui sépare ce côté de son parallèle, c'est-à-dire la perpendiculaire abaissée d'un des points du côté opposé, sur la base ou sur son prolongement. Ainsi, en prenant BC pour base, la hauteur sera pour le carré et le rectangle, l'autre côté DC ou AB ; et pour le losange et le parallélogramme, ce sera la perpendiculaire AP.

Dans le trapèze, on appelle *base* chacun des deux côtés parallèles AD et BC, en sorte qu'il y a deux bases ; et *hauteur* la distance de ces deux bases, c'est-à-dire AO.

Dans un quadrilatère on peut mener deux diagonales, chacune desquelles divise le quadrilatère en deux triangles ; les deux ensemble le divisent en quatre triangles.

Deux quadrilatères qui auraient les angles égaux et deux côtés égaux chacun à chacun, seraient nécessairement superposables et égaux, et auraient aussi leurs diagonales égales.

Il est évident que dans un quadrilatère, un côté quelconque est plus petit que la somme des trois autres, car la ligne droite est le plus court chemin entre deux points donnés. Ainsi quatre droites données peuvent former un quadrilatère dès que l'une d'elles est moindre que la somme des autres ; mais il est facile de voir en même temps qu'elles peuvent en former une infinité, en faisant varier la grandeur des angles, et par suite celle des diagonales (fig. 188). Cela devient sensible en prenant quatre règles réunies deux à deux par des charnières, car alors on peut à volonté leur faire prendre des positions différentes.

Un quadrilatère se désigne par quatre lettres placées aux sommets, ou bien par les deux lettres situées aux extrémités de la même diagonale; ainsi l'on dit le quadrilatère ABCD (fig. 139), ou bien le quadrilatère AC.

THÉORÈME Ier.

148. *La somme des quatre angles de tout quadrilatère est constamment égale à quatre angles droits.*

En effet, tout quadrilatère ABCD (fig. 139) est divisible en deux triangles, au moyen d'une diagonale AC. Or, les angles de ces triangles sont formés de ceux du quadrilatère; ainsi la somme des uns doit être la même que celle des autres : donc la somme des angles d'un quadrilatère est double de celle des angles d'un triangle, c'est-à-dire égale à quatre angles droits.

Corollaire 1. Un quadrilatère ne saurait avoir tous les angles aigus ni tous les angles obtus, mais il peut en contenir deux ou trois d'aigus ou deux ou trois d'obtus.

Corollaire 2. Lorsque dans un quadrilatère il y a deux angles droits, les deux autres sont supplémentaires, et s'il y en trois, le quatrième est nécessairement droit aussi.

THÉORÈME II.

149. *Toute diagonale divise un carré, un rectangle, un losange, ou un parallélogramme en deux triangles égaux.*

En effet, si l'on mène la diagonale AC (fig. 130 à 133) dans chacune de ces figures, on formera deux triangles ACB, ACD, qui auront les trois côtés égaux chacun à chacun, par suite des définitions que nous avons données : donc ils seront égaux.

Corollaire 1. Il résulte de cette proposition que, dans ces

figures, les angles opposés sont égaux, ce qui était déjà évident pour le carré et le rectangle où tous les angles sont droits, et facile à démontrer pour le losange et le parallélogramme par les propriétés des parallèles.

Scolie. Le théorème ci-dessus serait vrai aussi pour le quadrilatère symétrique, pourvu que la diagonale AC fût celle qui joint les angles compris entre ses côtés égaux ; car les deux triangles ABC, ADC (fig 137) ont les trois côtés égaux chacun à chacun. Ces triangles sont de plus symétriques, et c'est de là que ce quadrilatère tire son nom.

Cela prouve de plus que les angles B et D compris entre les côtés inégaux d'un quadrilatère symétrique sont toujours égaux. Ainsi, dans le cas où ils seraient droits, les deux autres A et C seraient supplémentaires, et l'on aurait un quadrilatère symétrique rectangle.

THÉORÈME III.

150. *Les deux diagonales menées dans un carré, un rectangle, un losange ou un parallélogramme, se coupent en deux parties égales et divisent la figure en quatre triangles opposés et égaux deux à deux.*

Ces deux diagonales se couperont d'abord en un point O (fig. 130 à 133); et si nous comparons dans chaque figure deux des triangles opposés, tels que BOA et COD, nous trouverons qu'ils ont un côté égal $AB = CD$, et les angles égaux chacun à chacun, car l'angle $OAB = OCD$, comme alternes-internes, et $OBA = ODC$ par la même raison; donc ces triangles sont égaux; donc $BO = OD$ et $AO = OC$. On arriverait au même résultat en prenant les triangles AOD et BOC.

Scolie. Dans le carré et le rectangle, les deux diagonales sont égales ; car les deux triangles rectangles BAD et ADC ont les côtés qui comprennent l'angle droit égaux chacun à chacun ; donc ces diagonales se coupent au point O en quatre parties égales, et décomposent la figure en quatre triangles isoscèles et égaux deux à deux.

THÉORÈME IV.

151. *Dans le carré et le losange les deux diagonales se coupent à angle droit, divisent les angles de la figure en deux parties égales et la décomposent en quatre triangles rectangles égaux.*

En effet, le point O (fig. 130 et 133) étant le milieu de chaque diagonale, et les quatre côtés de la figure étant égaux entre eux, il en résulte que les quatre triangles partiels AOB, AOD, BOC, COD ont les trois côtés égaux chacun à chacun, et qu'ils sont égaux; par conséquent les angles en O seront aussi égaux, et alors chacun d'eux sera droit : donc les diagonales sont perpendiculaires, les triangles partiels rectangles et égaux, et les angles A, B, C, D divisés en deux parties égales.

Scolie. Dans le carré où les diagonales sont égales, les quatre triangles rectangles sont de plus isoscèles.

THÉORÈME V.

152. *Dans un quadrilatère symétrique, les diagonales se coupent à angle droit et divisent la figure en quatre triangles égaux deux à deux.*

Si dans le quadrilatère ABCD (fig. 137) on mène la diagonale AC, elle le divisera en deux triangles égaux ADC, ABC, parce qu'ils auront les trois côtés égaux; mais alors on aura l'angle BAC = DAC, et l'angle BCA = DCA; et si l'on tire l'autre diagonale BD, les deux triangles AOD, AOB qui ont un côté commun AO, un autre côté AD = AB, et l'angle compris entre eux égal de part et d'autre, seront égaux, ce qui exige que les angles DOA et DOB soient droits puisqu'ils sont adjacens. De même, les deux triangles rectangles COD, COB, seront aussi égaux : donc la proposition énoncée est vraie.

THÉORÈME VI.

153. *Un quadrilatère qui a deux côtés égaux et parallèles est un parallélogramme.*

Supposons que les deux côtés AB, CD (fig. 140) du quadrilatère ABCD soient égaux et parallèles, et faisons voir qu'alors les deux autres le seront aussi ; pour cela menons une diagonale DB, elle divisera la figure en deux triangles DBC, DBA qui auront un côté DB commun, un autre côté DC = AB, et les angles compris BDC et DBA égaux comme alternes-internes; donc ces triangles seront égaux, et par suite le côté AD = BC, l'angle A = C = CBH, ce qui prouve que les côtés égaux AD et BC sont parallèles; donc la figure est un parallélogramme, puisque ses côtés sont égaux et parallèles deux à deux.

Scolie. Si l'un des angles, A, par exemple, était droit, la figure serait un rectangle; si, de plus, les quatre côtés étaient égaux, ce serait un carré; enfin, si les côtés étaient égaux et les angles non droits, ce serait un losange. Ainsi, le théorème est applicable à ces quatre quadrilatères.

THÉORÈME VII.

154. *Un quadrilatère dont les côtés opposés sont égaux est un parallélogramme.*

Pour le prouver, il suffit de faire voir que les côtés égaux seront nécessairement parallèles.

Soit le quadrilatère ABCD (fig. 140), dans lequel on suppose AB = DC et AD = BC, et menons une diagonale DB; alors les deux triangles ADB, DBC auront les trois côtés égaux chacun à chacun, et seront égaux; donc l'angle ABD = BDC, et l'angle ADB = DBC; ce qui prouve que les côtés opposés sont parallèles.

Même remarque que dans le théorème précédent.

THÉORÈME VIII.

155. *Un quadrilatère qui a les angles opposés égaux est un parallélogramme.*

Si dans le quadrilatère ABCD (fig. 140) on a l'angle A = C et l'angle B = D, il est évident que A + B = C + D; mais la somme totale A + B + C + D = 4 droits; donc A + B = 2 droits. Mais si la somme des angles intérieurs A et B vaut deux angles droits, les lignes AD et BC sont parallèles, et par suite l'angle CBH = A = C; donc AB et DC sont aussi parallèles et par suite (n° 46) égaux, et la figure est un parallélogramme.

Même remarque que pour le théorème VI.

COROLLAIRE. On voit par là que deux parallélogrammes qui ont un angle égal sont équiangles entre eux.

THÉORÈME IX.

156. *Un quadrilatère dont les diagonales se coupent en deux parties égales est un parallélogramme.*

Supposons que dans le quadrilatère ABCD (fig. 132) le point O soit le milieu des diagonales AC et BD; alors les deux triangles AOD et BOC auront un angle égal compris entre côtés égaux chacun à chacun et seront égaux ; donc AD est égal et parallèle à BC. Il en serait de même pour AB et CD : donc le quadrilatère ABCD est un parallélogramme.

Scolie. Si les diagonales étaient égales, la figure serait un rectangle; et si elles se coupaient à angle droit, ce serait un carré ou un losange.

THÉORÈME X.

157. *Deux parallélogrammes qui ont un angle égal compris entre côtés égaux chacun à chacun, sont égaux.*

Soient les deux parallélogrammes ABCD, *abcd* (fig. 141), dans lesquels on suppose l'angle A = *a*, le côté AD = *ad*, et le côté AB = *ab*.

Puisque A = *a*, les parallélogrammes sont équiangles entre eux (n° 155), et si les côtés AD et *ad* sont égaux, les opposés BC et *bc* le seront aussi; de même, si AB = *ab*, on aura DC = *dc*. Donc enfin tout est égal de part et d'autre, et les parallélogrammes sont superposables.

THÉORÈME XI.

158. *Deux quadrilatères quelconques sont égaux lorsque leurs diagonales se coupent sous un même angle, et qu'elles se trouvent divisées en quatre segmens égaux chacun à chacun.*

Soient les deux quadrilatères ABCD, *abcd* qui ont les parties OA = *oa*, OD = *od*, OC = *oc*, OB = *ob*, et les angles O et *o* égaux.

Si l'on porte une figure sur l'autre, en faisant coïncider les points O et *o*, et l'une des diagonales, chaque segment couvrira son correspondant; et puisqu'ils sont égaux chacun à chacun, les sommets *a*, *b*, *c*, *d* tomberont sur les sommets A, B, C, D, et les deux quadrilatères coïncidant exactement, seront égaux.

THÉORÈME XII.

159. *La ligne qui joint les milieux des bases d'un trapèze symétrique, est perpendiculaire à ces deux bases.*

Soit le trapèze symétrique ABCD (fig. 136). Si des sommets A et B on abaisse les perpendiculaires égales A*p*, B*q*, elles détermineront deux triangles rectangles égaux AD*p*, BC*p*; car on a l'hypoténuse AD = BC (nº 136); donc l'angle D = C, et par suite A = B.

Cela posé, si par le point M, milieu de DC on élève une perpendiculaire MN, elle sera aussi perpendiculaire à AB, et si l'on fait tourner la partie MNBC autour de MN, pour l'appliquer sur MNAD, le point C tombera en D, et à cause de l'angle C = D le côté CB prendra la direction DA; de plus, puisque CB = DA, les points B et A se confondront, et l'on aura NB = NA : donc le point N sera le milieu de AB.

Ce qui démontre le théorème ci-dessus.

Corollaire. Dans le trapèze symétrique, les angles aigus sont égaux entre eux, ainsi que les angles obtus.

Proposons-nous quelques problèmes relatifs aux quadrilatères.

PROBLÈME Ier.

160. *Construire un quadrilatère égal à un quadrilatère donné.*

Pour résoudre cette question générale, il faut mener une diagonale AC (fig. 139) qui divisera le quadrilatère donné en deux triangles, ensuite prendre une ligne égale à cette diagonale, et construire sur elle deux triangles égaux à ceux qui composent ce quadrilatère.

Si le quadrilatère donné était un carré, il suffirait de prendre une ligne égale à son côté, d'élever à ses extrémités des perpendiculaires égales à ce côté, et de joindre les points ainsi déterminés.

Si c'était un parallélogramme, il faudrait faire un angle égal à l'un des siens, prendre sur les côtés de cet angle des longueurs égales aux côtés adjacens du parallélogramme, et par les points déterminés, mener des parallèles respectives à ces longueurs.

PROBLÈME II.

161. *Construire un parallélogramme dont on connaît un côté et les deux diagonales.*

Soient M, N (fig. 143), les diagonales, et Q le côté donnés. Prenez une ligne AB = C, et de ses extrémités avec des rayons erspectivement égaux à $\frac{1}{2}$ M et à $\frac{1}{2}$ N, décrivez deux arcs qui se couperont en O; prolongez OA d'une quantité OC = OA, et OB d'une quantité OD = OB; joignez DA, CD, DB, ce qui déterminera un parallélogramme : car les triangles AOB, COD ont un angle égal compris entre côtés égaux, et sont égaux, d'où AB est égal et parallèle à CD.

PROBLÈME III.

162. *Construire un trapèze, connaissant les deux côtés parallèles et les angles adjacens à l'un d'eux.*

Soient M et N (fig. 144) les deux côtés donnés, et *a* et *b* les angles adjacens à N. Prenez une ligne AB = N; à ses extrémités faites des angles ABD, BAC égaux à *a* et *b*, et portez de A en O une longueur AO = M; par ce point, menez une parallèle à AC, qui coupera BD en D; enfin, menez CD parallèle à AB, et ABCD sera le trapèze demandé.

§ III. — DES POLYGONES DE PLUS DE QUATRE COTÉS.

163. Les figures de plus de quatre côtés n'offrent pas des particularités comme les triangles et les quadrilatères, et voilà pourquoi nous allons les ranger dans un même paragraphe.

Ces polygones sont toujours décomposables en plusieurs triangles (fig. 145), car il est toujours possible de mener par un de leurs sommets des diagonales aux autres; par conséquent leurs propriétés dépendent de celles des triangles.

Observons d'abord que, par cette décomposition, un polygone quelconque produira autant de triangles qu'il aura de côtés, moins deux; car les diagonales partant du même sommet, formeront une suite de triangles qui auront ce point pour sommet commun, et dont les bases respectives seront tous les côtés du polygone, excepté les deux qui comprendront l'angle choisi pour point de départ. Il y aura donc autant de triangles que de côtés, moins ces deux-là.

Ainsi, un pentagone fournira trois triangles, un heptagone en donnera cinq, etc.

THÉORÈME Ier.

164. *La somme des angles intérieurs de tout polygone est égale à autant de fois deux angles droits que ce polygone a de côtés, moins deux.*

En effet, le polygone étant divisible en autant de triangles qu'il a de côtés, moins deux, et les angles des triangles étant formés de ceux du polygone, il est bien évident que la somme de tous ces angles vaudra autant de fois deux angles droits qu'il y aura de triangles.

Ainsi, soit le pentagone ABCDE (fig. 145). Menons les diagonales AC, AD, et nous aurons trois triangles ABC, ACD, AED dont la somme des angles qui sont formés de tous ceux du polygone vaudra trois fois deux ou six angles droits.

Soit de même l'heptagone ABCDEFG (fig. 146). Du sommet A menons les diagonales AC, AD, AE, AF, qui le diviseront en cinq triangles, par conséquent la somme de ses angles sera cinq fois deux, ou dix angles droits.

On voit de même que la somme des angles d'un polygone de vingt côtés serait de $(20 - 2) \times 2 = 36$ angles droits.

Enfin N étant le nombre de côtés d'un polygone quelconque, nous aurons pour exprimer la somme de ses angles la formule $(N - 2)2 = 2n - 4$.

On peut aussi énoncer ce principe en disant que la somme

des angles intérieurs d'un polygone vaut autant de fois deux angles droits qu'il a de sommets, moins quatre angles droits.

Ce théorème est aussi applicable aux polygones concaves (fig. 147), pourvu que les angles rentrans soient pris dans l'intérieur du polygone, auquel cas ils sont plus grands que deux angles droits.

THÉORÈME II.

165. *La somme des angles extérieurs de tout polygone vaut toujours quatre angles droits.*

On donne le nom d'angle *extérieur* d'un polygone (fig. 148) au supplément de son angle intérieur. Il se trouve formé extérieurement en prolongeant un des côtés de ce polygone.

Cela posé, puisque les angles extérieurs sont les supplémens des autres, la somme totale des intérieurs et des extérieurs vaudra autant de fois deux angles droits qu'il y aura de sommets. Mais la différence entre cette somme totale et la somme des angles intérieurs sera précisément la somme des extérieurs. Or, cette différence est quatre angles droits ; donc la somme des extérieurs vaudra toujours quatre droits.

Par exemple la somme des angles extérieurs m, n, o, p, q, r de l'hexagone ABCDEF s'obtiendra en retranchant de la somme totale $6 \times 2 = 12$ angles droits, la somme des angles intérieurs qui est $(6-2)2 = 8$ droits, et l'on aura ... $12 - 8 = 4$ droits.

Il en serait de même pour tout autre exemple.

THÉORÈME III.

166. *Deux polygones égaux sont composés d'un même nombre de triangles égaux chacun à chacun, et semblablement placés, et réciproquement.*

Il est évident que deux polygones, pour être égaux, doivent avoir un même nombre de côtés et d'angles égaux chacun à chacun, et fournir un même nombre de triangles partiels.

Ainsi soient les deux polygones ABCDEF (fig. 149), *abcdef*, par les sommets A et *a* menons des diagonales ; nous aurons d'abord les triangles ABC et *abc* égaux, comme ayant un angle égal $B = b$ compris entre côtés égaux; d'où la diagonale $AC = ac$, l'angle $ACB = acb$ et par suite $ACD = acd$; mais alors les deux autres triangles ACD et *acd* auront aussi un angle égal compris entre côtés égaux et seront égaux, et ainsi de suite pour tous les autres : donc le principe est démontré.

La réciproque est évidente.

PROBLÈME Ier.

167. *Construire un polygone égal à un polygone donné.*

La solution de ce problème résulte immédiatement du théorème précédent, car pour faire un polygone égal au polygone ABCDEF (fig. 149, il suffira de construire une suite de triangles égaux à ceux du polygone donné, en suivant le procédé connu; c'est-à-dire en prenant successivement des ouvertures de compas égales aux côtés de ces triangles, et décrivant des arcs qui, par leurs intersections, détermineront les divers sommets du polygone demandé.

Voilà les propriétés qui conviennent à tous les polygones en général; mais il existe une classe de polygones qui mérite une étude spéciale, par l'importance et l'utilité des résultats auxquels elle conduit : ce sont les polygones réguliers.

§ IV. — DES POLYGONES RÉGULIERS ET DU CERCLE.

168. Nous avons appelé *polygones réguliers* ceux qui avaient en même temps tous leurs angles et tous leurs côtés égaux. Il n'y a pas de doute que tout ce que nous avons dit pour les polygones en général ne leur soit applicable; mais il nous reste à rechercher les propriétés qui sont la conséquence de la régularité.

Il existe des polygones réguliers d'un nombre quelconque de côtés. Nous connaissons déjà le triangle équilatéral et le carré, et nous verrons bientôt le moyen d'en construire d'autres.

La première observation à faire au sujet des polygones réguliers, c'est que l'égalité de leurs angles donne la facilité de connaître dans tous les cas la valeur de chacun d'eux. En effet, puisque la somme totale des angles intérieurs d'un polygone vaut autant de fois deux angles droits qu'il a de côtés, moins deux; si l'on divise cette somme par le nombre des côtés, on aura la valeur de chaque angle.

Ainsi N étant le nombre des côtés d'un polygone régulier, on aura $\frac{(N-2)\times 2}{N}$ pour la valeur de chacun de ses angles.

En faisant successivement N égal à 3, 4, 5, etc., on formera le tableau suivant.

TABLEAU

De la valeur de l'angle d'un Polygone régulier.

NOMS DES POLYGONES.	NOMBRE des côtés.	VALEUR DE L'ANGLE exprimée en fractions DE L'ANGLE DROIT.		VALEUR DE L'ANGLE exprimée en degrés. DIVISION anc., 360°.	DIVISION nouv., 400°.
Triangle régulier..	N= 3	$\frac{(3-2)2}{3}=\frac{2}{3}$	d'angle droit.	60°	66°66'66"
Carré...........	N= 4	$\frac{(4-2)2}{4}=1$	droit.	90.	100.
Pentagone régulier.	N= 5	$\frac{(5-2)2}{5}=\frac{6}{5}$	*id.*	108.	120.
Hexagone régulier.	N= 6	$\frac{(6-2)2}{6}=\frac{4}{3}$	*id.*	120.	133°33'33"
Heptagone *id* ...	N= 7	$\frac{(7-2)2}{7}=\frac{10}{7}$	*id.*	128°34'17"	142°85'71"
Octogone *id*....	N= 8	$\frac{(8-2)2}{8}=\frac{3}{2}$	*id.*	135.	150.
Ennéagone *id*....	N= 9	$\frac{(9-2)2}{9}=\frac{14}{9}$	*id.*	140.	155°55'55"
Décagone *id*....	N= 10	$\frac{(10-2)2}{10}=\frac{8}{5}$	*id.*	144.	160.
Dodécagone *id*...	N= 12	$\frac{(12-2)2}{12}=\frac{5}{3}$	*id.*	150.	166°66'66"
Pentédécagone *id*..	N= 15	$\frac{(15-2)2}{15}=\frac{26}{15}$	*id.*	156.	173°33'33"
Polyg. de 20 côtés..	N= 20	$\frac{(20-2)2}{20}=\frac{9}{5}$	*id.*	162.	180.
Polyg. de 50 côtés .	N= 50	$\frac{(50-2)2}{50}=\frac{48}{25}$	*id.*	172°48'	192.
Polyg. de 100 côtés.	N=100	$\frac{(100-2)2}{100}=\frac{49}{25}$	*id.*	176.24'	196.
Polyg. de 360 côtés.	N=360	$\frac{(360-2)2}{360}=\frac{179}{90}$	*id.*	179.	198°88'88"

On peut aussi avoir besoin de connaître la valeur de l'angle extérieur d'un polygone régulier; or puisque la somme de tous les angles extérieurs vaut toujours quatre angles droits, et que dans les polygones réguliers ces angles sont égaux, comme supplémens des angles intérieurs, la valeur de chacun d'eux, s'obtiendra en divisant quatre angles droits par le nombre des côtés; ainsi l'angle extérieur du triangle régulier est les $\frac{4}{3}$ d'un angle droit, ou $\frac{360}{3} = 120°$.

Celui de l'hexagone est de $\frac{360}{6} = 60°$.

169. La valeur de l'angle intérieur d'un polygone régulier est utile à connaître dans bien des cas. Ainsi, pour en citer un exemple, proposons-nous de trouver combien il existe d'espèces différentes de polygones réguliers qui peuvent servir à recouvrir exactement une surface plane, par exemple à carreler un appartement.

L'art du carreleur consiste à recouvrir un plancher avec des briques, ayant la forme d'un polygone régulier, lesquelles doivent s'assembler de manière à ne laisser entre elles aucun espace vide. Cela exige que les angles des polygones employés soient des diviseurs exacts de 360°, pour qu'en les groupant autour d'un même point du plan, ils y fassent une somme égale à quatre angles droits. Or, voyons quels sont les polygones réguliers qui peuvent remplir cette condition.

1°. Le triangle équilatéral (fig. 150), dont l'angle vaut 60° ou le sixième de quatre droits, sera propre à cet usage, car six triangles pareils réunis par un de leurs sommets, en un même point O, rempliront exactement tout l'espace, et cela se renouvellera à chaque sommet.

2° Le carré (fig. 151) servira au même usage, car ses angles étant droits, si on les réunit quatre à quatre ils formeront quatre angles droits à chaque sommet.

Le pentagone ne pourrait pas être employé car son angle n'est pas sous-multiple de 360°.

3°. L'hexagone régulier (fig. 152), dont l'angle vaut 120°, ou le tiers de quatre angles droits, pourra remplir le même but, en réunissant trois de ces polygones autour de chaque sommet.

Mais au-delà, il n'en existe pas d'autres capables du même objet; car à mesure que le nombre des côtés des polygones augmente, la valeur de leurs angles augmente aussi; en sorte que cette valeur sera trop grande, à partir de l'heptagone, car dans ce dernier, l'angle vaut plus de 128°, ce qui donne pour les trois angles : $3 \times 128 = 384°$.

Il n'y a donc que trois polygones réguliers : le triangle, le carré et l'hexagone, qui puissent servir à recouvrir une surface plane sans laisser d'espace entre eux.

La plus précieuse des propriétés dont jouissent les polygones réguliers, c'est la faculté qu'ils ont de pouvoir être inscrits et circonscrits à un cercle : occupons-nous de la démontrer.

THÉORÈME Ier.

170. *Tout polygone régulier peut être inscrit dans un cercle, et peut lui être circonscrit.*

Pour démontrer cette proposition, il s'agit de faire voir qu'il existe toujours, dans l'intérieur d'un polygone régulier, un point également éloigné de tous les sommets.

Soit l'octogone ABC.... (fig. 153), si par les milieux M, N, de deux côtés adjacens AB, BC, on élève des perpendiculaires, elles se couperont en un point *o*, centre de la circonférence qui passera par les trois sommets A, B, C. Ce point *o* sera également éloigné de tous les sommets du polygone. En effet, si l'on joint OA, OD, on formera deux quadrilatères OMCD, OMBA, qui pourront être superposés, car si l'on fait tourner OMCD autour de OM, perpendiculaire sur le milieu de BC, la partie MC recouvrira MB, et le point C tombera en B; mais alors, puisque l'angle C = B, le côté CD prendra la direction de BA, et comme CD = BA, le point D tombera en A, donc OD = OA, c'est-à-dire que la circonférence qui passe par les trois sommets, A, B, C, passera aussi par D.

Un raisonnement absolument semblable servirait à prouver que les autres sommets, E, F, G, H, sont aussi à la même distance OA, du point O; donc ce point est le centre d'un cercle sur la circonférence duquel seront posés tous les sommets de l'octogone donné, et cet octogone sera alors inscrit au cercle.

En second lieu ce même point O est aussi à égale distance de tous les milieux M, N,... des côtés de l'octogone, car tous ces côtés étant des cordes égales, sont également éloignés du centre O ; si donc du point O ; avec un rayon égal à la perpendiculaire OM, on décrit une circonférence, elle touchera tous les côtés du polygone par leur milieu respectif, et ces côtés seront tous tangens à cette circonférence; par conséquent l'octogone sera circonscrit au cercle OM.

Scolie I. Le point O, centre commun des cercles inscrit et circonscrit, est appelé aussi le centre du polygone régulier.

La distance OA, du centre au sommet, qui est le rayon du cercle circonscrit, se nomme aussi le rayon du polygone, et la distance OM, rayon du cercle inscrit, est dite l'*apothème* de ce polygone.

Scolie II. Puisque tous les côtés d'un polygone régulier sont à égale distance du centre, et qu'ils sont tous égaux, si l'on mène tous ses rayons, on divisera ce polygone en autant de triangles isoscèles égaux qu'il aura de côtés ; et autour du centre O, sommet commun à ces triangles, il y aura un même nombre d'angles égaux, dont la somme vaudra toujours quatre angles droits. Chacun de ces angles s'appelle l'*angle au centre* d'un polygone régulier.

Réciproquement, un certain nombre de triangles isoscèles égaux réunis par leurs sommets autour d'un même point et remplissant exactement l'espace de quatre angles droits, sont tels, que leurs bases déterminent un polygone régulier.

171. La valeur de l'angle au centre d'un polygone régulier, est importante à connaître dans bien des cas ; or, pour la trouver, il suffit de diviser quatre angles droits par le nombre des côtés du polygone.

C'est ainsi qu'on a formé le tableau suivant :

TABLEAU de l'angle au centre des polygones réguliers.

NOMS DES POLYGONES.	Valeur de l'angle au centre en fractions de l'angle droit.		VALEUR DE CET ANGLE en degrés.	
	Nombre de côtés.		Divis. 360°.	Divis. 400°.
Triangle régulier.........	N = 3	$\frac{4}{3}$	120°	133°33′ 33″
Carré....................	N = 4	$\frac{4}{4}$	90.	100.
Pentagone régulier.......	N = 5	$\frac{4}{5}$	72.	80.
Hexagone *id*.........	N = 6	$\frac{2}{3}$	60.	66°66′ 66″
Heptagone *id*.........	N = 7	$\frac{4}{7}$	51°25′ 43″	57.14.28.
Octogone *id*.........	N = 8	$\frac{1}{2}$	45.	50.
Ennéagone *id*.........	N = 9	$\frac{4}{9}$	40.	44°44′ 44″
Décagone *id*.........	N = 10	$\frac{2}{5}$	36.	40.
Dodécagone *id*........	N = 12	$\frac{1}{3}$	30.	33°33′ 33″
Polygone de 15 côtés......	N = 15	$\frac{4}{15}$	24.	26.66.66″
Polygone de 20 côtés......	N = 20	$\frac{1}{5}$	18.	20.
Polygone de 25 côtés......	N = 25	$\frac{4}{25}$	14°24′	16.
Polygone de 36 côtés......	N = 36	$\frac{1}{9}$	10.	11°11′ 11″
Polygone de 90 côtés......	N = 90	$\frac{2}{45}$	4.	4.44.44.
Polygone de 180 côtés.....	N = 180	$\frac{1}{45}$	2.	2.22.22.
Polygone de 360 côtés.....	N = 360	$\frac{1}{90}$	1.	1.11.11.
Polygone de 400 côtés.....	N = 400	$\frac{1}{100}$	0°54	1.

Ce tableau est le même que celui qui donnerait la valeur de l'angle extérieur des polygones réguliers ; et en effet l'angle au centre et l'angle extérieur sont la même fraction de l'angle droit ; ainsi l'*angle au centre d'un polygone régulier est le supplément de son angle intérieur.*

Dès qu'on s'est assuré qu'un polygone régulier est inscriptible et circonscriptible à un cercle, on se demande quel est le procédé à employer pour effectuer l'inscription et la circonscription.

Traitons donc ce problème général.

PROBLÈME Ier.

172. *Inscrire un polygone régulier dans un cercle donné.*

Ce qui précède offre une solution directe de ce problème, car il suffit de faire, au centre du cercle, un angle égal à l'angle au centre du polygone demandé, et ses côtés prolongés détermineront un arc dont la corde sera le côté de ce polygone ; il n'y aura plus qu'à porter cette corde sur la circonférence autant de fois qu'il sera possible.

Mais la Géométrie ne nous fournit pas toujours le moyen de construire directement un angle d'un nombre de degrés donné, en sorte que nous ne pouvons résoudre graphiquement le problème que dans certains cas.

Par exemple, la construction du carré inscrit se présente naturellement; menez dans le cercle donné, deux diamètres à angle droit, AB, CD (fig. 154), et joignez leurs extrémités, par les droites AD, DB, BC, CA, qui formeront le carré inscrit, car les angles au centre étant droits, les cordes seront égales; et elles seront de plus perpendiculaires entre elles, puisque les angles A, B, C, D, sont inscrits dans des demi-circonférences.

Au moyen du carré on pourra inscrire tous les polygones qui sont ses multiples, car il suffira de diviser successivement les arcs obtenus en deux parties égales par des perpendiculaires abaissées du centre sur les cordes ; c'est ainsi que la circonférence sera divisée d'abord en huit parties égales, ensuite en seize, trente-deux, etc., et en joignant les points de division par des droites, on forme les polygones réguliers inscrits de 4, 8, 16, 32, 64, côtés, etc.

Mais si l'on voulait inscrire un triangle équilatéral, on serait d'abord arrêté par la difficulté qu'il y aurait à faire un angle qui fût le tiers de quatre droits.

Quant à l'hexagone (fig. 155) observons que l'angle au centre AOB de l'hexagone régulier vaut $\frac{2}{3}$ d'angle droit ou 60° et comme le triangle AOB, formé par les rayons qui aboutissent à son côté, est isoscèle, les deux autres angles OAB et OBA seront égaux, et chacun d'eux vaudra aussi 60°, puisque les trois ensemble forment 180° ou 3×60 ; ainsi ce triangle est équilatéral : *donc le côté de l'hexagone inscrit est égal au rayon.*

Par conséquent pour inscrire un hexagone régulier dans un cercle donné, il n'y a qu'à porter six fois le rayon de ce cercle sur la circonférence et joindre les points ainsi déterminés. C'est le plus facile à inscrire. Maintenant si nous joignons trois des sommets de l'hexagone inscrit, par des diagonales, nous formerons le triangle équilatéral inscrit ACE. Ensuite en divisant successivement les arcs en deux parties égales, nous inscrirons tous les multiples de l'hexagone, tels que les polygones réguliers de 12, 24, 48, etc., côtés.

Nous verrons plus tard qu'on peut inscrire encore directement le pentagone, le décagone, le pentédécagone réguliers, et par suite leurs multiples. Mais observons que ces subdivisions des arcs, toutes simples qu'elles sont en théorie, ne peuvent être mises en exécution, dans la pratique, que lorsque ces arcs sont d'une certaine grandeur ; ainsi le problème proposé reste insoluble dans la plupart des cas.

Pour remplir cette lacune on a imaginé de former une *table des cordes,* dans laquelle on trouve l'expression numérique de la longueur de la corde correspondante à un arc donné et calculée en fonction du rayon ; mais ce n'est point ici le lieu d'indiquer la construction de cette table (*).

(*) *Voyez* la *Goniométrie* de Francœur.

173. On peut, dans la pratique, employer avec avantage un cercle gradué, tel que le suivant : Soit (fig. 156) un cercle en cuivre jaune, d'un diamètre plus ou moins grand, sur lequel on tracera un certain nombre de circonférences concentriques ; les deux plus rapprochées du bord seront divisées, l'une en 360° ; l'autre en 400°, pour représenter les deux divisions usitées, tandis que les autres porteront des divisions correspondantes aux principaux polygones.

Ainsi, par exemple, la plus petite sera divisée exactement en trois parties égales, l'autre en quatre, la suivante en cinq, et ainsi de suite. Au centre de cet instrument on fixera une règle mobile, ou alidade qu'on munira d'un *vernier*. On pratiquera plusieurs ouvertures sur la surface de ce cercle, pour qu'en l'adaptant sur des cercles d'un diamètre plus petit que le sien, on puisse marquer sur ces dernières les divisions demandées.

Au moyen de ce cercle gradué, on peut très facilement procéder à l'inscription d'un polygone quelconque : pour cela on pose le centre de l'instrument sur le centre du cercle donné ; et alors si l'une des circonférences concentriques que porte cet instrument est divisée en autant de parties égales que le polygone proposé doit avoir de côtés, on fera passer successivement la règle mobile sur chaque point de division, et l'on marquera exactement sur la circonférence du cercle donné les points correspondans qui joints par des cordes formeront le polygone demandé.

Si l'instrument ne porte pas une circonférence convenablement divisée, on cherchera le nombre de degrés de l'angle au centre du polygone cherché ; et au moyen de ce même instrument on marquera sur la circonférence du cercle donné un arc qui corresponde à cet angle ; sa corde portée ensuite sur toute la longueur de cette circonférence détermine tous les sommets du polygone.

Cet instrument peut servir encore aux mêmes usages que le rapporteur.

PROBLÈME II.

174. *Circonscrire un polygone régulier à un cercle donné.*

Pour résoudre ce problème, il faut d'abord inscrire un polygone analogue à celui qu'on veut circonscrire, et ensuite mener des tangentes par les sommets du premier, ou bien par les milieux des arcs soutendus. Ces tangentes détermineront, par leur intersection, le polygone circonscrit. On obtient donc ainsi deux polygones circonscrits dont l'un a ses côtés parallèles à l'inscrit.

1°. Soit par exemple l'hexagone inscrit ABCDEF (fig. 157); si par ses six sommets on mène des tangentes respectives, elles se couperont en M, N, P, Q, R, S, de manière à former un hexagone régulier. En effet, si l'on joint ces sommets au centre par les lignes OM, ON, etc., on formera une suite de triangles rectangles égaux OAM, OBM, OBN, OCN, etc. Car d'abord AOM et OBM, qui ont l'hypoténuse commune OM et un côté égal OA = OB, sont égaux. De même OBN = ONC par la même raison. Ce qui prouve que les lignes OM, ON, divisent les angles AOB, BOC en deux parties égales; ainsi, à cause de AOB = BOC, la moitié MOB = BON. Mais alors les deux triangles MOB et BON sont égaux comme ayant un côté commun OB et les angles égaux; c'est-à-dire que les quatre triangles comparés ci-dessus sont égaux entre eux. Il en serait de même pour tous les autres; donc enfin on a les côtés AM = BM = BN = NC = CP = etc. Ou bien MS = MN = NP = etc., et les angles AMO = BMO = BNO = CNO = etc., d'où l'angle AMB = BNC = CPD = etc. Par conséquent l'hexagone MNPQRS, ayant ses angles et ses côtés égaux, est *régulier*.

2°. Soit en second lieu, un hexagone régulier inscrit ABCDEF (fig. 158); par les milieux T, V, X, etc., des arcs AB, BC, etc., menons des tangentes MN, NP, etc.; elles détermineront, en se coupant, un hexagone régulier circonscrit; car puisque les points de tangence T, V, X, etc., sont au milieu des arcs, les rayons OT, OV, etc., seront perpendiculaires en même temps aux côtés du polygone inscrit, et aux tangentes; donc ces lignes seront parallèles deux à deux, et les angles M, N, P, etc., seront égaux aux angles A, B, C,..., et par conséquent égaux entre eux.

D'un autre côté les deux triangles rectangles ONV, ONT, qui ont l'hypoténuse ON commune et un côté OV = OT sont égaux, ce qui prouve que la ligne ON passe par le milieu B de l'arc TV. On verrait aussi que OM passe par le point A, et ainsi des autres. D'ailleurs comme MN est parallèle à AB et que le triangle OAB est isoscèle, il faut que OMN soit aussi isoscèle, et qu'alors le pied T de la perpendiculaire soit le milieu de la base MN; de même V sera le milieu de NP, etc.; mais TN = NV, à cause des triangles égaux TON, NOV; donc enfin MN = NP = PQ.....; c'est-à-dire que le polygone MNPQRS est régulier.

En opérant d'une manière analogue, on pourra circonscrire à un cercle tous les polygones réguliers qu'on saura inscrire au même cercle.

Réciproquement. Étant donné un polygone régulier circonscrit MNOPQRS, il sera facile d'en inscrire un analogue; il suffit pour cela de joindre les points de tangence, A, B, C, D, E, F (fig. 157), ou bien les points d'intersection, déterminés sur la circonférence, par les lignes OM, ON (fig. 158), qui vont du centre aux sommets du polygone circonscrit.

THÉORÈME II.

175. *La surface et le périmètre des polygones inscrits dans un même cercle augmentent lorsqu'on fait augmenter le nombre des côtés; et, au contraire, la surface et le périmètre des polygones circonscrits diminuent dans les mêmes circonstances.*

1°. Soit l'hexagone régulier inscrit ABCDEF (fig. 159); si l'on voulait inscrire un polygone de douze côtés, il faudrait diviser les arcs AB, BC,..., en deux parties égales par les perpendiculaires OV, OX,..., et joindre ensuite AV, VB, BX, etc.; or il est bien évident que la surface du dodécagone sera composée de celle de l'hexagone, plus de celles des six triangles isoscèles égaux à AVB.

De même si l'on divisait les arcs AV, VB... en deux parties égales pour inscrire un polygone de vingt-quatre côtés, on verrait aisément que la surface de ce dernier serait celle du dodécagone augmentée de douze petits triangles isoscèles ; ainsi de suite ; donc, dans le même cercle, la surface augmente en même temps que le nombre des côtés des polygones inscrits.

La proposition est évidente aussi pour les périmètres, car on a $AV + VB > AB$.

2°. Soit l'hexagone régulier circonscrit MNP... ; si, pour circonscrire un polygone d'un nombre de côtés double, on mène des tangentes aux milieux V, X, etc., des arcs AB, BC, etc., elles détacheront de l'hexagone donné six petits triangles tels que TNS, en sorte que la surface du dodécagone sera plus petite que celle de l'hexagone de la somme de ces six triangles.

On verrait de même que la surface du dodécagone diminuerait de douze petits triangles, pour arriver à celle du polygone circonscrit de vingt-quatre côtés ; donc les surfaces des polygones circonscrits à un même cercle, diminuent à mesure que le nombre de leurs côtés augmente.

Il en est de même pour les périmètres, car on aura constamment $TS < TN + NS$.

THÉORÈME III.

176. *Le cercle est la limite des polygones inscrits et circonscrits.*

En effet, soit le cercle OV (fig. 159) ; supposons qu'on y inscrive et qu'on y circonscrive des polygones réguliers d'un même nombre de côtés (un hexagone par exemple), et qu'ensuite on double successivement ce nombre, pour les deux polygones en même temps, de manière à obtenir des polygones inscrits et circonscrits de 12, 24, 48. 96, etc., côtés.

Dans cette série d'opérations, les surfaces successives des polygones inscrits iront continuellement en augmentant, mais quel que soit le nombre de ces opérations, ces surfaces resteront toujours plus petites que le cercle ; car toujours il y aura entre chaque arc et sa corde un petit segment, et la somme de ces segmens sera l'excès de la surface du cercle sur celle du polygone, tandis que les surfaces successives des polygones circonscrits iront en diminuant de la même manière, tout en restant continuellement plus grandes que le cercle de la somme totale des petits espaces à peu près triangulaires, tels que BTX, XSC....

Si donc la surface du polygone inscrit augmente constamment, sans jamais atteindre le cercle, et que celle du polygone circonscrit diminue constamment, sans cesser d'être plus grande que ce même cercle, il est bien évident que les surfaces des deux polygones, qui vont en convergeant, tendent à se confondre avec celle du cercle, et qu'ainsi le cercle est la limite de ces polygones.

Mais, rigoureusement parlant, la coïncidende ne sera jamais parfaite, ou pour mieux dire, elle n'aura lieu qu'à l'infini. En effet, lorsque les polygones auront une infinité de côtés, ces côtés seront infiniment petits, et les segmens intérieurs, ainsi que les petits espaces triangulaires extérieurs, dont nous avons parlé, ne seront plus que des points appartenant à la circonférence du cercle donné. *Donc on peut dire que le cercle est un polygone d'une infinité de côtés.*

Nous devons placer naturellement ici les polygones irréguliers qui jouissent aussi de la propriété de pouvoir être inscrits et circonscrits à un cercle.

§ V. — DE QUELQUES POLYGONES IRRÉGULIERS AUXQUELS IL EST POSSIBLE D'INSCRIRE ET DE CIRCONSCRIRE UN CERCLE.

177. Il peut être quelquefois utile d'inscrire ou de circonscrire un cercle à un polygone non régulier, et il importe alors de connaître dans quel cas cela est possible.

D'abord il est bien évident qu'un cercle étant donné, on peut toujours lui inscrire ou lui circonscrire un polygone d'un nombre quelconque de côtés, car il suffit de prendre au hasard sur la circonférence de ce cercle, autant de points différens qu'on veut donner de côtés à ce polygone, et de les joindre par des cordes, ou de mener des tangentes par ces mêmes points.

Mais le problème inverse n'est pas toujours soluble. Occupons-nous de la recherche des diverses solutions qu'il peut offrir.

THÉORÈME Ier.

178. *Un triangle quelconque étant donné, on peut toujours lui inscrire et lui circonscrire une circonférence.*

Nous avons vu (n° 127) que les droites qui divisent en deux parties égales les angles d'un triangle ABC (fig. 160), concourent en un point O, également éloigné des trois côtés; par conséquent si de ce centre on abaisse les perpendiculaires égales OM, ON, OP, et qu'on décrive une circonférence avec le rayon OM, les trois côtés du triangle seront des tangentes et le cercle sera inscrit.

De même par les trois sommets A, B, C, on peut toujours faire passer une circonférence dont le centre O′ sera déterminé par les perpendiculaires élevées sur les milieux R, S, des côtés du triangle : ce sera le cercle circonscrit.

Scolie I. Si le triangle donné était rectangle son hypoténuse serait le diamètre du cercle circonscrit; car un angle droit doit être inscrit dans une demi-circonférence : ce qui prouve que le milieu de l'hypoténuse d'un triangle rectangle est également éloigné de ses trois sommets, et que chacune des perpendiculaires élevées par les milieux des côtés de l'angle droit va couper l'hypoténuse en deux parties égales.

Scolie II. Si le triangle était équilatéral, le centre du cercle inscrit se confondrait avec celui du cercle circonscrit, car ce triangle serait régulier.

THÉORÈME II.

179. *Le rayon du cercle circonscrit à un triangle équilatéral est double de celui du cercle inscrit.*

Soit le triangle équilatéral ABE (fig. 161), inscrivons et circonscrivons-y une circonférence dont le centre commun C sera celui du triangle.

Joignons ce centre à deux des sommets par les droites CA, CB, qui feront un angle ACB de 120°, ou le tiers de quatre angles droits (tableau n° 171), et menons le rayon CD, qui sera perpendiculaire à AB, et divisera ce côté et l'angle ACB, chacun en deux parties égales ; car AB est en même temps une tangente et une corde, et de plus le triangle ABC est isoscèle.

Ainsi l'angle $DCB = \frac{120}{2} = 60°$ sera donc l'angle au centre de l'hexagone régulier inscrit, et la corde DN le côté de ce même hexagone ; donc $DN = CD = CN$. Mais l'angle droit CDB, diminué de l'angle CDN, du triangle équilatéral donne pour différence $NDB = 90° - 60° = 30°$.

D'un autre côté, le rayon CB divise l'angle B en deux parties égales, et cet angle est celui du triangle équilatéral, ainsi angle $CBD = \frac{60}{2} = 30°$; donc le triangle NDB est isoscèle, et par suite $ND = NB = NC$. Ce qui démontre que $CB = 2. CN$.

Corollaire. On voit par là que le rayon du cercle inscrit dans un triangle équilatéral est égal au tiers de la hauteur BP du triangle, et que celui du cercle circonscrit est les deux tiers de cette même hauteur.

THÉORÈME III.

180. *On peut toujours circonscrire une circonférence à un rectangle donné.*

En effet le point d'intersection O des deux diagonales d'un rectangle ABCD (fig. 162) se trouve à égale distance de ses quatre sommets ; ainsi, si de ce point, et d'un rayon égal à la demi-diagonale OA, on décrit une circonférence, elle sera circonscrite au rectangle donné.

Réciproquement, si deux diamètres, AC, BD, se coupent au hasard, et qu'on joigne leurs extrémités, on formera un rectangle inscrit, car chacun de ses angles étant inscrit dans un demi-cercle sera droit.

Ainsi les extrémités de deux droites égales qui se coupent par leur milieu, sous un angle quelconque, déterminent toujours un rectangle; car elles peuvent être regardées comme deux diamètres d'un même cercle.

THÉORÈME IV.

181. *Un quadrilatère symétrique rectangle est inscriptible dans un cercle.*

Si le quadrilatère symétrique ABCD (fig. 163) a deux angles B et D droits, le milieu de la diagonale AC, hypoténuse commune aux deux triangles rectangles ACB, ADC, sera également éloigné des quatre sommets A, B, C, D (n° 178), ce sera par conséquent le centre du cercle circonscrit qui aura pour rayon OA.

THÉORÈME V.

182. *Tout quadrilatère dont les angles opposés sont supplémentaires, est inscriptible, et réciproquement.*

Soit un quadrilatère ABCD (fig. 164), dans lequel on suppose que $A + C = B + D = 2$ droits. Si par trois sommets A, B, C, on fait passer une circonférence, elle passera aussi par le quatrième D, car, puisque $B + D = 2$ droits, ces deux angles doivent avoir pour leur mesure une demi-circonférence; mais B étant un angle inscrit a pour mesure $\frac{1}{2}$ arc ADC; l'autre angle D, supplément de B, doit par conséquent avoir pour la sienne $\frac{1}{2}$ CBA; donc il faut que son sommet soit sur la circonférence.

Réciproquement, dans tout quadrilatère inscrit, la somme des angles opposés vaut toujours deux angles droits, car ils embrassent entre tous les deux la circonférence entière.

Scolie. Si d'un point quelconque pris dans un angle, on abaisse des perpendiculaires sur ses côtés, on formera un quadrilatère inscriptible.

THÉORÈME VI.

183. *Dans tout quadrilatère circonscrit à un cercle, les sommes des côtés opposés, sont égales.*

Soit le quadrilatère circonscrit ABCD (fig. 165), si l'on tire les rayons OM, OQ aux points de tangence, et que l'on joigne OA, on formera deux triangles rectangles égaux AMO, AQO, comme ayant l'hypoténuse commune et un côté égal OM = OQ; donc AM = AQ. On prouverait de même que BM = BN, que CP = CN et que DP = DQ. D'où AM + BM + CP + DP = AQ + BN + CN + DQ, ou bien AB + DC = AD + BC. (La réciproque est vraie.)

Corollaire I. Un losange est circonscriptible.

Corollaire II. Il résulte de cette démonstration qu'un angle circonscrit A a son sommet également éloigné des deux points de tangence ; c'est-à-dire que deux tangentes qui partent d'un point extérieur sont égales dans leurs parties comprises entre ce point et les points de tangence.

THÉORÈME VII.

184. *Un trapèze symétrique est inscriptible dans un cercle.*

Soit le trapèze symétrique ABCD ; par trois de ses sommets D, C, B (fig. 166), faisons passer une circonférence dont O sera le centre ; mais par suite de la propriété (n° 159), la perpendiculaire MN passe par les milieux des côtés AB et DC, et alors ce point O est tel, que OA = OB, c'est-à-dire que la circonférence indiquée passera aussi par le quatrième sommet A.

D'ailleurs dans le trapèze les angles opposés sont supplémentaires (n° 182).

Réciproquement, deux cordes parallèles inégales détermineront un trapèze symétrique inscrit, lorsqu'on joindra leurs extrémités.

CHAPITRE III.

DES FIGURES ÉQUIVALENTES

ET DE LA MESURE DES SURFACES PLANES.

§ Ier. — DE L'ÉQUIVALENCE.

185. Deux figures sont équivalentes lorsque, sans avoir la même forme, elles ont pourtant la même étendue. C'est ainsi qu'un polygone de cinq côtés peut être équivalent à un polygone de douze, c'est-à-dire renfermer la même superficie. *L'équivalence est l'égalité en étendue.*

Nous allons rechercher dans ce paragraphe les propriétés au moyen desquelles nous pourrons reconnaître l'équivalence dans les figures rectilignes.

THÉORÈME Ier.

186. *Tout parallélogramme est équivalent à un rectangle de même base et de même hauteur.*

Soit le parallélogramme ABCD (fig. 167 à 169), par les extrémités A et B de sa base, élevons les perpendiculaires AG, BH qui iront rencontrer la base supérieure prolongée aux points G et H, et détermineront un rectangle ABHG, lequel aura même base AB et même hauteur AG que le parallélogramme. Or, ce rectangle est équivalent au parallélogramme donné.

(Les trois figures représentent toutes les positions que peuvent prendre les deux quadrilatères.)

8

En effet, les deux triangles rectangles AGD, BHC sont égaux, car, à cause des parallèles, ils ont les angles et les côtés égaux chacun à chacun ; mais si de la figure totale ABCG on retranche le triangle AGD, il restera le parallélogramme donné, tandis que si l'on en retranche le triangle BHC, on obtiendra pour reste le rectangle construit ; et comme les quantités retranchées sont égales, il faut que les restes soient aussi égaux : donc le parallélogramme ABCD et le rectangle ABHG ont même surface et sont *équivalens*.

Corollaire. Deux parallélogrammes ABCD, ABNM (fig. 170) de même base et de même hauteur sont équivalens, car chacun d'eux serait équivalent au même rectangle ABHG, ainsi que le montre d'ailleurs la figure.

THÉORÈME II.

187. *Tout triangle est équivalent à un rectangle construit sur sa base et sur la moitié de sa hauteur.*

Soit un triangle ABC (fig. 171). Par le milieu M de sa hauteur AD, menons une perpendiculaire à cette hauteur, et par les extrémités B et C de sa base élevons d'autres perpendiculaires à cette base, qui iront rencontrer la première en G et H et détermineront le rectangle BCGH. Ce rectangle sera équivalent au triangle ; car, par suite de cette construction, les deux triangles rectangles CGP, AMP ont un côté égal, CG=AM, et les angles égaux ; donc ils sont égaux. Par la même raison, les deux triangles rectangles AMO et BHO sont aussi égaux.

Or, si à la partie commune BCPO on ajoute la somme AMO + AMP, on aura le triangle donné ABC, et si on lui ajoute la somme BHO + CPG, on aura le rectangle BCGH, et comme AMO + AMP = BHO + CPG, le triangle et le rectangle seront égaux en surface, c'est-à-dire équivalens.

Corollaire. Deux triangles ABC, ABD (fig 172) compris entre deux parallèles qui ont des bases égales et des hauteurs égales, sont *équivalens* entre eux, puisque chacun d'eux est équivalent à un même rectangle ABNM, ainsi que l'indique la figure.

Scolie. Nous avons déjà vu (n° 149) qu'un parallélogramme

est divisible en deux triangles égaux, il est facile de s'assurer *réciproquement* qu'un triangle est la moitié d'un parallélogramme de même base et de même hauteur, car il suffit de mener par deux sommets A et C (fig. 173) du triangle ABC des parallèles respectives aux côtés opposés, et elles détermineront un parallélogramme ABCD double du triangle ABC, et ayant même base et même hauteur que lui.

En second lieu, puisqu'un parallélogramme est équivalent à un rectangle de même base et de même hauteur, il en résulte qu'un triangle est la moitié d'un rectangle de même base et de même hauteur.

THÉORÈME III.

188. *Tout trapèze est équivalent à un parallélogramme, et par suite à un rectangle qui aurait même hauteur, et dont la base serait égale à la demi-somme des bases du trapèze.*

Soit le trapèze ABCD (fig. 174) : si par le milieu O d'un de ses côtés on mène une parallèle GH à l'autre, on déterminera un parallélogramme AGHD équivalent au trapèze : car les deux triangles BOG, COH ont par construction un côté égal $OB = OC$ et à cause des parallèles, les angles égaux ; donc ils sont égaux ; d'où $HC = BG$, et par conséquent $DH = DC - CH = DC - BG$, $AG = AB + BG$, et en ajoutant membre à membre....... $DH + AG = DC - BG + AB + BG$; ou bien en observant que $AG = DH$, et que $-BG$ et $+BG$ se détruisent, $2DH = DC + AB$, d'où enfin $DH = \frac{DC + AB}{2}$.

Cela posé, si de la figure totale on retranche le triangle BOG, il reste le trapèze ; et si au contraire on enlève le triangle COH, on obtiendra le parallélogramme : donc le parallélogramme et le trapèze sont équivalens.

D'ailleurs le parallélogramme DHGA est lui-même équivalent à un rectangle qui aurait même base et même hauteur : donc la proposition énoncée est complétement démontrée.

Scolie. Si du point O on mène une parallèle OL aux bases du trapèze, on aura $OL = DH$, et L sera le milieu de AD, comme O est le milieu de GH ; car, à cause des parallèles GH = AD et OH = LD ; mais OH = $\frac{1}{2}$ GH, et alors on aura LD = $\frac{1}{2}$ AD. *Ainsi la ligne qui joint les milieux* L et O *des côtés latéraux d'un trapèze est parallèle aux bases et égale à leur demi-somme.* D'après cela, on peut dire qu'un trapèze est équivalent à un rectangle construit sur sa hauteur et sur la ligne qui joint les milieux de ses côtés non parallèles : cette ligne LO est appelée *base moyenne* du trapèze.

THÉORÈME IV.

189. *Tout polygone peut être transformé en un triangle équivalent.*

Soit le polygone ABCDE (fig. 175), dans lequel on menera des diagonales AD, AC. Si par le sommet B on tire BM parallèle à la diagonale AC, elle ira rencontrer le prolongement de DC en M, et si l'on joint AM, les deux triangles ABC, AMC qui ont même base AC et même hauteur, puisque leurs sommets B et M sont sur une même parallèle à la base, seront équivalens (n° 187). Ainsi l'on pourra remplacer le premier par le second, ce qui fera disparaître le sommet B.

De même, en faisant une construction analogue pour le triangle AED, on le remplacera par son équivalent AND, et alors on aura le triangle AMN équivalent au pentagone donné.

Quel que soit le nombre des côtés du polygone, on pourrait répéter la construction ci-dessus un assez grand nombre de fois pour arriver à un triangle équivalent : donc le théorème est général.

On pourrait aussi *réciproquement* transformer un triangle en un polygone équivalent d'un nombre de côtés donné.

THÉORÈME V.

190. *Les deux diagonales d'un parallélogramme le divisent en quatre triangles équivalens entre eux.*

Nous avons déjà vu (n° 150) (fig. 132) que ces quatre triangles partiels sont égaux deux à deux ; il suffit donc de prouver que AOD, DOC, sont équivalens. En effet, puisque O est le milieu AO, ces deux triangles ont des bases égales AO = OC, et puisque leurs sommets sont au même point D, ils auront aussi même hauteur, car il n'y a qu'une seule perpendiculaire possible du point D sur AC : donc ces deux triangles sont équivalens, et par conséquent tous les quatre le sont aussi.

THÉORÈME VI.

191. *La droite qui joint le milieu de l'hypoténuse d'un triangle rectangle au sommet de l'angle droit, divise ce triangle en deux triangles isoscèles équivalens.*

En effet, le milieu M (fig. 176) de l'hypoténuse du triangle rectangle ABC (n° 178) est à égale distance de ses trois sommets; donc MA = MB = MC, et ainsi les triangles AMB, AMC sont isoscèles. De plus, ils sont équivalens, car en prenant MB et MC pour leurs bases, ils auront même base et même hauteur AD.

Si le triangle était isoscèle rectangle, les deux triangles partiels seraient rectangles et égaux.

THÉORÈME VII.

192. *Le carré construit sur la somme de deux lignes est équivalent à la somme des carrés de chacune d'elles, augmentée de deux fois le rectangle construit sur ces deux lignes.*

Soient M et N (fig. 177) les deux lignes données. Prenons, sur une droite, AB = N et BD = M; alors AD = M + N. Sur AD construisons le carré ADCG, ensuite prenons AH = AB, et par les points H et B menons des perpendiculaires respectives HL, BP qui se couperont en O, et diviseront le carré total en quatre parties.

La première ABOH est le carré de N, puisque AB = AH = N.

La seconde OLCP, est le carré de M, car OP = OL = BD = M.

Enfin, les deux autres BDLO et HOPG, sont deux rectangles égaux ayant chacun pour base HO = BO = N et pour hauteur OP = OL = M, ce qui démontre la proposition énoncée; on l'indique de la manière suivante : $(N+M)^2 = N^2 + M^2 + 2N \times M$.

Si les lignes étaient égales, le carré total contiendrait quatre fois le carré de l'une d'elles.

THÉORÈME VIII.

193. *Le carré, construit sur la différence de deux lignes est équivalent à la somme des carrés de chacune d'elles, diminuée de deux fois le rectangle construit sur ces deux lignes.*

Soient N et M (fig. 178) les deux lignes données : prenons sur une droite une longueur AB=N la plus grande, et portons de B vers A une longueur BD = M, alors AD= N — M. Sur AB construisons un carré ABSR et sur BD construisons un carré BDHG, ensuite prenons AP = AD, menons PQ parallèle à AB, et prolongeons HD jusqu'à sa rencontre O avec PQ.

D'après cette construction, la figure totale ADHGSR est la somme des carrés de N et de M ; mais ADOP est le carré de la différence N—M = AD, et les deux triangles rectangles PQSR et OQGH, ont chacun pour base N, et pour hauteur M : car, pour le premier, PQ = AB = N et PR = DB = M ; et pour le second DH = DB, et DO = DA, d'où HO = AB = N, et HG = DB = M.

Or, si de la somme totale on retranche les deux rectangles PQSR et HOQG, il restera le carré ADOP = $(N - M)^2$, ce qui démontre le théorème énoncé, qu'on exprime par la formule $(N - M)^2 = N^2 + M^2 - 2N \times M$.

THÉORÈME IX.

194. *Le rectangle construit sur la somme et la différence de deux lignes est équivalent à la différence de leurs carrés.*

Soient les deux lignes données N et M (fig. 179). Prenons sur une droite indéfinie AB = N, BD = M, et construisons sur AB le carré ABCH, ensuite prenons CS = CR = M, élevons SP perpendiculaire à BC, et achevons le petit carré CRQS ; enfin elevons encore la perpendiculaire DT, qui rencontrera PS en T.

D'après cela, le rectangle ADTP aura pour base AD=N+M, et pour hauteur AP=AH—HP=N—M. Or, ce rectangle est équivalent à la différence des deux carrés ABCH et CSQR, qui sont ceux de N et de M. En effet, cette différence est la figure HBSQRH, qui est composée d'une partie ABSP, appartenant au rectangle, et d'une autre partie PQRH; mais PQRH est égal à BDTS; car ce sont deux rectangles qui ont des bases égales RH = SB, et même hauteur RQ = BD. On peut donc remplacer le premier par le second, et l'on aura le rectangle ADTP, équivalent à la différence des deux carrés; ce qui s'exprime ainsi : $(N+M)(N-M) = N^2 - M^2$.

THÉORÈME X.

195. *Le carré construit sur l'hypoténuse d'un triangle rectangle est équivalent à la somme des carrés construits sur les autres côtés.*

Soit le triangle BAC (fig. 180) rectangle en A : construisons des carrés sur chacun de ses côtés, et du sommet A abaissons la perpendiculaire AD sur l'hypoténuse. Cette ligne étant prolongée divisera le carré BRPC en deux rectangles DR, DP. Or, il s'agit de prouver que le rectangle DR est équivalent au carré adjacent AG, et que l'autre DP est équivalent à AH.

Pour cela, menons les diagonales AR, GG, qui détermineront deux triangles égaux ARB, GCB, car l'angle ABR = GBC, comme formés d'un angle droit et de l'angle commun ABC, et de plus BC = BR et BG = BA, comme côtés de même carré.

Mais le triangle ABR ayant même base BR et même hauteur BD que le rectangle BDSR, est la moitié de ce rectangle; de même le triangle GBC ayant même base BG et même hauteur BA que le carré BANG, est la moitié de ce carré. Or, puisque les triangles sont égaux, il s'ensuit que le rectangle BDSR est équivalent au carré BANG.

On prouverait de même que le rectangle DSPC est équivalent au carré CAQH : donc la somme des deux rectangles, ou bien le carré de l'hypoténuse, est égal à la somme des carrés des deux côtés qui comprennent l'angle droit.

Corollaire 1. Dans un triangle rectangle, le carré d'un des

côtés de l'angle droit est égal à la différence qui existe entre le carré de l'hypoténuse et celui de l'autre côté.

Corollaire 2. Si le triangle rectangle était isoscèle, le carré de l'hypoténuse serait double de celui d'un des autres côtés. Ainsi soit un carré ABCD (fig. 181) et AC sa diagonale, le triangle rectangle ABC donnera $\overline{AC}^2 = \overline{AB}^2 + \overline{BC}^2 = 2.\overline{AB}^2$: donc le carré construit sur la diagonale d'un carré donné est double de ce carré. On peut d'ailleurs rendre cela sensible, en construisant ce carré, et observant qu'il contiendra huit triangles rectangles égaux, dont quatre remplissent le carré donné.

On peut donc poser la proportion

$$\overline{AC}^2 : \overline{AB}^2 :: 2 : 1,$$

et par conséquent en extrayant la racine de chaque terme

$$AC : AB :: \sqrt{2} : 1,$$

ce qui prouve que le rapport de la longueur de la diagonale d'un carré à celle de son côté est la racine carrée de deux; et comme cette racine est incommensurable, il en résulte que *la diagonale et le côté d'un carré sont deux lignes qui ne peuvent pas avoir de commune mesure.*

Corollaire 3. La somme des carrés des deux diagonales d'un rectangle est égale à la somme des carrés de ses quatre côtés.

THÉORÈME XI.

196. *Dans un triangle quelconque, le carré construit sur le côté opposé à un angle aigu est équivalent à la somme des carrés des deux autres côtés, diminuée du double rectangle construit avec l'un de ces côtés et la projection de l'autre sur celui-ci.*

Soit le triangle ABC (fig. 182), dans lequel l'angle A est aigu. Par un des deux autres sommets, par exemple C, abaissons une perpendiculaire CD sur le côté opposé, et nous formerons un triangle rectangle CDB, dont l'hypoténuse CB sera le côté opposé à l'angle donné A. Or, nous aurons d'abord

$$\overline{CB}^2 = \overline{CD}^2 + \overline{DB}^2;$$

mais il s'agit de transformer cette valeur de $\overline{CB}^2$ pour l'avoir en fonction des deux autres côtés AC, AB. Pour cela observons que DB = AB — AD, et que par suite (n° 193) le carré de la différence DB sera

$$\overline{DB}^2 = \overline{AB}^2 + \overline{AD}^2 - 2.AB \times AD;$$

En remplaçant dans l'égalité ci-dessus $\overline{DB}^2$ par cette valeur, nous aurons

$$\overline{CB}^2 = \overline{CD}^2 + \overline{AB}^2 + \overline{AD}^2 - 2.AB \times AD;$$

mais le triangle rectangle CAD donne $\overline{CD}^2 + \overline{AD}^2 = \overline{AC}^2$, et alors la valeur de $\overline{CB}^2$ devient

$$\overline{CB}^2 = \overline{AB}^2 + \overline{AC}^2 - 2.AB \times AD.$$

Ce qui démontre le théorème énoncé, car AD est la projection de AC sur AB.

Si le triangle donné avait un angle obtus A, et que l'on considérât l'angle B, la projection du côté CB sur BA serait BD.

THÉORÈME XII.

197. *Dans un triangle obtusangle, le carré contruit sur le côté opposé à l'angle obtus est équivalent à la sommè des carrés des deux autres côtés, augmentée du double rectangle construit avec un de ces côtés et la projection de l'autre sur celui-ci.*

Soit le triangle ABC (fig. 183) dans lequel l'angle A est obtus. Par le sommet C abaissons la perpendiculaire CD, pour former le triangle rectangle CDB, dont l'hypoténuse sera le côté opposé à l'angle obtus A, et qui donnera

$$\overline{CB}^2 = \overline{CD}^2 + \overline{DB}^2.$$

Mais, comme ci-dessus, transformons cette valeur. Pour cela, observons que $BD = BA + AD$, et qu'alors

$$\overline{BD}^2 = \overline{AB}^2 + \overline{AD}^2 + 2.AB \times AD,$$

par conséquent,

$$\overline{CB}^2 = \overline{CD}^2 + \overline{AB}^2 + \overline{AD}^2 + 2.AB \times AD.$$

Mais le triangle rectangle ACD donne $\overline{CD}^2 + \overline{AD}^2 = \overline{AC}^2$; donc enfin

$$\overline{CB}^2 = \overline{AB}^2 + \overline{AC}^2 + 2.AB \times AD.$$

On voit donc que lorsque dans un triangle un angle n'est pas droit, le carré du côté opposé n'est pas égal à la somme des carrés des deux autres côtés, et qu'il est plus grand ou plus petit, selon que l'angle est obtus ou aigu; par conséquent il n'y a que le triangle rectangle qui jouisse de la propriété du numéro 195; ce qui démontre la réciproque de ce théorème.

Scolie. On peut reconnaître si un triangle est rectangle dès qu'on a la longueur de ses trois côtés.

THÉORÈME XIII.

198. *Si dans un triangle quelconque on mène une ligne du sommet au milieu de la base, la somme des carrés des côtés adjacens au sommet sera égale au double carré de cette ligne, plus au double carré de la demi-base.*

Soit un triangle ABC (fig. 184). Du milieu de la base, menons la ligne AD au sommet, et de ce sommet abaissons la perpendiculaire AP qui déterminera la projection PD de AD sur BC. Cela posé, le triangle partiel ADB dont l'angle D est aigu, donnera

$$\overline{AB}^2 = \overline{AD}^2 + \overline{DB}^2 - 2.DB \times DP.$$

Et le triangle ADC dont l'angle D est obtus donnera

$$\overline{AC}^2 = \overline{AD}^2 + \overline{DC}^2 + 2.DC \times DP.$$

Si l'on ajoute ces deux valeurs, en observant que DC=DB, et que les deux derniers termes étant égaux et de signes contraires doivent se détruire, nous aurons

$$\overline{AB}^2 + \overline{AC}^2 = 2.\overline{AD}^2 + 2.\overline{DC}^2$$

Corollaire. Puisque dans un parallélogramme ABCD (fig. 132) les diagonales se coupent en parties égales, on pourra appliquer le théorème ci-dessus à chacun des deux triangles égaux que détermine une d'elles; ainsi le triangle ADC donnera $\overline{AD}^2 + \overline{DC}^2 = 2.\overline{AO}^2 + 2.\overline{OD}^2$, et le triangle ABC donnera $\overline{BC}^2 + \overline{BA}^2 = 2.\overline{OC}^2 + 2.\overline{OB}^2$.

En ajoutant et observant que AO = OC, OB = OD, on aura $\overline{AD}^2 + \overline{DC}^2 + \overline{BC}^2 + \overline{BA}^2 = 4.\overline{AO}^2 + 4.\overline{OD}^2$

Mais quatre fois le carré de AO, c'est le carré de BD; donc on peut dire que *dans un parallélogramme, la somme des carrés des deux diagonales est égale à la somme des carrés des quatre côtés.*

PROBLÈMES.

Avant d'aller plus loin, appliquons ces principes à quelques problèmes.

PROBLÈME Ier.

199. *Transformer un triangle en un triangle rectangle équivalent.*

Par le sommet A (fig. 185) du triangle donné ABC, menez une parallèle à la base BC, et par le point B élevez une perpendiculaire BA' qui rencontrera AA' en A'; enfin, joignez A C, et A'BC sera rectangle et équivalent à ABC, car ils auront même base et même hauteur.

PROBLÈME II.

200. *Transformer un quadrilatère donné en un triangle équivalent.*

On peut, en général, résoudre ce problème par un procédé analogue à celui indiqué pour transformer un polygone quelconque en un triangle équivalent (n° 189); mais l'opération peut être simplifiée, lorsque le quadrilatère est un parallélogramme ou un trapèze; ainsi,

1°. *Transformer le parallélogramme* ABCD *en un triangle équivalent.* Pour cela, prenez le milieu O d'un des côtés DC du parallélogramme, et par le sommet B et ce point, menez une droite qui ira rencontrer le prolongement de AD en G. Le triangle GAB sera équivalent au parallélogramme donné, car les deux triangles GDO, OBC sont égaux, comme ayant les angles égaux et un côté égal DO = OC.

On opérerait de même pour un rectangle ou un carré.

2° *Transformer le trapèze* ABCD (fig. 187) *en un triangle équivalent.* On pourrait d'abord le transformer en un parallélogramme et ensuite en un triangle; mais on peut aussi le faire directement, en menant par le milieu O et le sommet opposé D, une ligne qui rencontre le prolongement de la base en G, et DAG sera le triangle demandé; car DOC = BOG, comme ayant un côté et les angles égaux.

PROBLÈME III.

201. *Transformer un triangle donné en un parallélogramme ou en un trapèze équivalent.*

Soit le triangle ABC (fig. 188). Par le sommet A menez une parallèle à la base, et ensuite par le milieu O conduisez une parallèle MN à AC, et vous aurez le parallélogramme équivalent ANMC; ou bien abaissez la perpendiculaire GD, et vous aurez le trapèze équivalent GDCA.

On pourrait du parallélogramme faire un rectangle, et l'on aurait transformé le triangle en un rectangle équivalent.

PROBLÈME IV.

202. *Trouver un parallélogramme équivalent à un quadrilatère donné.*

Soit le quadrilatère ABCA (fig. 189) : de chacun de ses sommets, menons des parallèles respectives aux diagonales; et nous déterminerons un parallélogramme GHOP double du quadrilatère ; car les triangles ADC, ABC sont les moitiés respectives des deux parallélogrammes partiels APOC, AGHC, dont la réunion forme le grand GHOP.

Si donc par le milieu M de GH on mène une parallèle MN à GP, on divisera GHOP en deux parallélogrammes égaux, et l'un deux, GMNP moitié du grand, sera équivalent au quadrilatère donné.

PROBLÈME V.

203. *Faire un carré double d'un carré donné, ou bien égal à sa moitié.*

Soit ABCD (fig. 190) le carré donné : menons les deux diagonales AC, BD ; il est bien évident que le carré construit sur la diagonale entière sera double du carré donné, puisque le triangle ABC est rectangle et isoscèle, et que le carré construit sur la moitié AO de cette diagonale sera la moitié du carré donné, car le triangle AOB est aussi rectangle et isoscèle.

PROBLÈME VI.

204. *Trouver un carré équivalent à la somme de deux, trois, quatre, etc...., carrés donnés.*

Soient les carrés donnés M, N, P (fig. 191) : faites un angle droit A, sur ses côtés prenez des longueurs $AB = ab$, et $AC = cd$, et menez l'hypoténuse CB, dont le carré sera égal à $P + N$; élevez encore une perpendiculaire CD à l'une des extrémités de CB, prenez $CD = gh$, et l'hypoténuse BD sera le côté du carré équivalent aux trois carrés donnés P, N, M, et ainsi de suite.

PROBLÈME VII.

205. *Trouver un carré équivalent à la différence de deux carrés donnés.*

Soient les deux carrés M, N (fig. 192). Faites un angle droit A, prenez AB égal au côté du plus petit carré N, et du point B, avec une ouverture de compas égale au côté du plus grand M, décrivez un arc qui coupera l'autre côté de l'angle droit en C, et AC sera le côté du carré cherché, car... $\overline{AC}^2 = \overline{CB}^2 - \overline{AB}^2 = M - N$.

PROBLÈME VIII.

206. *Diviser un triangle en deux, trois, etc...., parties équivalentes entre elles.*

Soit le triangle donné ABC (fig. 193). Le procédé le plus simple consiste à diviser la base BC en autant de parties égales qu'on veut obtenir de triangles partiels, et à joindre les points de division au sommet A. Ainsi, par exemple, si nous divisons BC en trois parties égales, et que nous menions les lignes AM, AN aux points de division M et N, nous aurons les trois triangles ABM, AMN, ANC équivalens, comme ayant même base et même hauteur.

PROBLÈME IX.

207. *Diviser un triangle en deux, quatre, huit, etc.... parties équivalentes, par des lignes partant du milieu de la base, ainsi qu'en trois, six, douze, etc...., parties.*

1°. Soit le triangle ABC (fig. 194). Si l'on joint son sommet A au milieu M de sa base, on le divisera en deux parties équivalentes AMB, AMC ; et si l'on fait la même chose pour chaque partie en menant les lignes MD, MG, aux milieux des autres côtés, on l'aura divisé en quatre parties équivalentes. Enfin, en continuant ainsi, on le diviserait en huit, seize, etc.

2°. Soit le triangle ABC (fig. 195). Partageons-le d'abord en deux parties équivalentes par la droite AM, ensuite divisons chacun des côtés AB, AC en trois parties égales, et menons les lignes MO, MN, MP, MQ qui détermineront six triangles équivalens.

Si l'on réunit ces triangles deux à deux, on verra que MN et MQ divisent le triangle donné en trois parties BMN, MNPA, PMC équivalentes; et en opérant au contraire sur chacun des six triangles, comme nous l'avons dit ci-dessus, on formera successivement 12, 24, etc., parties, équivalentes entre elles.

PROBLÈME X.

208. *Diviser un trapèze en deux parties équivalentes par un point* M *donné sur une de ses bases.*

Soit un trapèze ABCD (fig. 196). Et supposons que le point donné soit M; par ce point et par le milieu O de la base moyenne PQ menons la droite MN qui divisera le trapèze en deux autres ANMD, NBCM, équivalens, car ils auront même hauteur et même base, puisque OP = OQ.

§ II. — DE LA MESURE DES SURFACES PLANES.

209. Pour mesurer une quantité, il faut la rapporter à une autre quantité de la même espèce prise pour unité. Ainsi l'unité de surface devra être une surface connue et déterminée d'avance. Le choix de cette unité est tout-à-fait arbitraire; mais on a donné la préférence au *carré*, comme plus simple et plus commode que toute autre figure, et pour se conformer au système métrique, on a fixé la longueur de son côté à un mètre : ainsi l'unité de superficie est le *mètre carré*.

Par conséquent, *mesurer une surface c'est chercher le rapport qui existe entre l'étendue de cette surface et celle du mètre carré.* Occupons-nous donc de cette recherche.

Nous venons de voir dans le paragraphe précédent, que tout polygone peut être ramené en un triangle équivalent, et tout triangle en un rectangle; ainsi, dès que nous saurons mesurer un rectangle, il nous sera facile de mesurer un polygone quelconque : or, la mesure des rectangles est basée sur les deux théorèmes suivans.

THÉORÈME Ier.

210. *Les surfaces de deux rectangles qui ont même hauteur sont proportionnelles à leurs bases.*

Il est évident d'abord que deux rectangles qui auraient même base et même hauteur seraient égaux, car étant appliqués l'un sur l'autre, ils coïncideraient nécessairement. De même si un rectangle ayant une hauteur égale à celle d'un autre rectangle avait une base double, triple, etc., de celle de ce dernier, sa surface serait aussi double, triple; etc.... Cela posé :

Si les deux rectangles ABCD, MNPQ (fig. 197) ont même hauteur AD=MQ, je dis qu'ils seront proportionnels à leurs bases AB, MN. Pour le prouver, opérons ici comme nous l'avons fait pour les angles; portons la petite base MN sur la grande AB autant de fois qu'elle pourra y être contenue, par exemple deux fois plus le reste RB; par les points de division G et R élevons des perpendiculaires GH et RS, qui diviseront le grand rectangle en deux autres AGHD, GRSH égaux à MNPQ, plus un reste RBCS < MNPQ; ensuite portons pareillement la base RB de ce reste sur MN pour obtenir un second reste NV moindre que RB, et continuons ainsi jusqu'à ce que nous arrivions à un reste qui soit contenu un nombre exact de fois dans le précédent, auquel cas ce sera la commune mesure des deux bases AB et MN.

Mais en ayant soin à chaque opération partielle d'élever des perpendiculaires par tous les points de division, pour produire sur les surfaces la même série de subdivisions que celles qu'éprouveront les bases, nous obtiendrons pour commune mesure des rectangles proposés un petit rectangle qui aura même hauteur qu'eux, et dont la base sera la commune mesure de leurs bases.

Or, la marche de l'opération ci-dessus indique évidemment que cette unité de surface sera contenue, dans chaque rectangle, autant de fois que l'unité linéaire le sera dans sa base; et qu'ainsi les surfaces sont proportionnelles aux bases. De plus, les quotiens et les restes successifs obtenus dans cette opération seront toujours, pour les surfaces, les mêmes que les bases, soit qu'elles soient commensurables ou incommensurables; ainsi, dans tous les cas, nous aurons

ABCB : MNPQ :: AB : MN.

Corollaire. Comme un côté quelconque d'un rectangle peut être pris pour base, il résulte de la proposition ci-dessus, que deux rectangles de même base sont proportionnels à leurs hauteurs.

THÉORÈME II.

211. *Les surfaces de deux rectangles quelconques sont proportionnelles aux produits de leurs bases par leurs hauteurs.*

Soient deux rectangles quelconques ABCD (fig. 198), ANQP; plaçons-les l'un sur l'autre, de manière qu'ils aient un angle commun A, ainsi que l'indique la figure, alors leurs côtés prolongés, s'il le faut, se couperont en O, et nous obtiendrons ainsi un troisième rectangle qui aura une dimension commune à chacun des deux donnés, et qui pourra leur être comparé tour à tour. En effet:

Les deux rectangles ABCD, ABOP, ont même base AB et sont (n° 210) proportionnels à leurs hauteurs AD, AP; ainsi nous aurons la proportion

ABCD : ABOP :: AD : AP.

De même les deux rectangles ABOP, ANQP, qui ont même hauteur BO = NQ sont proportionnels à leurs bases, et donnent

ABOP : ANQP :: AB : AN.

Maintenant, multiplions ces deux proportions terme à terme, en supprimant le facteur ABOP commun aux termes du premier rapport, et nous aurons

ABCD : ANQP :: AB × AD : AN × AP.

Ce qui démontre que les produits respectifs obtenus en multipliant la base par la hauteur de chaque rectangle sont dans le même rapport que les surfaces de ces rectangles.

COROLLAIRE. Par conséquent, dès que l'on connaîtra la longueur linéaire des dimensions de deux rectangles quelconques, on pourra avoir le rapport exact de leur étendue en faisant les produits de ces dimensions et divisant l'un par l'autre.

Ainsi, par exemple, supposons qu'après avoir mesuré les bases et les hauteurs des deux rectangles ABCD, ANQP, on ait trouvé AB $=12^m$, AD $=10^m$, et AN $=14^m$, AP $=7$, alors on aurait pour l'un $12\times10=120$, et pour l'autre $14\times7=98$; en sorte que les rectangles seraient entre eux :: 120 : 98, c'est-à-dire que le plus petit serait les $\frac{98}{120}$ de l'autre. Par conséquent, dès que l'un sera connu, on obtiendra de suite l'autre.

212. Maintenant, si nous comparons un rectangle ABCD (fig. 199) à un carré *abcd*, dont le côté *ab* soit l'unité linéaire, nous aurons toujours la proportion

$$\text{ABDD} : abcd :: \text{AB} \times \text{AD} : ab \times ad,$$

ou bien
$$\text{ABCD} : 1 :: \text{AB} \times \text{AD} : 1,$$

d'où
$$\text{ABCD} = \text{AB} \times \text{AD}.$$

Ce qui prouve que *le produit de la base par la hauteur d'un rectangle est la mesure de ce rectangle.*

Ce produit exprime *l'aire* on la *superficie* de ce rectangle, c'est-à-dire le nombre de fois que son étendue peut contenir celle du mètre carré.

Au reste, on peut rendre cela sensible par une construction bien simple :

Si l'on porte l'unité linéaire *ab* sur la base AB et sur la hauteur AD du rectangle ABCD, et que l'on trouve, par exemple, AB $=11$ et AD $=5$; si, par les points de division, on mène des parallèles respectives à AB et à AD, elles diviseront la surface totale en petits carrés égaux à l'unité *abcd*, et le nombre de ces carrés sera la mesure du rectangle ABCD; or, puisque la base contient onze divisions, il y aura d'abord une rangée de onze petits carrés placés sur la longueur de cette base ; mais chaque division de la hauteur AD donnera une rangée pareille de onze carrés, en sorte que nous aurons $5 \times 11 = 55$ petits carrés égaux à l'unité ; donc, enfin, le produit de la base par la hauteur d'un rectangle donne le nombre d'unités de surface contenues dans sa superficie, et par conséquent la mesure de ce rectangle.

Une chose à observer, c'est que l'unité de surface dépend de l'unité linéaire, et que ces deux unités sont liées entre elles d'une manière invariable.

Ainsi, quand on mesure les deux dimensions d'un rectangle avec le mètre et qu'on fait le produit des nombres trouvés, on obtient le nombre de mètres carrés contenus dans ce rectangle; tandis que, si l'on avait mesuré ces deux dimensions avec le pied, on aurait obtenu, pour sa mesure, le nombre de pieds carrés que sa surface peut contenir. Ainsi donc, il faut toujours désigner la mesure que l'on a employée ; mais, comme nous l'avons dit, le mètre étant l'unité adoptée en France, il convient de s'en servir exclusivement, d'autant plus que son emploi est en harmonie avec notre système de numération.

D'ailleurs, quand on a la mesure d'un rectangle estimée d'après une certaine unité, il est facile de la rapporter à une autre en la multipliant par le rapport qui existe entre les surfaces des deux unités ; ainsi, supposons que la surface d'un rectangle ait été trouvée de 136 toises carrées, et que l'on veuille savoir le nombre de mètres carrés qu'elle peut contenir, on dira : puisque la toise linéaire vaut $1^m,949$, la toise carrée vaudra $1^m,949 \times 1^m,949 = 3,8$ mètres carrés, et par conséquent les 136 toises carrées vaudront $136 \times 3,8 = 516,8$ mètres carrés.

De même, si un rectangle avait 55 mètres carrés de surface, et qu'on demandât le nombre de décimètres carrés qu'il peut contenir, on observerait qu'un mètre linéaire valant dix décimètres, 1 mètre carré vaudra 100 décimètres carrés, en sorte qu'il faudra multiplier 55 par 100 pour avoir le nombre de décimètres contenus dans le rectangle donné; ce sera donc 5500 décimètres carrés.

213. Par suite de la propriété ci-dessus, on donne souvent le nom de *rectangle* au produit de deux nombres abstraits; ainsi, puisque $7\times5=35$, 35 est le rectangle des deux nombres 7 et 5. De même $A\times B$ est dit le rectangle des quantités A et B.

214. Lorsqu'on multiplie une quantité par elle-même, le produit porte le nom de *carré*, parce qu'en effet ce produit serait la mesure d'un rectangle qui aurait la base égale à la hauteur, c'est-à-dire d'un carré; ainsi 16 est le carré de 4, parce que $4\times4=16$; de même A^2 est le carré de A.

On peut, par une construction géométrique, rendre palpable la formation de la table des nombres carrés.

Soient deux lignes à angle droit AX, AY (fig. 200), prenons successivement des longueurs $AB=AD=1$, $AB'=AD'=2$, $AB''=AD''=3$, etc....., et formons les carrés successifs ABND, AB'N'D', AB''N''D'', etc. Le premier sera l'unité de surface et les autres seront successivement 4 fois, 9 fois, 16 fois, etc..., plus grands; en sorte que les bases croissant comme les nombres 1, 2, 3, 4, 5, 6, 7, 8, 9, 10, les surfaces croissent comme les carrés 1, 4, 9, 16, 25, 36, 49, 64, 81, 100.

Ainsi les nombres 1, 4, 9, 16..., 100, etc..., sont appelés carrés, parce qu'ils expriment les divers nombres de petits carrés égaux qu'il faut réunir les uns à côté des autres pour former un carré parfait.

Maintenant que nous savons mesurer les rectangles, cherchons la mesure de tous les polygones en général.

THÉORÈME III.

215. *L'aire d'un parallélogramme s'obtient en multipliant sa base par sa hauteur.*

Soit le parallélogramme ABCD; nous avons vu qu'il est équivalent à un rectangle ABNM (fig. 201) qui aurait même base et même hauteur que lui; par conséquent, la mesure du parallélogramme doit être la même que celle du rectangle. Or, celle de ce dernier s'obtient en multipliant AB par AM : donc AB $\times$ AM est aussi la mesure du parallelogramme.

Pour rendre d'ailleurs cela très sensible, divisons la base AB et la hauteur AM en parties égales à l'unité linéaire, et menons des parallèles respectives pour décomposer le rectangle en petits carrés égaux à l'unité de surface; le nombre de ces carrés sera sa mesure. Mais comme le triangle AMD est égal au triangle BNC, tous les carrés et fractions de carrés contenus dans AMD pourraient recouvrir exactement BNC, et le parallélogramme renfermerait précisément toutes les unités de surface dont se compose l'aire du rectangle ; donc enfin le produit de la base par la hauteur d'un parallélogramme indique le nombre d'unités contenues dans sa surface, et donne la mesure de ce parallélogramme.

Corollaire. Deux parallélogrammes de même base sont entre eux comme leurs hauteurs.

THÉORÈME IV.

216. *L'aire d'un triangle s'obtient en multipliant sa base par la moitié de sa hauteur.*

Soit le triangle ABC (fig. 201); ce triangle est équivalent à un rectangle BCMN construit sur sa base BC et sur la moitié DO de sa hauteur AD; ainsi la mesure du triangle doit être la même que celle du rectangle, c'est-à-dire BC $\times$ DO.

En effet, si l'on divise le rectangle BCNM en petits carrés égaux à l'unité de surface, le triangle partiel CMP contiendra un certain nombre de ces carrés et fractions de carrés, qui pourront entrer exactement dans son égal AOP; de même les carrés et fractions de carrés renfermés dans le triangle BQN rempliront exactement son égal AOQ; donc le triangle total ABC contient précisément le même nombre d'unités de surface, que le rectangle construit sur sa base et sur sa demi-hauteur; ainsi le produit de la base par la moitié de la hauteur d'un triangle exprime la mesure de ce triangle.

Scolie. On peut énoncer ce théorème en disant que la mesure d'un triangle est la moitié du produit de sa base par sa hauteur; car il est indifférent de prendre la moitié d'un des facteurs, ou bien la moitié du produit total.

Corollaire. Deux triangles de même hauteur sont entre eux comme leurs bases, et deux triangles de même base sont comme leurs hauteurs.

THÉORÈME V.

217. *L'aire d'un trapèze est égale à sa hauteur multipliée par sa base moyenne.*

En effet, un trapèze est divisé par une diagonale BD (fig. 174) en deux triangles, qui ont même hauteur que lui, et dont les bases sont les deux côtés parallèles; ainsi la demi-somme de ces bases ou bien la base moyenne, multipliée par la hauteur commune, donn.ra la surface des deux triangles, c'est-à-dire celle du trapèze.

On peut aussi observer que le trapèze est équivalent à un parallélogramme qui aurait même hauteur et dont la base serait la base moyenne du trapèze, et l'on arriverait au même résultat.

THÉORÈME VI.

218. *L'aire d'un losange ou d'un quadrilatère symétrique s'obtient en multipliant une de ses diagonales par la moitié de l'autre.*

En effet, puisque les diagonales (fig. 133, 137) dans ces quadrilatères, se coupent à angles droits, l'une d'elles sera la base commune à deux triangles qui auront pour hauteur la moitié de l'autre; ainsi cette moitié, multipliée par sa base, donnera le double de la surface d'un des deux triangles ou bien celle du quadrilatère.

On peut dire encore que la mesure du losange ou du quadrilatère symétrique est égale à la moitié du produit de ses diagonales.

Au moyen de ce qui précède nous pouvons mesurer un polygone quelconque. En effet, il suffira de le diviser en triangles, de mesurer chacun d'eux par le procédé connu, et la somme de toutes ces mesures partielles sera l'aire du polygone. A la vérité, ce travail pourra être long si le polygone a un grand nombre de côtés, mais il ne présentera jamais de difficultés.

Cependant il peut être abrégé de beaucoup lorsque le polygone donné est régulier, ainsi que nous allons le voir.

THÉORÈME VII.

219. *L'aire d'un polygone régulier est égale à son périmètre multiplié par la moitié du rayon du cercle inscrit.*

Soit uu polygone régulier ABCDEF (fig 203), dont O est le centre. Si l'on mène des rayons à ses sommets, on le divisera en autant de triangles isoscèles égaux qu'il contiendra de côtés. Or, chacun de ces triangles, tel que AOB, aura pour mesure sa base AB multipliée par la moitié de la hauteur OP; mais cette base est un côté du polygone, et la hauteur est le rayon du cercle inscrit; donc la mesure de la somme totale de ces triangles partiels, ou bien celle du polygone donné, séra exprimée par le périmètre multiplié par la moitié du rayon du cercle inscrit ou de l'*apothème* du polygone.

Ce raisonnement pourrait s'appliquer à tout autre polygone régulier.

THÉORÈME VIII.

220. *L'aire d'un cercle est égale à sa circonférence multipliée par la moitié de son rayon.*

Cette proposition est une conséquence de la précédente; en effet, puisque le cercle est un polygone d'une infinité de côtés, on peut le concevoir divisé en une infinité de triangles isoscèles infiniment petits qui auront, pour hauteur commune, le rayon du cercle et dont la somme des bases formera la circonférence; donc, *la surface du cercle est exprimée par le produit de sa circonférence multipliée par la moitié de son rayon.*

COROLLAIRE 1er. L'aire d'un secteur de cercle s'obtiendra en multipliant son arc par la moitié du rayon ; car un secteur quelconque est la même portion du cercle, que son arc de la circonférence.

COROLLAIRE 2. L'aire d'un segment de cercle est aussi facile à exprimer ; car ce sera l'aire du secteur correspondant, diminuée de celle d'un triangle ayant la corde pour base et le centre du cercle pour sommet.

221. La circonférence est une ligne courbe qu'il n'est pas facile de mesurer exactement dans la pratique ; d'ailleurs, pour calculer l'aire d'un cercle, il faut que sa circonférence soit mesurée avec l'unité linéaire employée pour son rayon. Ainsi cette circonférence doit être ramenée à une ligne droite de la même longueur qu'elle, ce qu'on pourrait faire en la développant sur un plan.

Mais pour aplanir toute difficulté nous verrons, dans le chapitre suivant, le moyen de trouver, par le calcul, la longueur de la circonférence d'un cercle dont le rayon est connu.

PROBLÈMES.

PROBLÈME Ier.

222. *Une pièce de toile a* $156^m,35$ *de longueur et* $1^m,25$ *de largeur, on demande sa surface ?*

Elle sera exprimée par $156,35 \times 1,25 = 195,44$ mètres carrés, c'est-à-dire 195 mètres carrés, plus 44 décimètres carrés (qui sont les $\frac{44}{100}$ d'un mètre carré).

Si l'on voulait savoir combien cette surface contient de pieds carrés, on se rappellerait que le mètre linéaire vaut $3^{pi},078$, et qu'ainsi le mètre carré vaudra $3,078 \times 3,078 = 9,47$ pieds carrés.

Par conséquent la pièce de toile contiendra $195,44 \times 9,47 = 1850,82$ pieds carrés.

PROBLÈME II.

223. *Une salle a* 8^m *de longueur* $6^m,2$ *de largeur et* $4^m,8$ *de hauteur, on veut en faire blanchir les murailles, à raison de* $0^f,75^c$ *le mètre carré ; combien cet ouvrage coûtera-t-il ?*

D'après cet énoncé, la salle contient deux faces de 8 mètres de longueur et deux de $6^m,2$, ce qui fait en tout $28^m,4$. Ainsi les parties latérales de cette salle représentent un rectangle qui aurait $28^m,4$ pour sa base et 4,8 pour sa hauteur; par conséquent sa surface sera $28,4 \times 4,8 = 163,32$ mètres carrés. A cela il faut ajouter le plafond qui forme un second rectangle de 8 mètres de base et $6^m,2$ de hauteur, et dont la surface sera 49,60 mètres carrés. La salle entière contiendra donc 185,92 mètres carrés à blanchir, lesquels coûteront........ $185,92 \times 0^f,75^c = 139^f,44^c$?

PROBLÈME III.

224. *Une salle ayant* $15^m,76$ *de longueur*, $8^m,24$ *de largeur et* $4^m,5$ *de hauteur, doit être tapissée avec des rouleaux de papier qui ont* $0^m,6$ *de largeur; on demande quel est le nombre de mètres en longueur qu'il faut employer de ce papier?*

Cette salle contenant deux faces de $15^m,76$ et deux de $8^m,24$ représentera un rectangle de 48^m de base et de $4^m,5$ de hauteur, dont la surface sera $48 \times 4,5 = 216$ mètres carrés.

Mais cette surface doit être au nombre cherché comme la largeur du papier est à celle du mètre carré, ainsi l'on aura la proportion

$$0^m,6 : 1^m :: 216 : x,$$

d'où $x = \dfrac{216}{0,6} = 360$: donc il faudra 360^m de papier en longueur.

PROBLÈME IV.

225. *Trouver l'aire d'un rectangle dont la base a* $26^m,45$ *et la diagonale* $44^m,76$.

Il faut pour cela connaître sa hauteur; or, cette hauteur sera un côté du triangle rectangle dont la diagonale $44^m,76$ est l'hypoténuse et la base $26^m,45$ l'autre côté, et en la représentant par x, on aura

$$x = \sqrt{(44,76)^2 - (26,45)^2} = 36^m,11.$$

Ainsi l'aire du rectangle sera $26,45 \times 36,11 = 955,11$ mètres carrés.

PROBLÈME V.

226. *Trouver l'aire d'un triangle qui aurait* $38^m,5$ *de base et* 19^m *de hauteur.*

La demi-hauteur sera donc $9^m,5$, et sa surface $38,5 \times 9,5 = 355,75$ mètres carrés.

PROBLÈME VI.

227. *Trouver l'aire d'un trapèze dont la hauteur est* 12^m, *la base inférieure de* $54^m,36$, *et la base supérieure de 32 mètres.*

On aura pour la surface $\frac{1}{2}(54^m,36 + 32) \times 12 = 43^m,18 \times 12 = 518,16$ mètres carrés.

§ III. — APPLICATION DE LA MESURE DES SURFACES A L'ARPENTAGE.

228. L'art de l'arpenteur consiste à déterminer l'étendue superficielle d'un terrain, évaluée d'après une unité de mesure donnée. Or, dès qu'on sait mesurer un triangle, on peut exercer cet art, car une terre représente ordinairement une forme polygonale que l'on peut toujours diviser en un certain nombre de triangles.

Néanmoins il est utile d'entrer dans quelques détails, pour que l'élève puisse mettre en pratique les principes que nous venons de développer.

Les opérations de l'arpentage se réduisent à mesurer des distances, élever des perpendiculaires, tirer des alignemens ; et pour cela deux instrumens seuls sont nécessaires.

1°. *La chaîne et les fiches.* C'est une chaîne en fil de fer, longue de dix mètres, ou d'un décamètre, et subdivisée en chaînons de deux décimètres, en sorte que cinq de ces chaînons font un mètre.

La chaîne sert à mesurer les distances sur le terrain. Pour cela deux personnes la portent successivement d'un point à l'autre, en suivant, autant que possible, la ligne droite, et prenant toutes les précautions nécessaires pour obtenir une mesure exacte. La première personne est munie de dix fiches qui lui servent à marquer, à chaque pose, le point où aboutit l'extrémité de la chaîne, et où doit se placer la seconde personne dans la pose suivante. Celle-ci ramasse les fiches qui indiquent, entre ses mains, le nombre de fois que le décamètre a été porté sur toute la longueur de la ligne mesurée et, par conséquent, la mesure de cette ligne.

On ne saurait trop recommander d'user des plus minutieuses précautions, car peu de chose suffit pour jeter dans de grandes erreurs.

2°. *L'équerre d'arpenteur* (fig. 204). C'est une boîte en cuivre jaune à huit faces, ou bien cylindrique, percée de plusieurs fentes verticales qui se correspondent deux à deux, et qui se croisent à angles droits; cette boîte est posée sur un pied que l'on enfonce verticalement dans la terre.

L'équerre est destinée principalement à élever des perpendiculaires à des lignes données sur le terrain. Pour cela, on fixe l'instrument, on dirige deux de ses fentes sur la ligne donnée, et l'on fait placer un signal sur la direction des deux fentes qui se croisent à angle droit, avec celles que l'on a choisies d'abord : le signal se trouve ainsi situé sur une perpendiculaire dont le pied est celui de l'instrument lui-même.

3°. L'arpenteur doit être muni de *jalons*; ce sont de petits bâtons surmontés d'un papier blanc. Ces jalons sont destinés à indiquer, sur le terrain, les sommets des angles, et les diverses lignes à mesurer. Lorsque les lignes ne sont pas trop longues, deux jalons suffisent, l'un à chaque bout; mais quand la distance est grande, on en place plusieurs autres entre les extrémités, en ayant soin de les aligner de manière qu'en plaçant l'œil derrière le premier, tous les autres soient cachés par celui-ci. On appelle cela *prendre un alignement*.

229. Supposons donc que munis de ces instrumens nous voulions connaître la superficie du terrain représenté (fig. 205). Nous commencerons par planter des jalons aux sommets A, B, C, D. Ensuite nous mesurerons avec la chaîne la diagonale AC,

qui sera, je suppose, de 167^m,54 ; nous nous transporterons sur cette même base pour déterminer, au moyen de l'équerre, les pieds P et S des perpendiculaires abaissées des sommets B et D. A cet effet nous avancerons, sur cette base, jusqu'à ce que l'instrument arrive à un point S, où placé verticalement et de manière que les deux jalons A et C soient aperçus à travers deux fentes opposées, pendant que le jalon D est vu dans la direction des fentes qui sont perpendiculaires aux premières. Alors le pieds de l'instrument est nécessairement celui de la perpendiculaire DS, et l'on n'a plus qu'à mesurer la distance DS. Supposons-la de 98^m,15, nous opérerons de même pour trouver le pied P, et soit BP = 56^m,75.

Cela fait, nous ajouterons les deux hauteurs BP et DS, nous prendrons la moitié 77^m,45 de leur somme 155^m,90, et nous multiplierons la base commune par cette demi-somme, ce qui donnera 167,54 × 77,45 = 12975,97 mètres carrés pour la surface du quadrilatère donné.

230. L'unité de mesure des surfaces territoriales, légalement adoptée dans l'arpentage, est un multiple du mètre, appelé *are*. C'est un carré de dix mètres de côté (longueur de la chaîne) et dont la surface contient, par conséquent, 10 × 10 = 100 mètres carrés. Ainsi, pour transformer un nombre de mètres carrés en ares, il faut diviser ce nombre par cent, c'est-à-dire, avancer la virgule de deux rangs vers la gauche; d'après cela on verra que 12975,97 mètres carrés valent 129 ares 75 mètres 97 décimètres carrés.

Enfin, pour de grandes étendues, on prend pour unité principale la réunion de cent ares, qu'on appelle *hectare;* c'est alors un carré qui a cent mètres de côté et une surface de 100 × 100 = 10000 mètres carrés.

Ainsi, pour transformer les ares en hectares, il faut aussi les diviser par cent; tandis que si l'on voulait transformer des mètres carrés en hectares, il faudrait les diviser par dix mille, ou avancer la virgule de quatre rangs vers la gauche. D'après cela, on verra que

12975,97 mètres carrés, qui font 129^{ares},76 mètres carrés, valent 1 hectare 29 ares 76 mètres carrés.

231. Cela posé, passons à un autre exemple : soit un champ ABCDEFG (fig. 206), on pourra, par des diagonales, le diviser en triangles et mesurer chaque triangle en particulier ; mais il est un autre procédé plus expéditif, et qui a l'avantage de donner plus de précision. Il consiste à choisir convenablement une base unique AD, à marquer avec des jalons les pieds M, N, P, etc., des perpendiculaires abaissées de tous les sommets sur cette base ; ce qui divisera la surface du polygone en divers triangles ou trapèzes. Ensuite, à mesurer exactement la base AD en ayant soin de noter les distances partielles qui séparent les pieds A, M, N.....R, D, lesquelles sont les hauteurs des triangles et trapèzes correspondans ; on mesure aussi les perpendiculaires BM, GN, etc... ; et au moyen de toutes ces mesures, on calcule en particulier la surface de chaque triangle et de chaque trapèze d'après les règles connues, et la somme de toutes ces aires partielles donne l'étendue du champ proposé.

232. Quelquefois les limites des champs ne sont point rectilignes, et au premier abord on pourrait être embarrassé ; mais pour aplanir toute difficulté, proposons-nous l'exemple suivant : soit un champ (fig. 207) dont le périmètre soit en partie curviligne ; on commencera par choisir une base générale AB, sur laquelle on abaissera, comme ci-dessus, des perpendiculaires par chaque sommet du polygone ; ensuite, pour apprécier les parties curvilignes, on opérera comme il suit. On joindra CD par une droite qui détachera le petit segment CNDA, on abaissera sur C diverses perpendiculaires assez rapprochées pour que les petits arcs CO, ON soient sensiblement droits, et qu'elles divisent le segment en un certain nombre de petits trapèzes rectilignes, dont on prendra la mesure par la méthode ordinaire.

Passant de là à la partie RSP, on tirera, s'il est possible, une ligne droite PR qui retranche une portion RVS du champ, et qui en ajoute une autre SXP, capable de compenser la première. Si les circonstances ne permettent pas d'effectuer cette compensation, il faudra opérer sur RSP d'une manière analogue à celle employée pour CND; et ajoutant ces mesures partielles à celles des trapèzes et des triangles intérieurs, on aura l'aire totale du champ.

Enfin, il pourrait arriver que le champ proposé fût inaccessible, ou bien que des obstacles s'opposassent à la pratique des opérations que nous avons indiquées. Dans ce cas, on emploie un procédé indirect et que nous allons faire connaître. Soit le champ (fig. 208) qu'on suppose inaccessible, on l'insérera dans un rectangle ABCD, ensuite on mesurera ce rectangle total, en multipliant AB par AD, et de ce produit on retranchera la somme des mesures partielles fournies par les triangles extérieurs, tels que DNM, COP, etc., le reste sera la surface du champ.

Il est inutile de pousser plus loin ces considérations, n'ayant pas pour but de donner ici un traité d'arpentage.

CHAPITRE IV.

DES FIGURES SEMBLABLES

ET DE LEURS RAPPORTS.

233. Jusqu'à présent nous avons appris à mesurer l'étendue à une et à deux dimensions ; mais cela ne remplit pas le but de la géométrie plane. Il ne suffit pas de savoir calculer la surface d'un polygone donné, quand on a la faculté de prendre directement la mesure des diverses lignes qui peuvent la fournir ; mais il faut aussi pouvoir le faire lorsque ces mesures ne sont pas praticables, et qu'on est obligé de trouver la longueur d'une ligne *inaccessible*. Il faut encore savoir représenter exactement sur le papier les figures qu'affectent les divers objets, ainsi qu'une portion donnée d'un terrain. Enfin il importe de connaître et de savoir déterminer les rapports qui existent entre les diverses figures.

Ce chapitre est destiné à la recherche de ces nouvelles propositions.

Nous avons vu que lorsqu'on mesurait une ligne droite avec une unité convenue, on obtenait un nombre pour représenter cette ligne, et que diverses lignes mesurées de la même manière pouvaient être comparées entre elles au moyen des nombres qui les représentent. Or, lorsque les nombres qui servent de mesure à des lignes données forment une proportion, ces lignes sont dites *proportionnelles*. Ainsi lorsque A, B, C, D étant des lignes, nous écrivons A : B :: C : D, il faut comprendre que ces lignes mesurées avec la même unité ont fourni des résultats tels, que le nombre A divisé par le nombre B donne le même quotient que le nombre C divisé par le nombre D ; ou bien que le produit $A \times D = B \times C$, c'est-à-dire que le rectangle construit avec les deux lignes A et D est équivalènt à celui construit sur B et C.

Cela posé, lorsque deux polygones quelconques seront composés d'un même nombre de côtés; que ces côtés comparés, chacun à chacun, fourniront un rapport constant, et seront par conséquent proportionnels entre eux ; que de plus, les angles de l'un seront égaux, chacun à chacun, aux angles de l'autre, alors ces deux polygones seront *semblables*.

La similitude consiste donc, comme le mot le dit, dans une identité de formes, et ne dépend nullement de l'étendue. C'est ainsi que les deux polygones ABCDE, *abcde* seront semblables, si l'on a les angles $A = a$, $B = b$, $C = c$, etc..., et que de plus les côtés donnent AB:*ab*::BC:*bc*::CD:*cd*::, etc...

Dans les figures semblables on désigne les angles égaux et les côtés semblablement placés par la dénomination de *homologues*. Ainsi les angles A et *a*, D et *d*, C et *c*, etc...., sont homologues ; et le côté AB est l'homologue de *ab*, *de* est celui de DE, etc...., on dira donc : *Deux polygones sont semblables lorsqu'ils ont les angles égaux, chacun à chacun, et les côtés homologues proportionnels.*

Deux polygones semblables qui auraient les côtés homologues égaux seraient plus que semblables, ils seraient égaux.

Mais existe-t-il des polygones semblables?

Il est d'abord facile de prouver que les polygones réguliers seront semblables dès qu'ils auront le même nombre de côtés; car alors tous leurs angles seront égaux et leurs côtés évidemment proportionnels. Ainsi deux hexagones réguliers sont toujours semblables, quelle que soit la longueur de leurs côtés respectifs. Il en est de même pour deux polygones réguliers de cent, de mille côtés, etc., etc.... ; par conséquent *deux cercles sont semblables, quelle que soit la longueur de leurs rayons.*

Les figures semblables jouissent des propriétés les plus importantes de la Géométrie ; mais comme la similitude dépend principalement de la proportionnalité des lignes droites, c'est par ces dernières qu'il faut commencer.

§ Ier. — DES LIGNES PROPORTIONNELLES.

234. La proportionnalité des lignes droites est facile à reconnaître par leur mesure directe ; mais elle ne serait d'aucun secours, si l'on n'avait pas d'autres moyens pour en constater l'existence. Le but qu'il importe d'atteindre, c'est de déterminer les circonstances dans lesquelles cette proportionnalité a lieu pour qu'on puisse s'en assurer, alors même qu'on ignore la longueur de ces lignes.

C'est ce que nous allons faire dans les théorèmes suivans.

THÉORÈME Ier.

235. *Lorsqu'un nombre quelconque de droites parallèles, également espacées, sont rencontrées par des sécantes, les portions de chaque sécante comprises entre les parallèles sont égales entre elles.*

Soient les parallèles MN, M'N', M''N'', etc. (fig. 210) qu'on suppose à égale distance, et les sécantes AB, CD, GH menées dans des directions arbitraires : si des points de rencontre A, A', A'', A''', on abaisse des perpendiculaires respectives AP, A'P', A''P'', etc..., ces perpendiculaires seront égales par hypothèse, et alors les petits triangles rectangles APA', A'P'A'', etc., seront égaux, comme ayant un côté égal et les angles égaux chacun à chacun ; donc leurs hypoténuses seront aussi égales, et l'on aura AA' = A'A'' = A''A''' = etc....

Par une construction semblable on prouverait que..... CC' = C'C'' = C''C''' = etc..., et que GG' = G'G'' = G''G''' = etc.. ; donc la proposition énoncée est générale.

THÉORÈME II.

236. *Quelle que soit la distance qui sépare des droites parallèles, elles couperont toujours en parties proportionnelles toutes les sécantes qui viendront les traverser.*

En effet, soient les parallèles MN, PQ, RS (fig. 211), coupées par les sécantes AB, GH aux points D, D', D", C, C', C", je dis que, dans tous les cas, on aura la proportion

$$DD' : D'D'' :: CC' : C'C'',$$

Menons la ligne OO" perpendiculaire aux parallèles données, et alors OO' et O'O" mesureront les distances respectives de ces parallèles. Ces distances sont quelconques, d'après l'énoncé; mais nous pourrons toujours chercher leur commune mesure en portant la plus petite sur la plus grande, ainsi que nous l'avons indiqué (n° 50). Or, supposons que nous ayons trouvé pour cette commune mesure une longueur qui soit contenue 7 fois dans OO', et 15 fois dans O'O".

Si nous portons cette longueur sur OO' et sur O'O", nous les diviserons l'une en 7 et l'autre en 15 parties égales, en sorte que la ligne totale OO" contiendra 22 de ces parties. Or, si par chaque point de division nous menons des parallèles à MN, PQ, RS, toutes ces parallèles, qui seront également espacées, iront couper DD" en parties égales, ainsi que CC"; mais puisque OO' contient 7 parties égales, DD' et CC' en contiendront le même nombre, et puisque O'O" en renferme 15, D'D" et C'C" renfermeront pareillement 15 parties égales : donc on aura

$$DD' : D'D'' :: 7 : 15,$$

$$CC' : C'C'' :: 7 : 15,$$

d'où

$$DD' : D'D'' :: CC' : C'C''.$$

Quel que soit le rapport de OO' à O'O", nous raisonnerons de la même manière que pour les nombres 7 et 15, et nous arriverons au même résultat. De plus, ici comme dans d'autres circonstances analogues, il nous est permis d'étendre le principe au cas où OO′ et O′O″ seraient incommensurables; par conséquent la proportionnalité existera toujours.

La proportion ci-dessus, ainsi que le raisonnement qui l'a fournie, donnent aussi

$$DD'' : DD' : D'D'' :: CC'' : CC' : C'C''.$$

On fait usage de l'une ou de l'autre de ces proportions selon le besoin.

Scolie. Si l'on considérait une troisième ligne XY, on trouverait qu'elle est aussi divisée de la même manière que les autres. Ainsi la proportionnalité des parties de droites comprises entre trois parallèles est constamment vraie, quels que soient le nombre et la position des sécantes. De même s'il y avait un plus grand nombre de parallèles, et que AB et GH fussent divisées en 4, 10, 100, etc. parties, ces parties comparées chacune à chacune seraient toujours proportionnelles.

THÉORÈME III.

237. *Toute ligne menée dans un triangle parallèlement à l'un de ses côtés, divise les deux autres en parties proportionnelles.*

Cette proposition résulte de la précédente (fig. 212); car soit un triangle ABC, dans lequel on mène diverses parallèles GH, MN, etc., à sa base BC; ces parallèles diviseront les parties MB, NC de manière que l'on aura

$$MG : GB :: NH : HC.$$

Cette proportion étant indépendante de la distance des parallèles, sera vraie pour toutes les positions que prendra la ligne MN, en s'avançant vers le sommet A parallèlement à elle-même; donc elle le sera encore lorsque cette ligne MN passera par ce sommet, et qu'elle sera confondue avec AL; ainsi l'on aura

$$AG : GB :: AH : HC.$$

De là on tire

$$AB : AG : GB :: AC : AH : HC.$$

THÉORÈME IV.

238. Réciproquement. *Toute ligne qui divise deux côtés d'un triangle en parties proportionnelles, est parallèle au troisième côté.*

Supposons que les points M et N (fig. 213) soient tels que l'on ait la proportion

AB : AM :: AC : AN.

Si, dans ce cas, la ligne MN n'est pas parallèle à BC, on pourra toujours mener une ligne MO différente de MN, qui lui sera parallèle, et par suite du théorème précédent, on aura

AB : AM :: AC : AO.

En comparant ces deux proportions, on voit qu'elles ne peuvent pas exister sans que AN = AO : donc la parallèle MO doit se confondre avec MN, et par conséquent MN est parallèle à la base BC.

THÉORÈME V.

239. *Toute ligne menée dans un triangle parallèlement à un de ses côtés détermine un second triangle, dont les côtés sont respectivement proportionnels à ceux du premier.*

Si la ligne MN (fig. 214) est parallèle à BC on aura la proportion

AB : AM :: AC : AN;

de même si l'on mène MD parallèle à AC, on aura

AB : AM :: BC : CD;

mais CD = MN, car la figure CNMD est un parallélogramme. De plus, les deux proportions ci-dessus ayant un rapport commun, donnent

AB : AM :: AC : AN :: BC : MN.

Donc les deux triangles ABC, AMN ont les côtés proportionnels ; ils ont aussi évidemment les angles égaux chacun à chacun, et sont par conséquent *semblables.*

THÉORÈME VI.

240. *Lorsque des parallèles sont rencontrées par des sécantes qui partent toutes d'un même point, les parties de ces parallèles comprises entre les sécantes sont proportionnelles.*

Soient les lignes OA, OB, OD, OC (fig. 215) qui partent du point O et vont couper les parallèles AC, A'C', A"C", je dis qu'on aura les proportions

AB : A'B' : A"B" :: BD : B'D' : B"D" :: DC : D'C' : D"C".

En effet, puisque les lignes OA", OB" partent d'un même point, et que AB, A'B', A"B" sont parallèles, les triangles OBA, OB'A', OB"A" auront les côtés proportionnels et donneront

OB : OB' :: AB : A'B';

de même les triangles OBD, OB'D', OB"D" auront les côtés proportionnels, et donneront aussi

OB : OB' :: BD : B'D'.

Ces proportions ayant un rapport commun OB : OB', fourniront la suivante

AB : A'B' :: BD : B'D'.

Un raisonnement tout-à-fait semblable nous conduirait aussi à

AB : A"B" :: BD : B"D",
AB : A'B' :: DC : D'C',
BD : B'D' :: DC : D'C', etc...

Donc les segmens AB, BD, DC; A'B', B'D', D'C', A"B", B"D", D"C" sont proportionnels entre eux. Ces segmens fournissent un certain nombre de proportions toutes également vraies, et dont on fera indistinctement usage selon l'occasion.

Scolie. Si l'une des parallèles AC, par exemple, était coupée en parties égales, les autres le seraient aussi.

Corollaire. On voit par là que les lignes qui partent du sommet d'un triangle divisent la base et toutes ses parallèles en parties proportionnelles. Cette propriété reçoit de fréquentes applications.

THÉORÈME VII.

241. Réciproquement. *Si des parallèles sont coupées en parties proportionnelles par diverses sécantes non parallèles, ces dernières concourront toutes en un même point.*

Supposons que les parallèles AD, A'D', A''D'' (fig. 216) soient coupées en parties proportionnelles par les lignes AA'', BB'', DD'', etc., de manière que l'on ait

AB : A'B' :: BC : B'C', etc.,

les sécantes AA'', BB'' CC'' n'étant pas parallèles, devront se rencontrer au moins deux à deux. Ainsi appelons O le point de rencontre de AA'' et BB'', alors les deux triangles OBA, OB'A' donneront (n° 239)

OB : OB' :: AB : A'B';

de même si l'on désigne par P le point de rencontre des lignes BB'' et CC'', les triangles PBC, PB'C' donneront

PB : PB' :: BC : B'C';

mais comme par hypothèse AB : A'B' :: BC : B'C', les deux proportions ci-dessus donneront, à cause de ce rapport commun,

OB : OB' :: PB : PB'.

Cette dernière revient à

OB' — OB : OB :: PB' — PB : PB.

Or, quels que soient les points de rencontre O et P, on aura toujours OB'—OB=BB' et PB'—PB=BB'. Ainsi, dans la proportion ci-dessus, les antécédens étant égaux, les conséquens devront aussi l'être, et l'on aura OB=PB, c'est-à-dire que la distance du point B aux points de rencontre O et P doit être la même; et comme d'ailleurs ces deux points appartiennent à la ligne BO, il faudra donc que O et P ne soient qu'un seul et même point.

On démontrerait également que la sécante DB'' passera par le point O, ainsi que tout autre.

En rapprochant les théorèmes II et VI, on voit que lorsque des sécantes partant d'un même point vont couper des parallèles, les parties des parallèles comprises entre les sécantes sont proportionnelles, et que les parties des sécantes comprises entre les parallèles le sont aussi.

Ceci peut être considéré comme le complément de la théorie des parallèles, que nous avons exposée dans le premier chapitre.

§ II. — DES POLYGONES SEMBLABLES.

242. Les propriétés des polygones, en général, n'étant qu'une extension de celles des triangles, examinons d'abord les cas de similitude de ces derniers. Nous avons dit qu'il faut deux conditions pour que des triangles ou des polygones soient semblables. 1°. Qu'ils aient les angles égaux chacun à chacun; 2°. les côtés homologues proportionnels. Voyons à quoi nous reconnaîtrons que ces conditions sont remplies, sans qu'il soit nécessaire de prendre la mesure directe des angles et des côtés.

THÉORÈME Ier.

243. *Deux triangles qui sont équiangles entre eux ont toujours les côtés homologues proportionnels, et sont par conséquent semblables.*

Supposons que dans les deux triangles ABD, *abd* (fig. 217), on ait les angles $A=a$, $B=b$, $D=d$; portons *abd* sur ABD, en posant le sommet *a* sur A, et faisant coïncider le côté *ab* avec AB, alors *ad* couvrira aussi AD, et le petit triangle prendra la position AMN. Or, comme par hypothèse l'angle $b=B$ et $d=D$, la ligne MN sera parallèle à BD, sans quoi ces angles ne pourraient pas être égaux.

Mais si MN est parallèle à BD, les côtés du triangle AMN seront proportionnels à ceux du triangle ABD, et ces triangles seront semblables (n° 239) : donc ABD et *abd* le sont aussi.

Corollaire Ier. Deux triangles sont donc semblables dès qu'ils ont deux angles égaux chacun à chacun, car alors ils sont équiangles entre eux.

Corollaire 2. Deux triangles rectangles sont semblables dès qu'ils ont un angle aigu égal.

Corollaire 3. Deux triangles isoscèles sont semblables dès qu'ils ont un angle homologue égal.

THÉORÈME II.

244. *Deux triangles qui ont les côtés proportionnels ont les angles homologues égaux et sont semblables.*

Si dans les deux triangles ABD, *abd* (fig. 217), on a les proportions

$$AB : ab :: AD : ad :: BD : bd,$$

je dis qu'on aura aussi les angles $A = a$, $B = b$, $D = d$.

En effet, prenons, à partir du sommet A du grand triangle, des longueurs $AM = ab$ et $AN = ad$, et joignons MN qui sera parallèle à BD, puisque les côtés *ab*, *ad*, ou bien AM, AN sont proportionnels à AB, AD (n° 238); alors on aura la proportion

$$AB : AM :: BD : MN,$$

mais comme par hypothèse

$$AB : ab :: BD : bd,$$

et que $ab = AM$, il faut que $MN = bd$. Donc les deux triangles AMN et *abd* auront les trois côtés égaux chacun à chacun et seront égaux. Or, le triangle AMN a les angles égaux à ceux du triangle ABD; donc les deux triangles donnés ABD et *abd* seront aussi équiangles entre eux, et par conséquent semblables.

Scolie. Les deux théorèmes précédens nous prouvent que l'égalité des angles dans les triangles entraîne la proportionnalité des côtés, et que réciproquement celle-ci entraîne l'égalité des angles, en sorte qu'une de ces deux conditions suffit pour que des triangles donnés soient semblables.

THÉORÈME III.

245. *Deux triangles qui ont un angle égal compris entre côtés proportionnels sont semblables.*

Supposons que dans les deux triangles ABD, *abd* (fig. 217) on ait l'angle A = *a* et la proportion

$$AB : ab :: AD : ad;$$

posons le triangle *abd* sur l'autre en faisant coïncider l'angle *a* avec A, et joignons les extrémités *b* et *d*, qui tombent en M et N, par une droite MN qui déterminera un triangle AMN = *abd*. A cause de la proportionnalité indiquée, il faudra que MN soit parallèle à BD, c'est-à-dire que l'angle B = M = *b*, et l'angle D = N = *d*. Donc les triangles donnés sont équiangles entre eux, et par conséquent semblables.

THÉORÈME IV.

246. *Deux triangles qui ont les côtés parallèles chacun à chacun sont semblables.*

Par cela même que les côtés des triangles ABD, *abd*, *a'b'd'* (fig. 218), sont respectivement parallèles, leurs angles seront égaux chacun à chacun; car ces angles auront toujours leurs côtés respectifs dirigés dans le même sens ou dans un sens opposé, ainsi qu'il est facile de s'en convaincre à l'inspection de la figure; donc ces triangles sont équiangles entre eux, et par suite semblables. On peut au reste prolonger les côtés de ces triangles jusqu'à ce qu'ils se rencontrent, et l'on formera ainsi une suite d'angles correspondans qui mettront en évidence l'égalité des angles homologues.

THÉORÈME V.

247. *Deux triangles qui ont les côtés perpendiculaires chacun à chacun sont semblables.*

En effet, soient les deux triangles ABD, *abd* (fig. 219), qui ont les côtés respectivement perpendiculaires, je dis qu'on aura A = *a*, B = *b*, D = *d*.

En prolongeant leurs côtés jusqu'à ce qu'ils se rencontrent, on formera toujours des triangles rectangles équiangles deux à deux; car, par exemple, les deux triangles rectangles SR*d* et SND, ayant un angle aigu S commun, sont équiangles, d'où l'angle D = *d*.

De même les triangles rectangles ONA, OPa, ayant un angle aigu commun O, donneront l'angle A = a; donc par suite B = b. Par conséquent les triangles proposés sont équiangles et semblables.

Dans les deux derniers théorèmes, les côtés perpendiculaires et les côtés parallèles entre eux sont les homologues, et les angles qui leur sont opposés sont ceux qui sont égaux.

Les cinq théorèmes précédens comprennent donc cinq cas de similitude pour les triangles; il importe de bien les retenir pour être dans le cas d'en faire les nombreuses applications qu'ils vont nous fournir.

THÉORÈME VI.

248. *Deux polygones sont semblables lorsqu'ils sont composés d'un même nombre de triangles semblables chacun à chacun et semblablement placés, et réciproquement.*

Soient les deux polygones ABCDE, *abcde* (fig. 209); si par deux sommets homologues, tels que A et a, on mène des diagonales, et qu'alors les triangles partiels ABC, ACD, ADE, du premier soient respectivement semblables aux triangles partiels *abc*, *acd*, *ade*, du second, on aura, d'un côté, l'angle B = b, l'angle BCA = bca, ACD = acd, et par suite l'angle C = c comme formés de deux angles égaux; de même l'angle D = d et E = e. De l'autre côté, la suite des proportions AB : ab :: BC : bc :: AC : ac :: CD : cd :: AD : ad :: DE : de :: AE : ae. Donc les polygones donnés ont les angles homologues égaux, les côtés proportionnels, et sont par conséquent semblables.

Réciproquement. Si, dans ces deux polygones, les côtés sont proportionnels et les angles homologues égaux, les triangles partiels seront semblables chacun à chacun; car, d'abord, les deux triangles ABC, *abc*, le sont, comme ayant un angle égal B = b compris entre côtés proportionnels, ce qui indique que l'angle BCA = bca; mais alors ACD = acd, et les deux triangles ACD, *acd*, qui auront aussi un angle égal compris entre côtés proportionnels, seront semblables. Par la même raison,

ADE et *ade* le seront pareillement; donc la réciproque est vraie.

Corollaires. Deux parallélogrammes sont semblables lorsqu'ils ont un angle égal compris entre deux côtés proportionnels; car l'égalité de ces angles entraîne celle des autres, et la proportionnalité des deux côtés adjacens indique celle de leurs opposés qui leur sont respectivement égaux.

Deux losanges sont semblables lorsqu'ils ont un angle égal.

Deux rectangles sont semblables lorsque leurs bases sont proportionnelles à leurs hauteurs.

Tous les carrés sont semblables.

Observations. Mais remarquons bien que l'on ne peut pas ici, comme pour les triangles, conclure que deux polygones sont semblables de ce qu'ils ont seulement les angles égaux, ou bien les côtés proportionnels; car, avec les mêmes côtés, on peut faire une infinité de polygones ayant des angles différens, et deux polygones peuvent avoir les angles égaux sans qu'ils aient les côtés proportionnels.

Deux polygones composés d'un même nombre de triangles semblables, mais disposés d'une manière inverse, sont dits *inversement semblables.*

THÉORÈME VII.

249. *Les polygones réguliers d'un même nombre de côtés sont semblables.*

En effet, deux polygones réguliers d'un même nombre de côtés ont tous les angles égaux entre eux, et, si l'on joint les sommets de ces polygones à leur centre, on les décomposera tous les deux en un même nombre de triangles isoscèles, égaux dans le même polygone, et semblables d'un polygone à l'autre, parce qu'ils seront équiangles.

Corollaire. Par conséquent tous les cercles sont semblables.

Dans les polygones réguliers, les rayons des cercles inscrits et circonscrits sont des lignes homologues; et dans les cercles, les rayons et les diamètres sont aussi des lignes homologues

§ III. — CONSÉQUENCES DE LA SIMILITUDE DANS LES POLYGONES.

THÉORÈME Ier.

250. *La droite, qui divise en deux parties égales un des angles d'un triangle, coupe le côté opposé en deux segmens proportionnels aux côtés qui comprennent cet angle.*

Soit le triangle ABC (fig. 220); si par son sommet A on mène AD de manière que l'angle BAD = DAC, je dis qu'on aura

CD : CA :: BD : BA;

car par le point B soit menée une parallèle BN à AD, qui ira rencontrer le prolongement de CA en N, et qui déterminera un triangle CNB, dans lequel AD sera parallèle à la base BN; alors (n° 239) on aura

CD : CA :: DB : AN.

Mais, à cause des parallèles AD et BN, l'angle BAD = ABN, et l'angle DAC = BNA; et puisque BAD = DAC, on aura ABN = BNA : donc le triangle ANB est isoscèle, et par suite AN = AB; ainsi, en mettant AB au lieu de AN dans la proportion ci-dessus, elle donne

CD : CA :: DB : AB.

La réciproque est vraie.

Scolie. Si le triangle BAC était isoscèle, le point D serait le milieu de BC, comme nous le savions déjà.

THÉORÈME II.

251. *Si l'on joint les milieux des côtés d'un triangle par des droites, elles le diviseront en quatre triangles égaux entre eux et semblables au grand.*

Soient M, N, P (fig. 221), les milieux des côtés du triangle ABD; si l'on mène la ligne MN, elle sera parallèle à BD, puisque AB et AD sont coupées en parties proportionnelles en M et N; de même NP est parallèle à AB, et MD l'est à AD.

D'après cela, les trois figures AMPN, BMNP, MNDP seront des parallélogrammes, de chacun desquels le triangle MNP sera une moitié; donc ce triangle est égal à chacun des trois autres, et par conséquent ils sont tous les quatre égaux.

En second lieu, à cause de MN parallèle à BD, le triangle AMN est semblable à ABD, et il en est de même de tous les autres.

Réciproquement. Si l'on mène par les sommets d'un triangle des parallèles aux côtés opposés on formera un triangle semblable au premier, et quatre fois plus grand que lui.

THÉORÈME III.

252. *Étant donné un quadrilatère quelconque, si l'on joint les milieux de ses côtés par des droites, elles formeront toujours un parallélogramme.*

Soient les milieux M, N, P, Q (fig. 222), des côtés du quadrilatère ABCD; joignons-les par des droites et menons les diagonales AC, BD. Puisque M et Q sont les milieux de AB et de AD, la ligne MQ sera parallèle à BD, ainsi que NP. Par la même raison, MN et PQ seront parallèles à AC : donc MNPQ est un parallélogramme, puisque ses côtés opposés sont parallèles.

THÉORÈME IV.

253. *Les lignes menées de chaque sommet d'un triangle au milieu du côté opposé se rencontrent en un même point qui est pour chaque ligne aux $\frac{2}{3}$ de sa longueur.*

Soient AP, BN, CM (fig. 223), les lignes qui vont des sommets aux milieux des côtés opposés. Il est évident d'abord que deux quelconques BN et CM de ces lignes se couperont en un point O; mais si l'on joint MN, cette ligne sera parallèle à BC, et les deux triangles MON, BOC seront semblables, car ils auront les angles respectivement égaux; on aura donc

$$BO : ON :: CO : OM :: BC : MN;$$

et puisque M et N sont les milieux de AB et de AC, on aura

$$AB : AM :: BC : MN.$$

Mais $AB = 2AM$, donc $BC = 2MN$, et par suite $CO = 2.OM$, $BO = 2.ON$, d'où $BO = \frac{2}{3} BN$ et $CO = \frac{2}{3} CM$.

De même si l'on considérait les deux lignes CM et AP, et qu'on joignît MP, on prouverait que ces lignes CM et AP se coupent en un point O tel que $CO = \frac{2}{3} CM$ et $AO = \frac{2}{3} AP$; donc la ligne AP doit passer par le point O d'intersection des deux autres, car il n'y a qu'un point unique qui soit aux $\frac{2}{3}$ de la longueur d'une droite donnée CM (*).

THÉORÈME V.

254. *Les perpendiculaires abaissées de chaque sommet d'un triangle quelconque sur le côté opposé se rencontrent toutes en un même point.*

Soit le triangle acutangle ABC (fig. 224) : par deux de ses sommets B et C, abaissons les perpendiculaires CM, BN qui se couperont nécessairement en un point O, et prouvons que ce point appartient aussi à la troisième perpendiculaire AD, c'est-à-dire, faisons voir que la droite indéfinie qui passe par les points A et O est perpendiculaire à BC.

Pour cela, par ce même point O, élevons une perpendiculaire GH à AO; elle déterminera deux triangles rectangles AOG, AOH, qu'on pourra comparer à AOM et AON. En effet, les deux triangles rectangles AOG, AOM ayant un angle aigu commun sont semblables et donnent la proportion

$$AM : AO :: AO : AG;$$

d'où $\overline{AO}^2 = AM \times AG$. De même les deux triangles rectangles AON, AOH sont semblables, et

$$AN : AO :: AO : AH;$$

(*) Ce point est ce qu'on nomme en Statique *le centre de gravité du triangle* ABC.

d'où $\overline{AO}^2 = AN \times AH$: donc $AM \times AG = AN \times AH$, ce qui revient à la proportion

$$AM : AN :: AH : AG.$$

D'un autre côté, les triangles rectangles ABN, ACM qui ont l'angle A commun sont semblables et donnent

$$AM : AN :: AC : AB;$$

donc $$AC : AB :: AH : AG,$$

ce qui exige que CH soit parallèle à BC. Mais GH a été mené perpendiculairement à AD : donc BC est aussi perpendiculaire à AD, c'est-à-dire que la troisième perpendiculaire AD passera par le point O.

Si le triangle était obtusangle, la même démonstration aurait lieu ; mais il faudrait mener la perpendiculaire à AO non par le point O, mais par le sommet A de l'angle obtus.

Si le triangle était rectangle, le point de rencontre O serait placé au sommet de l'angle droit.

Scolie. Il est à remarquer que les trois hauteurs d'un triangle se coupent de manière que les rectangles construits sur les deux segmens de chacune d'elles sont équivalens, car les triangles semblables BOD, AON donnent

$$BO : AO :: OD : ON,$$

d'où $$BO \times ON = AO \times OD,$$

et les triangles DOC, AOM donnent

$$CO : AO :: DO : OM,$$

d'où $$AO \times DO = CO \times OM = BO \times ON.$$

THEORÈME VI.

255. *Si du sommet de l'angle droit d'un triangle rectangle on abaisse une perpendiculaire sur son hypoténuse, il en résultera les conséquences suivantes :*

1°. *Les deux triangles rectangles partiels seront semblables entre eux et semblables au grand;*

2°. *Chaque côté de l'angle droit sera moyen proportionnel entre l'hypoténuse entière et le segment adjacent à ce côté.*

3°. *La perpendiculaire sera moyenne proportionnelle entre les deux segmens de l'hypoténuse.*

Soit le triangle rectangle ABC (fig. 225); menons AD perpendiculaire sur BC, et nous aurons 1°. le triangle rectangle ADC, qui ayant un angle aigu C appartenant au grand triangle ABC lui sera semblable; de même le triangle rectangle BAD ayant un angle aigu B commun au grand, lui sera aussi semblable; donc les deux triangles partiels ABD, ACD sont semblables entre eux et semblables au grand.

2°. Puisque les triangles ABC, ACD sont semblables, leurs côtés homologues donnent la proportion

$$BC : AC :: AC : CD;$$

d'où $\overline{AC}^2 = BC \times CD$ (1); donc le carré construit sur AC est équivalent au rectangle construit sur l'hypoténuse BC et le segment adjacent CD, c'est-à-dire que AC est moyen proportionnel entre BC et CD.

De même les triangles ABC, ABD étant semblables donneront

$$BC : BA :: BA : BD;$$

d'où $\overline{BA}^2 = BC \times BD$ (2) : donc BA est un moyen proportionnel entre BC et BD.

Enfin, les deux triangles partiels ABD, ACD sont semblables, et leurs côtés fournissent la proportion

$$BD : AD :: AD : CD;$$

d'où $\overline{AD}^2 = BD \times CD$ (3) : donc la perpendiculaire AD est moyenne proportionnelle entre les deux segmens de l'hypoténuse; c'est-à-dire que le carré construit sur cette perpendiculaire est équivalent au rectangle construit sur les deux segmens.

Scolie. Cette proposition est une des plus fécondes de la

Géométrie élémentaire. Ainsi il est indispensable de bien la comprendre et d'en discuter toutes les conséquences.

D'abord les formules (1) et (2), ajoutées ensemble, donnent

$$\overline{AC}^2+\overline{AB}^2=BC\times CD+BC\times BD=BC(CD+BD)=BC\times BC=\overline{BC}^2.$$

Ce qui démontre, ce que nous savions déjà, que le carré de l'hypoténuse est équivalent à la somme des carrés des deux autres côtés. D'ailleurs on peut aussi le prouver en observant que, d'après la formule (1), le carré de AC est équivalent au rectangle DH construit sur CB et CD, et que, d'après la formule (2), le carré de AB est équivalent au rectangle DG construit sur BC et BD.

En second lieu, si l'on compare chacun des rectangles DH, DG au carré total BH, on voit qu'ils ont même base BG ou CH ; ainsi ils sont proportionnels à leurs hauteurs respectives, et l'on a

$$DH : BH :: CD : BC,$$

et . $$DG : BH :: DB : BC,$$

et par suite $$DH : DG :: CD : DB.$$

Et comme les rectangles DH et DG sont respectivement équivalens aux carrés de AC et de AB, on peut écrire

$$\overline{AC}^2 : \overline{BC}^2 :: CD : BC,$$

et $$\overline{AB}^2 : \overline{BC}^2 :: BD : BC,$$

d'où $$\overline{AC}^2 : \overline{AB}^2 :: CD : AB.$$

Ce qui prouve *que le carré d'un des côtés de l'angle droit est à celui de l'hypoténuse comme le segment adjaçent est à l'hypoténuse entière, et que les deux carrés de ces côtés sont entre eux dans le même rapport que les deux segmens de l'hypoténuse.*

THÉORÈME VII.

256. *Si d'un point quelconque du diamètre d'un cercle on élève une perpendiculaire qui se termine à la circonférence,*

cette perpendiculaire sera moyenne proportionnelle entre les deux segmens du diamètre, et de plus, les cordes qui joindront les extrémités de ce même diamètre au point d'intersection de la circonférence, seront moyennes proportionnelles entre le diamètre entier et le segment adjacent.

Par le point D (fig. 226), pris sur le diamètre BC, élevons la perpendiculaire DA et menons les cordes BA, CA. L'angle A sera droit comme inscrit dans un demi-cercle, et le triangle rectangle BAC donnera toutes les propriétés démontrées dans le théorème précédent.

Ainsi il n'y a qu'à changer dans les résultats ci-dessus les mots hypoténuse en diamètre, les côtés de l'angle droit en cordes, et l'énoncé se trouve encore vérifié.

Scolie. Cette propriété sert à trouver une moyenne proportionnelle géométrique entre deux lignes données, car il suffit de prendre pour cela une longueur égale à la somme des deux lignes données, de décrire sur elle une demi-circonférence, et d'élever une perpendiculaire par le point de jonction des deux lignes.

C'est par suite de ce théorème qu'on pourra transformer un rectangle, un triangle et un polygone donnés en un carré équivalent, ainsi que nous l'indiquerons plus loin.

THÉORÈME VIII.

257. *Lorsque deux cordes se coupent dans un cercle, les rectangles construits sur leurs parties respectives sont équivalens entre eux.*

On énonce ordinairement cette proposition en disant que les cordes se coupent *en parties réciproquement proportionnelles.*

Soient les deux cordes AB, CD (fig. 227) qui se coupent en O; en joignant leurs extrémités nous formerons les deux triangles AOC, DOB qui sont équiangles; car l'angle A = D, comme ayant pour mesure commune la moitié de l'arc CB; l'angle C = B comme ayant pour mesure $\frac{1}{2}$ AD : donc les côtés homologues donneront la proportion AO : OD :: OC : OB, d'où $AO \times OB = OD \times OC$; ce qui démontre le principe énoncé.

Scolie. Les deux cordes peuvent se couper sous un angle quelconque et être perpendiculaires, et si, dans ce dernier cas, l'une d'elles passait par le centre, on retomberait dans le théorème précédent, qui, comme on voit, n'est qu'un cas particulier de celui-ci.

THÉORÈME IX.

258. *Deux sécantes qui partant d'un même point vont couper une circonférence, sont réciproquement proportionnelles à leurs parties extérieures; c'est-à-dire que les rectangles construits sur chacune de ces sécantes et sur sa partie extérieure sont équivalens.*

Soient les deux sécantes OA, OC (fig. 228); joignons les points d'intersection BC et DA pour former les triangles OBC, ODA, qui sont semblables, comme ayant les angles égaux, car $A = C = \frac{1}{2}$ arc BD, et l'angle O est commun; ces triangles auront donc les côtés proportionnels; ainsi

$$AO : OC :: DO : BO,$$

d'où $$AO \times BO = OC \times DO.$$

THÉORÈME X.

259. *Si d'un point situé hors d'un cercle on mène une tangente et une sécante, la tangente sera moyenne proportionnelle entre la sécante et sa partie extérieure.*

Soit la sécante OB et la tangente OT (fig. 229); joignons le point de tangence aux points d'intersection A et B, et nous formerons deux triangles OTB, OTA qui seront semblables; car ils auront l'angle O commun et l'angle $OTA = B$, comme ayant pour mesure commune $\frac{1}{2}$ arc TA; ces triangle donneront donc

$$OB : OT :: OT : OA,$$

d'où $$\overline{OT}^2 = OB \times OA.$$

Ainsi, le carré de la tangente OT est équivalent au rectangle construit sur la sécante OB et sa partie extérieure OA.

Scolie. Il peut arriver que la partie intérieure AB de la sécante OB, soit égale à la tangente OT, et dans ce cas cette sécante serait coupée au point A, de manière que....... $\overline{AB}^2 = OB \times OA$. On désigne cela en disant que la ligne OB est divisée au point A en *moyenne et extrême raison.*

De plus, si pendant que la partie intérieure ND est égale à la tangente AB (fig. 230), la sécante AD passait par le centre du cercle, le théorème précédent offrirait un cas remarquable; en effet, la proportion

$$AD : AB :: AB : AN$$

donne AD — AB : AB :: AB — AN : AN; mais d'après l'hypothèse, le diamètre ND=AB, ainsi AD—AB=AD—ND=AN. D'ailleurs, si l'on porte AN sur AB en AP, on aura...... AB — AN = AB — AP = PB; donc la proportion ci-dessus deviendra

$$AP : AB :: PB : AP,$$

d'où $\overline{AP}^2 = AB \times PB$; c'est-à-dire que si l'on porte la partie extérieure AN de la sécante AD sur la tangente AB, celle-ci sera divisée au point P de la même manière que AD l'est au point N.

Cette propriété fournit un procédé pour diviser une ligne donnée AB en moyenne et extrême raison; car le rayon $CB = \frac{1}{2}$ AB indique qu'il suffit d'élever par son extrémité B une perpendiculaire BC égale à la moitié de cette ligne, de décrire avec cette moitié une circonférence qui sera tangente à AB, de joindre l'autre extrémité A au centre C, et de porter AN de A en P.

Les trois théorèmes ci-dessus ont une telle liaison, qu'on peut dire qu'il ne sont qu'une extension l'un de l'autre. Nous verrons plus loin leur utilité.

THÉORÈME XI.

260. *La tangente commune à deux cercles coupe la ligne des centres en parties proportionnelles aux rayons de ces cercles.*

Cette tangente peut avoir deux positions différentes (fig. 231) TS et MN.

1°. Soit d'abord la tangente MN; par les centres A et B, menons les rayons AM, BN aux points de tangence et nous aurons deux triangles rectangles OBN, OAM qui auront un angle aigu égal en O et seront semblables, d'où la proportion

OA : OB :: AM : BN.

2°. En second lieu, soit la tangente TRS; en menant les rayons AT, BR, nous formerons aussi deux triangles rectangles SRB, STA qui leur seront semblables et donneront

SB : SA :: BR : AT.

Donc le principe est vrai dans les deux cas.

Scolie. Il y a toujours possibilité de mener deux tangentes communes à deux cercles par un point extérieur, et le théorème ci-dessus en donne le moyen, comme nous le verrons dans les problèmes placés à la fin de ce chapitre.

THÉORÈME XII.

261. *Le côté du décagone régulier inscrit dans un cercle est égal à la plus grande des deux parties du rayon divisé en moyenne et extrême raison.*

Soit AB le côté du décagone inscrit au cercle CA (fig. 232), son angle au centre ACB $= \frac{4}{10} = 36°$; par conséquent chacun des angles A et B à la base du triangle isoscèle ACB vaut $\frac{180 - 36}{2} = 72°$, et est double de l'angle au centre.

Si donc on divise l'angle B en deux parties égales, par la ligne BO, cette ligne déterminera deux autres triangles isoscèles BOC, BOA, car l'angle OBC $=$ OBA $=$ C $= 36°$, et par conséquent l'angle extérieur BOA $= 2.$C $= 72° =$ A. Ainsi l'on aura donc OB$=$OC$=$AB; mais les deux triangles isoscèles ACB, ABO étant équiangles et semblables, donneront la proportion

AO : AB :: AB : AC,

laquelle devient, à cause de AB = OC,

$$AO : OC :: OC : AC;$$

d'où $\overline{OC}^2 = AO \times AC$. Donc le grand segment OC, du rayon CA divisé en moyenne et extrême raison, est la même chose que le côté du décagone inscrit.

Corollaire. — De là résulte un procédé bien simple pour inscrire un décagone régulier à un cercle donné CA, car il suffit de diviser son rayon en moyenne et extrême raison, et de porter le plus grand segment sur la circonférence qui le contiendra dix fois exactement.

Le décagone étant inscrit, si l'on joint les sommets deux à deux, on obtiendra un pentagone régulier inscrit.

Enfin, si du point A on porte le rayon AC sur la circonférence en AN, on aura arc $BN = AN - AB = \frac{1}{6} - \frac{1}{10} = \frac{1}{15}$ de la circonférence; ainsi la corde BN sera le côté du pentédécagone inscrit.

On pourra, en divisant tous les arcs successifs, inscrire tous les multiples de 10 et de 15.

§ IV. — RAPPORTS DES POLYGONES SEMBLABLES.

262. La similitude, dans les polygones, est la source de certaines relations constantes qui existent entre leur étendue et la longueur de leurs côtés, et au moyen desquelles on peut trouver la surface de tous les polygones semblables à un polygone donné, dès que l'on connaît celle de ce dernier.

Nous allons les développer.

THÉORÈME Ier.

262. *Les surfaces de deux triangles qui ont un angle égal, sont proportionnelles aux rectangles construits sur les côtés qui comprennent cet angle.*

Soient les deux triangles ABD, *abd* (fig. 233) qui ont l'angle A = *a*; portons le petit *abd* sur le grand, en faisant coïncider les angles *a* et A, pour que *abd* prenne la position de AMN, et menons la diagonale MB; nous formerons ainsi un triangle provisoire AMB qui pourra être comparé à chacun des deux autres : car les deux triangles AMN, AMB qui ont le sommet M commun, et les bases sur une même ligne AB ont même hauteur, et sont proportionnels à leurs bases; nous aurons donc

AMN : AMB :: AN : AB.

De même les deux triangles AMB et ABD ont aussi même hauteur et donnent

AMB : ABD :: AM : AD;

en multipliant ces deux proportions par ordre, et en supprimant le facteur commun AMB, nous obtiendrons

AMN : ABD :: AN $\times$ AM : AB $\times$ AD;

ce qui démontre le principe énoncé, puisque AN $=$ *ab* et AM $=$ *ad*.

Corollaire 1. Les triangles proposés seraient équivalens, si les produits AM $\times$ AN et AB $\times$ AD étaient égaux.

Corollaire 2. Les triangles rectangles sont donc proportionnels aux rectangles des côtés qui comprennent l'angle droit. En effet, chaque triangle rectangle est évidemment la moitié du rectangle qu'il détermine.

Corollaire 3. Deux triangles équilatéraux sont proportionnels aux carrés construits sur un de leurs côtés, ainsi que deux triangles isoscèles équiangles entre eux. Car, dans ce cas les deux côtés étant égaux, leur produit donne le carré de l'un d'eux.

Corollaire 4. Un triangle ABC étant donné (fig. 234), si l'on cherche une moyenne proportionnelle P entre deux de ses côtés AB, AC, et que l'on prenne AM $=$ AN $=$ P, on formera un triangle isoscèle ANM équivalent à ABC.

THÉORÈME II.

264. *Les surfaces de deux triangles semblables sont proportionnelles aux carrés de leurs côtés homologues.*

Si les deux triangles ABD, *abd*, sont semblables (fig. 235), et que des sommets homologues A et *a*, on abaisse des perpendiculaires sur les bases, on les divisera en deux triangles rectangles qui seront respectivement semblables, car APB et *apb* ont l'angle aigu $B = b$, et APD, *apd* l'angle aigu $D = d$ (n° 243).

Mais les triangles semblables ABD, *abd* donnent la proportion

$$BD : bd :: AB : ab;$$

et les triangles semblables ABP, *abp*, cette autre

$$AP : ap :: AB : ab.$$

Si l'on multiplie ces deux proportions par ordre, on obtiendra

$$BD \times AP : bd \times ap :: \overline{AB}^2 : \overline{ab}^2,$$

ou bien $$\frac{BD \times AP}{2} : \frac{bd \times ap}{2} :: \overline{AB}^2 : \overline{ab}^2.$$

Mais le premier terme exprime la surface du grand triangle ABD, et le second celle de *abd*; donc ces triangles sont proportionnels aux carrés de leurs côtés homologues.

THÉORÈME III.

265. *Dans les polygones semblables, les périmètres sont proportionnels aux côtés homologues, et les surfaces le sont aux carrés de ces mêmes côtés.*

Soient les deux polygones semblables ABCDE, *abcde* (fig. 209), par suite de leur similitude, on aura

$$AB : ab :: BC : bc :: CD : cd :: DE : de :: EA : ea;$$

et si l'on fait la somme des antécédens et celle des conséquens, on obtiendra, d'après les propriétés des proportions,

$$AB + BC + CD + DE + EA : ab + bc + cd + de + ea :: AB : ab, \text{etc.}$$

Donc, 1°. *le périmètre du premier polygone est au périmètre du second, comme un des côtés du premier est à son homologue dans le second.*

En second lieu, nous avons vu, d'un côté, que les polygones semblables sont composés d'un même nombre de triangles semblables, et de l'autre, que les triangles semblables sont proportionnels aux carrés de leurs côtés homologues; nous aurons donc

$$\mathrm{ABC} : abc :: \overline{\mathrm{AB}}^2 : \overline{ab}^2 :: \overline{\mathrm{AC}}^2 : \overline{ac}^2.$$

Mais les triangles ACD, *acd* donnent

$$\mathrm{ACD} : acd :: \overline{\mathrm{AC}}^2 : \overline{ac}^2 :: \overline{\mathrm{AD}}^2 : \overline{ad}^2;$$

ainsi, à cause du rapport commun,

$$\mathrm{ABC} : abc :: \mathrm{ACD} : acd :: \overline{\mathrm{AB}}^2 : \overline{ab}^2.$$

De même, les triangles semblables ADE, *ade* fournissent la proportion

$$\mathrm{ADE} : ade :: \overline{\mathrm{AD}}^2 : \overline{ad}^2 :: \overline{\mathrm{AB}}^2 : \overline{ab}^2,$$

et par conséquent on aura

$$\mathrm{ABC} : abc :: \mathrm{ACD} : acd :: \mathrm{ADE} : ade :: \overline{\mathrm{AB}}^2 : \overline{ab}^2;$$

d'où l'on tire

$$\mathrm{ABC} + \mathrm{ACD} + \mathrm{ADE} : abc + acd + ade :: \overline{\mathrm{AB}}^2 : \overline{ab}^2.$$

Donc, enfin, la surface du grand polygone et celle du petit sont comme les carrés de leurs côtés ou de leurs diagonales homologues.

Scolie. Cette proposition démontre que les étendues qu'on peut renfermer entre des lignes ne sont pas dans le rapport des longueurs de ces lignes et qu'elles croissent plus rapidement que ces longueurs.

En effet, puisque les périmètres des polygones semblables sont proportionnels à leurs côtés homologues, et que leurs surfaces sont proportionnelles au carrés de ces mêmes côtés, il est clair que si sur deux lignes doubles l'une de l'autre, on construit deux polygones semblables, le périmètre de l'un sera double de celui de l'autre, tandis que la surface du premier sera quadruple de celle du second. Si les lignes étaient triples, quadruples, etc. l'une de l'autre, les périmètres seraient triples, quadruples, etc., et les surfaces :: 1 : 9, ou bien :: 1 : 16, etc.

Enfin, les deux côtés homologues étant entre eux

:: 1 : 2 : 3 : 4 : 5 : .... : 10.

Les périmètres sont :: 1 : 2 : 3 : 4 : 5 : ...... : 10
et les surfaces... :: 1 : 4 : 9 : 16 : 25 .... : 100.

THÉORÈME IV.

266. *Les périmètres des polygones réguliers, d'un même nombre de côtés, sont proportionnels aux rayons des cercles inscrits et circonscrits, et leurs surfaces sont comme les carrés des mêmes rayons.*

En effet, les polygones réguliers d'un même nombre de côtés sont par cela même semblables, et décomposables en un même nombre de triangles semblables.

Ainsi soient, par exemple, les deux hexagones ABCDEF, *abcdef* (fig. 236). Si de leur centre respectif on mène les rayons OA, OB, OC, etc., *oa*, *ob*, *oc*, etc., et leurs apothèmes OP, OM, ON, etc., *op*, *om*, *on*, etc., on divisera chaque hexagone en douze triangles rectangles égaux entre eux, et semblables aux douze de l'autre. Tous ces triangles auront pour hypoténuse le rayon du cercle circonscrit, et pour un des côtés de l'angle droit le rayon du cercle inscrit, et donneront deux séries de rapports identiques aux suivans :

$$\text{AP} : ap :: \text{OA} : oa :: \text{OP} : op$$

et $$\text{APO} : apo :: \overline{\text{OA}}^2 : \overline{oa}^2 :: \overline{\text{OP}}^2 : \overline{op}^2,$$

et en faisant dans ces deux séries la somme des antécédens et celle des conséquens, on trouvera que

$$\text{AP}+\text{BP}+\text{BM}+\text{etc.} : ap+bp+bm+\text{etc.} :: \text{OA} : oa :: \text{OP} : op,$$

et que

$$\mathrm{APO} + \mathrm{POB} + \mathrm{BMO} + \text{etc.} : apo + pob + bmo + \text{etc.} :: \overline{\mathrm{OA}}^2 : \overline{oa}^2 :: \overline{\mathrm{OP}}^2 : \overline{op}^2.$$

Ce qui démontre le théorème énoncé.

THÉORÈME V.

267. *Les circonférences des cercles sont proportionnelles à leurs rayons, et les surfaces, aux carrés de ces mêmes rayons.*

Cette proposition n'est qu'un corollaire de la précédente, car les cercles étant des polygones réguliers d'une infinité de côtés, sont tous semblables entre eux ; et comme d'ailleurs la proportionnalité indiquée est vraie, quel que soit le nombre des côtés des polygones que l'on considère, elle le sera aussi à la limite, c'est-à-dire, lorsque les deux polygones se confondent avec les cercles inscrit et circonscrit ; donc enfin dans tous les cercles, les circonférences sont proportionnelles à leurs rayons ou à leurs diamètres, et les surfaces le sont aux carrés de leurs rayons ou de leurs diamètres.

Corollaire. Les secteurs semblables, c'est-à-dire, ceux qui correspondent à des angles au centre égaux, jouissent de la même propriété que les cercles ; ainsi leurs arcs sont proportionnels à leurs rayons, et leurs surfaces aux carrés de ces rayons.

Scolie. Le théorème précédent nous prouve donc que le rapport qui existe entre la longueur de la circonférence d'un cercle et celle de son rayon (ou de son diamètre) est *constant ;* c'est-à-dire que toutes les circonférences divisées par leurs rayons (ou par leurs diamètres) respectifs donnent le même quotient. Par conséquent, si l'on parvenait à déterminer la longueur d'une circonférence décrite avec un rayon connu, on pourrait, par une simple proportion, trouver celle de toutes les circonférences dont les rayons seraient donnés.

On est dans l'usage de représenter par π le rapport constant de la circonférence au diamètre, ou bien *l'expression numérique de la longueur de la circonférence dont le diamètre serait l'unité linéaire.*

La connaissance de ce rapport est d'un grand secours, et il importe donc de le déterminer, ne serait-ce que pour aplanir la difficulté qu'on trouverait à prendre directement la mesure d'une circonférence et à l'exprimer en unités linéaires ; car alors il suffira de multiplier par π le diamètre du cercle donné, pour avoir la longueur de sa circonférence.

En effet, si R représente un rayon quelconque, on aura pour son diamètre 2R ; et puisque les circonférence sont proportionnelles à leurs diamètres, on posera la proportion

$$1 : 2R :: \pi : \text{circonf. } R, \quad \text{d'où circonf. } R = 2\pi R$$

(π étant la circonférence dont le diamètre est l'unité).

Mais la détermination de la valeur numérique de π dépend des problèmes suivans :

PROBLÈME Ier.

268. *Trouver l'aire et la longueur du côté du carré inscrit, ainsi que du triangle, de l'hexagone et du dodécagone réguliers inscrits, quand on connaît le rayon.*

1°. Soit le carré inscrit ABCD (fig. 237), et représentons le rayon du cercle par R. Le triangle AOB, qui sera rectangle et isoscèle, donnera $\overline{AB}^2 = R^2 + R^2 = 2R^2$, ou bien

$$\overline{AB}^2 : R^2 :: 2 : 1 ;$$

d'où

$$AB : R :: \sqrt{2} : 1.$$

C'est-à-dire *que le carré inscrit est double du carré du rayon, et que la longueur du carré inscrit est exprimée par* $\sqrt{2}$, *lorsque le rayon est l'unité, et par* R$\sqrt{2}$, *quand ce rayon est* R.

2°. Soit l'hexagone régulier inscrit ABCDGH (fig. 238), dont le côté est égal au rayon ; sa surface vaudra six fois celle du triangle équilatéral AOH. Or, surf. AOH $= \frac{1}{2}$ AH $\times$ OP ; mais AH $=$ AO $=$ R, AP $= \frac{1}{2}$ AH $= \frac{1}{2}$ R ; et le triangle rectangle AOP donne OP $= \sqrt{\overline{AO}^2 - \overline{AP}^2} = \sqrt{R^2 - \frac{1}{4}R^2} = \sqrt{\frac{3}{4}R^2}$, d'où, en extrayant la racine $OP = \frac{1}{2} R \sqrt{3}$. En substituant ces valeurs dans l'expression de AOH, on aura

$$AOH = \frac{1}{2} R \times \frac{1}{2} R \sqrt{3} = \frac{1}{4} R^2 \sqrt{3}.$$

Par conséquent, *la surface de l'hexagone*............ $ABCDGH = 6 \times \frac{1}{4} R^2 \sqrt{3} = \frac{3}{2} R^2 \sqrt{3}$.

3°. Soit le triangle équilatéral inscrit ACG; en menant les rayons OA, OG, on formera un losange AOGH qui donnera (n° 198)

$$\overline{AG}^2 + \overline{OH}^2 = 4 . \overline{AO}^2;$$

d'où $\overline{AG}^2 = 4 . \overline{AO}^2 - \overline{OH}^2 = 3 . \overline{AO}^2$:

donc $\overline{AG}^2 : \overline{AO}^2 :: 3 : 1$,

et $AG : AO :: \sqrt{3} : 1$;

c'est-à-dire, que le côté du triangle équilatéral inscrit est exprimé par $\sqrt{3}$ lorsque le rayon est l'unité, et par $R\sqrt{3}$ quand ce rayon est R.

Maintenant le triangle isoscèle AOG, qui est le tiers de ACG, est facile à évaluer, car on a $AOG = AG \times \frac{1}{2} OQ$, mais

$OQ = \frac{1}{2} OH = \frac{1}{2} R$, donc $AOG = R\sqrt{3} \times \frac{1}{4} R = \frac{1}{4} R^2 \sqrt{3}$;

et par conséquent $ACG = \frac{3}{4} R^2 \sqrt{3}$.

La surface du triangle inscrit est donc la moitié de celle de l'hexagone.

4°. Soit enfin AK le côté du dodécagone; sa surface sera égale à douze fois celle du triangle isoscèle AOK; mais on a

$$AOK = \frac{1}{2} OK \times AP = \frac{1}{2} R \times \frac{1}{2} R = \frac{1}{4} R^2;$$

donc le dodécagone $AK = 12 \times \frac{1}{4} R^2 = 3R^2$, c'est-à-dire que *la surface du dodécagone inscrit est le triple du carré du rayon.*

En résumant ce qui précède on voit que dans le cercle dont le rayon est l'unité linéaire, on a

Surface du carré inscrit....... $= 2$ et côté $= \sqrt{2}$;
Surface de l'hexagone inscrit.. $= \frac{3}{2}\sqrt{3}$ et côté $= 1$;
Surface du triangle inscrit.... $= \frac{3}{4}\sqrt{3}$ et côté $= \sqrt{3}$;
Surface du dodécagone inscrit... $= 3$ ....

On pourrait pousser plus loin ces calculs et les étendre même aux polygones circonscrits; mais le problème suivant pourra suppléer à ce travail.

PROBLÈME II.

269. *Étant données, la surface d'un polygone régulier inscrit, et celle d'un polygone semblable circonscrit au même cercle, trouver les surfaces des polygones réguliers inscrit et circonscrit d'un nombre de côtés double.*

Soit AB (fig. 239) le côté du polygone régulier inscrit, et GH le côté du polygone semblable circonscrit. Menons au point de tangence le rayon CM qui sera perpendiculaire à GH et à AB, et passera par leurs milieux D et M. Joignons AM qui sera le côté du polygone régulier inscrit d'un nombre de côtés double; et aux points A et B menons des tangentes AR et BS qui détermineront le côté RS du polygone circonscrit d'un nombre de côtés double. Enfin, joignons CR qui sera perpendiculaire à AM et passera par son milieu.

Cela posé, représentons par P la surface du polygone inscrit dont AB est le côté, par Q la surface du polygone circonscrit dont GH est le côté; par p celle de l'inscrit AM, et par q celle du circonscrit RS, et cherchons les relations qui existent entre ces quatre quantités.

Pour cela, observons que les triangles ACM, RCS, ACD, GCM sont chacun, une même fraction des polygones respectifs p, q, P, Q, car ACD $= \frac{1}{2}$ ACB et GCM $= \frac{1}{2}$ GCH. Par conséquent, ces quatre triangles ont entre eux les mêmes rapports que les quatre polygones. Ainsi, l'on aura d'abord les proportions

$$ACD : ACM :: P : p,$$
$$ACM : GCM :: p : Q.$$

Mais ces triangles ACD, ACM ont même hauteur AD et sont entre eux comme leurs bases CD, CM ; d'où

$$ACD : ACM :: CD : CM.$$

De même, les triangles ACM et GCM qui ont même hauteur sont entre eux comme leurs bases CA, CG, et l'on a

$$ACM : GCM :: CA : CG ;$$

mais, à cause des parallèles AD, GM, on a aussi

$$CD : CM :: CA : CG.$$

Donc, à cause de ces rapports égaux, les deux proportions ci-dessus donneront

$$ACD : ACM :: ACM : GCM :$$

ou bien $$P : p :: p : Q ;$$

d'où $$p^2 = P \times Q \text{ et } p = \sqrt{P \times Q} \quad (1).$$

Donc, *le polygone inscrit d'un nombre de côtés double est moyen proportionnel entre les deux polygones donnés.*

En second lieu, les triangles MCR, RCG, ayant même hauteur CM, sont entre eux comme leurs bases RM, RG, et l'on a

$$MCR : RCG :: RM : RG.$$

Mais la ligne RC divise l'angle MCG en deux parties égales, car les deux triangles rectangles CMR, CAR sont égaux ; donc elle divisera (n° 250) la base CM en parties proportionnelles aux côtés CM, CG, d'où

$$RM : RG :: CM : CG :: CD : CA \text{ ou } CM, \text{ car } CA = CM ;$$

Par suite $$MCR : RCG :: CD : CM ;$$

mais nous avons trouvé ci-dessus $CD : CM :: ACD : ACM :: P : p$;

donc $$MCR : RCG :: P : p ;$$

de là nous déduirons MCR : MCR + RCG :: P : P + p ; mais

$$\text{MCR} + \text{RCG} = \text{MCG} \text{ et } \text{MCR} = \tfrac{1}{2}\,\text{RCS};$$

ainsi nous aurons $\frac{1}{2}$ RCS : MCG :: P : P + p,

ou bien RCS : MCG :: 2P : P + p;

or, par hypothèse,

$$\text{RCS} : \text{MCG} :: q : \text{Q},$$

et à cause du rapport commun, nous obtiendrons enfin

$$q : \text{Q} :: 2\text{P} : \text{P} + p;$$

d'où $q\,(\text{P}+p) = 2\text{P}\times\text{Q}$ et $q = \dfrac{2\text{P}\times\text{Q}}{\text{P}+p}$. (2)

Ainsi donc, lorsque nous connaîtrons les surfaces de deux polygones semblables, inscrit et circonscrit au même cercle, nous aurons, pour déterminer les surfaces des polygones analogues d'un nombre de côtés double, les formules suivantes :

$$p = \sqrt{\text{P}\times\text{Q}}, \quad (1) \qquad q = \frac{2\text{P}\times\text{Q}}{\text{P}+p}. \quad (2)$$

Dans ces expressions, les lettres P et Q peuvent représenter successivement tous les polygones réguliers; ainsi ces formules sont générales et serviront pour tous les cas.

PROBLÈME III.

270. *Trouver le rapport de la circonférence au diamètre.*

Pour résoudre ce problème, nous nous rappellerons que le cercle est la limite des polygones inscrits et circonscrits, et que la circonférence est celle des périmètres de ces mêmes polygones; ainsi ce sera le cas de faire l'application des formules ci-dessus, car si un cercle étant donné on calcule directement la surface d'un polygone régulier inscrit et celle d'un polygone semblable circonscrit à ce cercle, et qu'on substitue les valeurs trouvées à la place de P et Q dans les formules (1) et (2), on obtiendra les surfaces p et q des polygones d'un nombre de côtés double; ensuite les valeurs de p et q mises encore à la place de P et Q dans les mêmes formules, donneront des polygones d'un nombre de côtés quadruple, et l'on pourra continuer ces substitutions jusqu'à l'infini, pour arriver à la surface du cercle lui-même, de laquelle on déduirait la circonférence, le diamètre et leur rapport. Il s'agit donc d'avoir un point de départ; mais comme le rapport de la circonférence au diamètre est le même pour tous les cercles, ce point est indifférent.

Ainsi supposons, pour plus de simplicité, que l'on décrive une circonférence (fig. 240) avec un rayon OA égal à l'unité linéaire, et qu'on lui inscrive et circonscrive les carrés ABCD, MNGH. Le carré inscrit ABCD sera double de celui du rayon (n° 268), tandis que le carré circonscrit MNGH ayant le diamètre ou le double du rayon pour côté, aura une surface quadruple du carré de ce même rayon. Nous ferons donc $P=2$ et $Q=4$ dans les formules

$$p = \sqrt{P \times Q} \quad \text{et} \quad q = \frac{2P \times Q}{P+p},$$

qui deviendront alors

$$p = \sqrt{2 \times 4} = \sqrt{8} = 2,8284271,$$

et $$q = \frac{2.2 \times 4}{2+\sqrt{8}} = \frac{16}{2+\sqrt{8}} = 3,3137085.$$

Ainsi nous aurons 2,8284271 pour la surface de l'octogone régulier inscrit, et 3,3137085 pour celle de l'octogone circonscrit.

Si maintenant nous remplaçons dans les mêmes formules P et Q par les valeurs trouvées ci-dessus, nous aurons pour les polygones inscrit et circonscrit de 16 côtés

$$p = \sqrt{2,8284271 \times 3,3137085} = 3,0614674,$$

$$q = \frac{2.2,8284271 \times 3,3137085}{2,8284271 + 3,0614674} = 3,1825979.$$

En continuant ainsi, nous obtiendrons sucessivement pour p et pour q des valeurs qui iront en s'approchant et tendront à se confondre, car dès la 11e opération, on trouve pour les surfaces des polygones de 8192 côtés

$$p = 3,1415923 \quad \text{et} \quad q = 3,1415928.$$

Mais nous avons vu que le cercle est toujours compris entre les polygones inscrits et circonscrits dont il est la limite (n° 176); par conséquent ces valeurs, qui ne diffèrent qu'à partir de la septième décimale, peuvent, sans erreur sensible, être prises l'une ou l'autre pour la surface même du cercle.

Donc, *la surface d'un cercle dont le rayon est l'unité linéaire, est exprimée par* 3,1459 *unités de surface.*

271. Nous pouvons maintenant déterminer la valeur du rapport π. En effet, il a été démontré (n° 220) que la surface d'un cercle est égale à sa circonférence multipliée par la moitié du rayon; ainsi le nombre 3,14159 peut être regardé comme le produit de la circonférence du cercle dont le rayon est l'unité multipliée par la moitié de ce rayon, c'est-à-dire qu'en représentant cette circonférence par C, on pourra poser $C \times \frac{1}{2} = 3,14159$; d'où $C = 6,28318$ unités linéaires.

Mais puisque le rayon est l'unité, le diamètre vaudra 2, et le rapport de la circonférence au diamètre sera 6,28318 : 2, rapport qui se réduit à 3,14159 : 1; donc $\pi = 3,14159$.

Ainsi, la circonférence de tout cercle est 3,14159 fois aussi longue que son diamètre; par conséquent, la circonférence décrite avec un rayon égal à un demi-mètre aurait une longueur de $3^m,14159$, et celle dont le rayon serait 5 mètres vaudrait $31^m,4159$.

En général, le rayon d'un cercle étant R, son diamètre sera 2.R, sa circonférence $2\pi R$ et sa surface $2\pi R \times \frac{1}{2} R = \pi R^2$.

Ainsi, dès que l'on connaîtra le rayon d'un cercle, on trouvera facilement sa circonférence ou sa surface, en multipliant le nombre constant $\pi = 3,14159$ par le double ou par le carré de ce rayon.

Le rapport ci-dessus, pour lequel nous nous sommes arrêtés à la cinquième décimale, ce qui suffit dans la pratique, a été poussé jusqu'au-delà de la 150e; mais une pareille approximation est fastidieuse. Cependant, comme on peut quelquefois avoir besoin d'une valeur plus approchée que la précédente, nous en donnerons ici une avec 20 décimales

$$\pi = 3,14159265358979323846.$$

272. Dans l'antiquité, Archimède avait trouvé que le rapport de la circonférence au diamètre était compris entre $3\frac{10}{70}$ et $3\frac{10}{71}$, et la première approximation $3\frac{1}{7}$ ou $\frac{22}{7}$ est encore en usage à cause de sa simplicité.

Une autre valeur de ce rapport, attribuée à Métius, est de $\frac{355}{113}$; mais tout cela ne vaut point la valeur de π trouvée ci-dessus.

Les anciens géomètres se sont beaucoup occupés du fameux problème de la quadrature du cercle, qui avait pour objet de construire un carré équivalent à un cercle donné. On conçoit que pour le résoudre il faudrait trouver une moyenne proportionnelle entre la circonférence et la moitié du rayon de ce cercle; mais comme la circonférence ne peut s'obtenir que par approximation, ce problème devient impossible, ou du moins il ne peut être résolu qu'approximativement.

THÉORÈME VI.

273. *Si sur les côtés d'un triangle rectangle on construit trois figures semblables, la surface de celle correspondante à l'hypoténuse sera égale à la somme des surfaces des deux autres.*

Soit le triangle rectangle ABC (fig. 241) sur les côtés duquel on a tracé les polygones semblables M, N, P.

Par suite de leur similitude, ces polygones fourniront les proportions

$$M : N : P :: \overline{AC}^2 : \overline{BC}^2 : \overline{AB}^2.$$

Mais le triangle rectangle donne $\overline{AC}^2 = \overline{BC}^2 + \overline{AB}^2$; donc on aura $M = N + P$.

Quelle que soit la forme que l'on donne aux figures M, N, P, pourvu qu'elles soient semblables, la relation ci-dessus existera toujours.

THÉORÈME VII.

274. *Si sur les trois côtés d'un triangle rectangle on décrit des demi-cercles dirigés dans le même sens, la somme des lunules sera équivalente à la surface du triangle.*

Soit le triangle rectangle ABC (fig. 242), sur les côtés duquel sont tracés les demi-cercles CAMB, ANB, A*p*C, on aura CAMB = ANB + A*pc*. Or, si du grand demi-cercle CAMB on retranche les deux segmens *cq*A + AMB, il reste la surface du triangle; tandis que si l'on retranche les mêmes segmens des deux petits demi-cercles, on aura pour reste les lunules A*pcq* et ANBM, donc le triangle ABC = A*pcq* + ANBM.

THÉORÈME VIII.

275. *La couronne comprise entre deux cercles concentriques est équivalente à un cercle dont le diamètre serait la corde du grand qui est tangente au petit.*

Soient les deux cercles CT, CB (fig. 243), et la corde AB tangente au petit cercle. Observons d'abord que quelle que soit la position de cette corde elle aura toujours la même longueur, comme étant à une distance constante du centre.

Il est bien évident que la couronne est égale à la différence des deux cercles CB et CT; ainsi, en la représentant par X, on aura

$$\text{Couronne } X = \pi\overline{CB}^2 - \pi\overline{CT}^2 = \pi\left(\overline{CB}^2 - \overline{CT}^2\right).$$

Mais la tangente BT et le rayon CT, formeront un triangle rectangle CTB qui donnera $\overline{TB}^2 = \overline{CB}^2 - \overline{CT}^2$; donc $X = \pi\overline{TB}^2$: c'est-à-dire que la couronne est équivalente à un cercle qui aurait TB pour rayon ou AB pour diamètre.

276. La proportionnalité qui existe dans les figures semblables entre leurs surfaces et les carrés construits sur leurs côtés homologues est une source intarissable d'où le géo-

mètre tire la solution du plus grand nombre et des plus importantes questions qu'il peut avoir à traiter. Il est donc de toute rigueur que les élèves s'appesantissent sur ce quatrième chapitre, et qu'ils ne le franchissent qu'après l'avoir bien compris. Au reste, pour les familiariser avec les nombreux principes qu'il contient, nous allons nous proposer la résolution de divers problèmes.

§ V. — PROBLÈMES RELATIFS AU QUATRIÈME CHAPITRE.

277. Les problèmes qu'on peut se proposer sont de deux espèces, car les *données* peuvent être exprimées par des nombres ou par des quantités indéterminées ; d'où, la dénomination de *problèmes numériques* et *problèmes graphiques*.

La résolution des premiers s'opère par le seul secours de l'arithmétique et ne saurait offrir aucune difficulté, tandis que les problèmes graphiques exigent la construction de certaines figures propres à représenter l'état de la question.

278. Mais pour représenter sur le papier un grand nombre de constructions auxquelles donne lieu la théorie des figures semblables, il faut être muni d'un instrument appelé *échelle de proportion*, dont nous allons d'abord indiquer la construction et l'usage.

On donne ce nom à une ligne droite AD (fig. 244), soigneusement divisée en parties égales mais arbitraires, dont chacune est destinée à représenter un nombre déterminé d'unités linéaires. Au moyen de cette échelle, on peut tracer sur le papier des lignes proportionnelles à celles qui existent dans la nature, car il suffit de remplacer les mètres trouvés sur le terrain par un nombre convenable de ces parties égales.

Mais comme il est essentiel qu'une échelle permette de prendre des longueurs avec beaucoup de précision, et d'exprimer des fraction d'unités, on lui donne la disposition suivante.

Soit AM une règle en cuivre jaune parfaitement droite et unie, sur laquelle on tracera onze lignes parallèles également espacées. A partir du point A, prenez des longueurs égales AB, BC, CD.... (ces longueurs sont arbitraires, mais il convient qu'elles soient une fraction déterminée du mètre); par ces points de division élevez des perpendiculaires AG, BH, CL, etc.; divisez AB et GH en dix parties égales, et menez des obliques de l'un à l'autre de ces points de division; enfin numérotez cet instrument comme l'indique la figure.

Le point B marqué zéro, est le point de départ; BC représente cent unités linéaires, BD deux cents, etc., BX mille.

D'un autre côté, BA = BC = 100 unités, et par conséquent chacune des divisions comprises entre B et A vaut dix unités linéaires. Enfin les obliques servent à apprécier les unités simples et les fractions. En effet, les petits triangles semblables B1a, B2b, B3c,... donnent

$$B1 : BH :: 1a : HK :: 1 : 10, \quad \text{donc } 1a = \tfrac{1}{10} HK = 1,$$
$$B2 : BH :: 2b : HK :: 2 : 10, \quad \text{d'où } 2b = \tfrac{1}{5} HK = 2,$$
etc., etc.....

Donc on a successivement $3c = 3$, $4d = 4$, etc., $9K = 9$.

Si l'on admettait que les distances BA, BC, CD, ne représentassent que dix unités, alors les divisions comprises entre B et A seraient des unités simples et les parties 1a, 2b, 3c vaudraient successivement $\frac{1}{10}$, $\frac{2}{10}$, $\frac{3}{10}$.... $\frac{9}{10}$ de cette même unité.

Cette construction comprise, il est facile de faire usage de l'échelle de proportion.

Supposons qu'on veuille représenter sur le papier une distance trouvée égale à 256 mètres : on prend un compas, on pose une de ses pointes en M sur la rencontre de la perpendiculaire DM marquée 200 et de la parallèle marquée 6, on l'ouvre jusqu'à ce que l'autre pointe arrive en N, point de rencontre de MN avec l'oblique marquée 50; alors M6 = 200, Nf = 50, et f6 = 6, d'où MN = 256.

Cet exemple seul suffit. Passons à la solution des problèmes

PROBLÈME Ier.

279. *Diviser une ligne donnée en parties égales.*

Soit la droite AB (fig. 245) ; par une de ses extrémités tirez sous un angle quelconque une seconde droite AD sur laquelle vous porterez de A en D une ouverture de compas arbitraire autant de fois que vous voudrez faire de parties égales (cinq, par exemple); ensuite joignez l'autre extrémité B avec le dernier point D, et par les points de division *m*, *n*, *p*, *q*, menez des parallèles à BD qui viendront couper AB en parties égales A*r*, *rs*, *st*,.... car la ligne AB doit être coupée par les parallèles de la même manière que la ligne AD (n° 236).

PROBLÈME II.

280. *Diviser une droite donnée en deux, trois, quatre, etc, parties proportionnelles à des quantités connues.*

Soit la droite donnée AB (fig. 246). Tirons par son extrémité une autre droite arbitraire AC, sur laquelle nous prendrons, à partir de A, des longueurs AD, DD′, D′D″, etc., égales aux quantités données M, M′, M″, M‴....; joignons le dernier point D‴ à B, et par les points D″, D′, D, menons des parallèles à BD‴, lesquelles couperont AB de la manière demandée; car, à cause des parallèles, on a

$$AA' : AD :: A'A'' : DD' :: A''A''' ; D'D'', \text{etc.}$$

Pour éviter l'emploi des parallèles, on peut encore opérer comme il suit : sur la somme des lignes données AD‴ (fig. 247), faites un triangle équilatéral et prenez, à partir du sommet O, des longueurs OR = OS = AB; ensuite joignez OD, OD′, OD″ et la droite RS = AB sera divisée de la même manière que AD‴ (n° 240).

Cette construction, qui est beaucoup plus simple que l'autre, peut aussi être employée pour le problème précédent, qui ne diffère pas sensiblement de celui-ci.

PROBLÈME III.

281. *Trouver sur une droite donnée le point où elle est divisée en deux parties proportionnelles à deux longueurs déterminées.*

Le procédé ci-dessus peut servir à résoudre ce problème (fig. 248) ; mais il est bon d'indiquer une solution différente.

Soit AB la droite à diviser, et M, N les longueurs connues : élevons des perpendiculaires à AB par ses extrémités A et B ; prenons en sens inverse AC = M, BD = N, et joignons CD, qui déterminera le point cherché X : car les triangles AXC, DBX sont semblables et donnent

$$AC : BD :: AX : BX :: m : n.$$

Il n'est pas nécessaire que AC et BD soient perpendiculaires à AB, il suffit qu'elles soient parallèles entre elles.

PROBLÈME IV.

282. *Trouver une quatrième proportionnelle à trois lignes données* M, N, P.

Tirez deux droites AH, AG (fig. 249) sous un angle quelconque, et prenez AD = M, DG = N et AE = P, joignez DE, menez GH parallèle à DE, et EH sera la ligne demandée ; car, à cause des parallèles, on a AD:DG::AE:EH, ou bien M:N::P:EH.

Dans cette construction, on peut faire partir toutes les longueurs du sommet A et prendre AG′ = N ; alors la ligne demandée serait AH′.

Il peut se faire que parmi les quantités données M, N, P il y en ait deux d'égales; par exemple, N = P ; mais on opère toujours de la même manière, et la droite obtenue EH est dite, dans ce cas, une troisième proportionnelle aux lignes M et P. Observons qu'alors P est moyenne proportionnelle entre M et EH.

PROBLÈME V.

283. *Trouver une moyenne proportionnelle entre deux lignes données* M, N.

Pour cela (fig. 250), rappelons-nous que la perpendiculaire abaissée d'un point de la circonférence sur le diamètre est moyenne proportionnelle entre les deux segmens de ce diamètre.

Ainsi, prenons sur une même droite AB des longueurs AD = M, DB = N ; sur AB, comme diamètre, décrivons une demi-circonférence, et au point D élevons une perpendiculaire qui sera la ligne cherchée, car $\overline{CD}^2 = AD \times BD = M \times N$.

PROBLÈME VI.

284. *Diviser une droite donnée en moyenne et extrême raison.*

Soit la droite M (fig. 230) ; prenons une longueur AB = M, et à l'extrémité B élevons une perpendiculaire $BC = \frac{1}{2} M = \frac{1}{2} AB$: du point C, avec un rayon CB, décrivons une circonférence à laquelle AB sera tangente, et menons par les points A et C la sécante AD ; enfin, portons la partie extérieure AN sur AB de A en P, et P sera le point de division (n° 259, *scolie*).

PROBLÈME VII.

285. *Étant donnés une ligne* MT *et deux points extérieurs* A *et* B, *décrire une circonférence qui passe par ces deux points et qui soit tangente à la ligne* MT.

Menez une seconde ligne par les points A, B (fig. 251), qui coupera la ligne donnée en M; cherchez une moyenne proportionnelle entre les longueurs MA, MB, et portez-la de M en T : alors ce point T sera le point de tangence, car la tangente MT doit être moyenne proportionnelle entre MA et MB. Il ne s'agira plus que de faire passer une circonférence par les trois points A, B, T, par le procédé connu.

Si la ligne AB était parallèle à MT, il faudrait élever au milieu de AB' une perpendiculaire qui irait couper MT au point de tangence.

PROBLÈME VIII.

286. *Mener une tangente commune à deux cercles donnés.*

Ce problème (fig. 252) est susceptible de deux solutions qui fournissent chacune deux tangentes.

Joignons les centres C, C', menons deux diamètres parallèles SR, S'R', et joignons les extrémités S'R par une droite qui coupera CC' en un point O, par où doit passer la tangente commune (théor., n° 260), car les triangles semblables S'C'O et OCR indiquent que CC' est divisée en parties proportionnelles aux rayons C'S', CR; il suffira donc de mener par le point O une tangente OT à un des deux cercles, et son prolongement sera tangent à l'autre.

Si au lieu de joindre les extrémités opposées des diamètres RS, R'S' on joint celles qui sont d'un même côté, par la droite RR'O', cette droite coupera le prolongement de CC' en O', de manière que l'on aura

$$O'C : O'C' :: CR : C'R';$$

donc (n° 260) le point O' est le point où la tangente commune doit couper CC'O', en sorte que O'T' sera cette tangente.

Observons d'après cela que deux cercles étant donnés, dans quelque sens qu'on mène deux rayons parallèles CR, C'R', la sécante qui passera par les extrémités R, R' ira toujours couper la ligne des centres en un même point O'; car la similitude des triangles O'C'R', O'CR a lieu tant que les rayons restent parallèles; ainsi, pour toutes les positions de ces rayons, la distance O'C' doit être constante.

PROBLÈME IX.

287. *Étant donnés un angle* S *et un point intérieur* O, *décrire une circonférence qui passe par ce point et qui soit tangente aux deux côtés de l'angle* S.

Divisez cet angle en deux parties égales par la droite SA (fig. 253); d'un point quelconque A de cette droite avec un rayon égal à la perpendiculaire AC, décrivez une circonférence qui sera tangente à ces deux côtés. Joignez SO, qui coupera la circonférence AC en B; tirez le rayon AB, et par le point O menez une paralle OP à AB. Le point d'intersection P sera le centre de la circonférence cherchée : car en menant la perpendiculaire PG, les triangles semblables SAB, SPO donnent

SA : SP :: AB : PO.

et les triangles SAC, SPG,

SA : SP :: AC : PG;

mais AB = AC, donc PG = PO, et d'ailleurs PG = PT.

Ainsi il faudra décrire une circonférence du point P avec un rayon PO.

PROBLÈME X.

288. *Par un point* O *situé dans un angle* A, *mener une ligne* ED *telle que les parties* OD, OE *soient proportionnelles à deux lignes données* M, N.

Par ce point O (fig. 254), menez une parallèle OF à un des côtés AE, et cherchez une quatrième proportionnelle aux lignes M, N, AF; portez-la de F en D, et tirez DOE qui sera la ligne demandée : car, par construction, on aura

EO : OD :: AF : FD :: M : N.

Dans le cas particulier où M = N, on a OE = OD. Alors le problème consiste à mener par le point O une ligne qui soit divisée en deux parties égales à ce point; pour cela il suffit de mener la parallèle OF, de prendre FB = FA et de mener BOP et l'on aura OB = OP.

PROBLÈME XI.

289. *Étant donné un point* O *sur une droite* AB, *trouver un point extérieur* D *tel qu'en menant les lignes* DO, DA, DB *on ait constamment l'angle* ADO = ODB.

De l'extrémité A (fig. 255) et d'un rayon égal à un multiple de AO décrivez un arc; de l'extrémité B avec un rayon qui soit le même multiple de BO, décrivez un autre arc qui coupera le premier au point demandé; car, d'après cette construction, on aura

$$DA : DB :: AO : BO;$$

donc la ligne OD divise l'angle D du triangle ADB en deux parties égales (n° 250).

PROBLÈME XII.

290. *Construire un triangle semblable à un triangle donné.*

Ce problème général est susceptible de diverses solutions qui dépendent de la nature des données.

D'abord le triangle cherché peut être arbitraire, ou bien restreint à satisfaire à quelques conditions, telles, par exemple, que d'avoir un de ses côtés d'une longueur déterminée d'avance.

D'un autre côté, un triangle peut être donné de plusieurs manières, comme nous l'avons vu.

Mais dans tous les cas, nous trouverons parmi les propriétés connues le moyen d'arriver à une solution.

1er Cas. *Construire un triangle semblable au triangle* ABD *dont on connaît les trois côtés.*

Soit, par exemple, AB = 100m, BD = 130m, AD = 88m : (fig. 256) on prendra sur l'échelle de proportion une ouverture de compas égale à 100 divisions, on la portera de *a* en *b*, et l'on tracera la ligne *ab*. Du point *a* avec une ouverture de compas égale à 88 divisions de l'échelle, on décrira un arc à droite ou à gauche de *ab*; de *b* avec une ouverture égale à 120 divisions, on décrira un autre arc qui coupera le premier en *d*; on joindra alors *da*, *db*, et *abd* sera un triangle semblable à ABD, car ils auront les côtés proportionnels.

2e Cas. *Construire un triangle semblable au triangle* ABD *dont on connaît les angles.*

Dans ce cas, on prendra une ligne arbitraire *bd*, aux extrémités de laquelle on fera des angles égaux aux angles B et D, et les triangles *abd*, ABD seront semblables, comme étant équiangles entre eux.

3ᵉ Cas. *Construire un triangle semblable à* ABD *dont on connaît l'angle* A *et les côtés* AB, AD.

Faites un angle $a = A$; portez sur *ab* et sur *ad* autant de parties de l'échelle que AB et AD contiennent de mètres ; joignez *bd*, et le triangle *abd* sera semblable à ABD.

4ᵉ Cas. *Construire un triangle semblable à* ABD *dont on connaît le côté* BD *et les angles adjacens.*

Prenez *bd* égal à autant de parties de l'échelle que BD contient de mètres, et faites aux extrémités des angles égaux à B et à D.

Si dans chacun des cas précédens on voulait que le triangle *abd* eût un côté d'une longueur donnée, on parviendrait à trouver les autres côtés en cherchant des quatrièmes proportionnelles, en sorte que le problème ne serait qu'un peu plus long à résoudre.

PROBLÈME XIII.

291. *Construire un polygone semblable à un polygone donné.*

Pour cela, il faut diviser le polygone donné en triangles, et construire une suite de triangles semblables à ceux obtenus, en ayant soin de leur donner la même disposition.

On pourrait aussi prendre, au moyen de l'échelle, des côtés proportionnels à ceux du polygone proposé, et leur faire embrasser des angles respectivement égaux à ceux de ce même polygone.

Par l'un ou l'autre de ces moyens, il sera toujours facile de construire une figure semblable à une figure quelconque.

Scolie. Observons que lorsqu'à travers les diagonales d'un polygone ABCDE (fig. 257) on mène des parallèles respectives aux côtés correspondans, telles que *mn*, *np*, *pq*, on forme un nouveau polygone A*mnpq* semblable au premier, car ils ont les angles égaux et les côtés proportionnels.

De même si l'on joint par des droites un point intérieur O (fig. 258) aux sommets d'un polygone, et que l'on conduise entre elles des parallèles à ses côtés, on formera un autre *polygone semblable* au premier.

292. On emploie quelquefois dans la pratique certains instrumens utiles, surtout lorqu'on veut rapporter un plan d'une échelle à une autre : ce sont le *compas de proportion*, le *compas de réduction*, et le *pantographe*.

1°. *Compas de proportion* (fig. 259). On donne ce nom à deux règles de cuivre réunies par une charnière, et sur lesquelles sont tracées deux lignes qui font un angle dont le centre de la charnière est le sommet. Cet angle devient plus ou moins grand, selon qu'on écarte plus ou moins ces deux règles. Les côtés de l'angle sont divisés en un même nombre de parties égales qui, par conséquent, se correspondent deux à deux, et forment ainsi une série de triangles isoscèles ayant un même sommet O.

Cet instrument sert à trouver une 4e proportionnelle à trois lignes données A, B, C. Pour cela, prenez sur la même branche $O4 = A$, $O7 = B$, et ouvrez l'instrument jusqu'à ce que les deux points marqués 4 sur chaque branche soient éloignés de la quantité C; alors la distance des points marqués 7 sera la longueur cherchée.

On peut aussi diviser, avec le compas de proportion, une longueur donnée en deux parties proportionnelles à des nombres connus. Soit A à diviser en deux parties qui soient entre elles comme 3 est à 5.

La ligne entière sera donc représentée par 8; ainsi ouvrons l'instrument jusqu'à ce que les points marqués 8 soient éloignés de la quantité A, et alors les longueurs (3.....3) et (5.... 5) seront les parties cherchées.

Cet instrument sert à beaucoup d'autres usages faciles à comprendre.

2°. *Compas de réduction* (fig. 260). C'est un double compas ordinaire; il est composé de deux branches garnies de pointes aux deux extrémités, et réunies par une charnière mobile qui permet de les allonger d'un côté et de les raccourcir de l'autre; ces branches portent des divisions qui indiquent le point où il faut fixer la charnière pour que la distance qui sépare les longues pointes soit double, triple, etc., de celle qui existe entre les autres.

Avec cet instrument, il est facile de construire en même temps deux polygones semblables qui aient entre eux un rapport donné.

3°. *Pantographe* ou *singe*. Cet instrument est composé de quatre règles divisées en parties égales, et réunies de manière à former toujours un parallélogramme ; ces règles sont mobiles autour des sommets et forment en dehors du parallélogramme des angles égaux ACB, BDO, dont les côtés peuvent à volonté avoir des longueurs qui aient entre elles un rapport donné.

Pour se servir du pantographe on fixe l'extrémité O, et l'on fait parcourir à l'extrémité A toutes les sinuosités d'un trait MNP, et pendant ce trajet, le sommet B décrit une figure *mnp* semblable à MNP.

Cet instrument est très commode pour réduire un plan d'une échelle à une autre.

PROBLÈME XIV.

293. *Étant données deux parallèles* AB, CD (fig. 262) *coupées par une sécante* AC, *et un point* M *hors de ces parallèles, mener par ce point une seconde sécante* ML, *qui détermine un trapèze* ACQT *équivalent à un carré donné* P.

Pour qu'un trapèze puisse être équivalent à un carré, il faut que le côté de ce carré soit moyen proportionnel entre la hauteur et la base moyenne de ce trapèze ; ainsi KL représentant cette base moyenne, posons la proportion

$$IH : RS :: RS : KL, \text{ d'où } KL = \frac{\overline{RS}^2}{IH}.$$

Cette valeur numérique étant connue, on la portera de K en L sur la parallèle menée par le milieu de AC, et en joignant ML on aura le trapèze demandé.

PROBLÈME XV.

294. *Trouver un carré équivalent à un polygone donné.*

(C'est ce qu'on appelle faire la quadrature d'une figure.)

Ce problème général se réduit à chercher une moyenne proportionnelle entre les dimensions de la figure proposée; ainsi :

1°. Si l'on veut un carré équivalent à un triangle, il faut chercher une moyenne proportionnelle M entre la base B et la demi-hauteur $\frac{1}{2}$ H de ce triangle, et construire un carré sur M.

2°. Pour trouver un carré équivalent à un rectangle ou à un parallélogramme, c'est entre la base B et la hauteur H de chacun de ces quadrilatères qu'il faut chercher une moyenne proportionnelle M, car alors $M^2 = B \times H$.

3°. Pour le trapèze, il faut faire la même recherche entre sa hauteur et sa base moyenne.

4°. Pour un polygone quelconque il serait nécessaire de le transformer d'abord en un triangle équivalent et d'opérer sur ce dernier comme nous l'avons dit ci-dessus.

5°. Si le polygone était régulier, on serait dispensé de cette transformation en cherchant une moyenne proportionnelle entre son périmètre et la moitié du rayon du cercle inscrit.

6°. Enfin si l'on voulait faire la quadrature d'un cercle, on chercherait une moyenne proportionnelle entre la circonférence et la moitié du rayon ; mais on n'obtiendrait ici qu'une approximation, puisque le rapport de la circonférence au diamètre est incommensurable.

PROBLÈME XVI.

295. *Construire sur une ligne donnée* M, *un rectangle équivalent à un rectangle donné* ABCD.

Cherchez une quatrième proportionnelle X (fig. 263) entre la base AB, la hauteur AD du rectangle et la ligne M. Ensuite construisez, sur M et sur cette quatrième proportionnelle, un autre rectangle MN, qui sera équivalent au premier, car on aura $M \times X = AB \times AD$.

PROBLÈME XVII.

296. *Construire un rectangle équivalent à un carré donné* K, *mais tel que la somme de ses dimensions soit égale à une ligne donnée* AB.

Sur AB (fig. 264) comme diamètre, décrivez une demi-circonférence, élevez le rayon CO perpendiculaire à AB, prenez CO = ab, côté du carré K, menez OM parallèle à AB, et du point de rencontre M abaissez la perpendiculaire MD; elle coupera le diamètre AB en deux parties AD, DB, qui seront les dimensions du rectangle demandé; car MD = CO = ab, $\overline{MD}^2 = AD \times DB = K$, et $AD + DB = AB$.

Scolie. Il résulte de cette construction que, pour une somme AB constante, plus le carré donné K sera grand, plus les deux dimensions du rectangle s'approcheront l'une de l'autre, et que lorsque K sera le plus grand possible, c'est-à-dire que ab = CR, les dimensions seront égales.

Par conséquent, *le carré est le plus grand quadrilatère qu'on puisse construire avec des lignes dont la somme est constante.*

PROBLÈME XVIII.

297. *Construire un rectangle équivalent à un carré donné* K; *mais tel que ses dimensions aient entre elles la différence* AB.

Sur AB (fig. 265) comme diamètre, décrivez une circonférence; à une extrémité B élevez une perpendiculaire BD qui sera tangente à cette circonférence, et faites BD = ab; ensuite, par le point D et le centre, menez la sécante DM, et vous aurez DM et DO pour les dimensions du rectangle demandé; car BD = ab, $\overline{BD}^2 = K = DM \times DO$, et de plus $DM - DO = MO = AB$.

PROBLÈME XIX.

298. *Construire un carré qui soit à un carré donné* K *dans le rapport des lignes* M *et* N.

Prenez sur une même ligne AD = N, DB = M (fig. 266):

sur AB décrivez une demi-circonférence; par le point D élevez une perpendiculaire DC, et tirez les cordes CA, CB; ensuite prenez sur la corde CA, adjacente au segment N, une longueur CG égale au côté du carré K et menez GH parallèle à AB, laquelle ira couper CB en H, et alors CH sera le côté du carré cherché; car, à cause des parallèles, on a

$$CH : CG :: CB : CA,$$

ou bien $$\overline{CH}^2 : \overline{CG}^2 :: \overline{CB}^2 : \overline{CA}^2.$$

Mais le triangle rectangle ACB donne (n° 255)........ $\overline{CB}^2 : \overline{CA}^2 :: DB : DA :: M : N$; donc

$$\overline{CH}^2 : K :: M : N.$$

PROBLÈME XX.

299. *Deux figures semblables étant données, construire une troisième figure semblable qui soit égale à la somme ou bien à la différence des deux premières.*

1°. Si l'on veut que la figure cherchée soit égale à la somme des deux proposées, construisez un triangle rectangle dont les deux côtés de l'angle droit soient deux côtés homologues des figures données, et son hypoténuse sera le côté homologue sur lequel il n'y aura plus qu'à décrire la figure demandée, comme on l'a dit (n° 291).

2°. Si, au contraire, on veut que cette troisième figure soit la différence des deux autres, construisez un triangle rectangle dont l'hypoténuse et un des côtés de l'angle droit soient deux côtés homologues des figures données, et l'autre côté satisfera à la question.

On voit que cette marche repose sur la proportionnalité qui existe entre les surfaces des figures semblables et les carrés de leurs côtés homologues, combinée avec la propriété du triangle rectangle.

Ce procédé est applicable à tous les polygones, ainsi qu'aux cercles pour lesquels il faudrait construire le triangle rectangle indiqué avec leurs rayons ou avec leurs diamètres.

PROBLÈME XXI.

300. *Construire une figure* X *semblable à une figure donnée* P, *et qui soit à elle dans le rapport des quantités* M *et* N ; *de manière que l'on ait* X : P :: M : N.

Soient x et p deux côtés homologues des figures X et P, puisque les figures sont semblables, on aura

$$X : P :: x^2 : p^2 :: M : N.$$

Pour trouver x il faut donc (Probl. XIX) chercher le côté d'un carré qui soit au carré p^2 :: M : N, et ensuite décrire sur X une figure semblable à la figure P.

PROBLÈME XXII.

301. *Construire une figure semblable à une figure donnée* P, *et équivalente à une autre figure* Q.

Pour cela, il faut d'abord chercher le côté M (fig. 267), du carré équivalent à P, et le côté N du carré équivalent à Q; ensuite prendre un côté quelconque AB de la figure P et chercher une quatrième proportionnelle X entre M, N et AB; alors X sera le côté de la figure cherchée homologue à AB, il suffira de construire sur X une figure semblable à P.

En effet, si Y représente cette figure, on aura

$$P : Y :: \overline{AB}^2 : X^2.$$

On a aussi $AB : X :: M : N;$

ou bien $\overline{AB}^2 : X^2 :: M^2 : N^2:$

d'où $P : Y :: M^2 : N^2.$

Mais $M^2 = P$, $N^2 = Q$; donc

$$P : Y :: P : Q.$$

donc enfin Y = Q. C'est-à-dire que la figure Y semblable à P est équivalente à Q.

13..

PROBLÈME XXIII.

302. *Diviser un triangle en parties proportionnelles à des quantités données.*

Ce problème peut se résoudre de plusieurs manières, selon la position que devront avoir les sécantes.

1°. Si l'on voulait diviser le triangle ABC (fig. 268) en parties proportionnelles à M, N, P par des lignes partant du sommet A, il suffirait de diviser sa base BC en parties proportionnelles aux quantités données M, N, P, et de joindre les points de division à ce sommet, car alors on formera des triangles partiels ABO, OAD, DAC, qui seront entre eux comme leurs bases, puisqu'ils auront même hauteur.

2°. Si l'on veut que le triangle soit divisé par des parallèles à l'un de ses côtés, alors il faudra se rappeler que la parallèle à la base d'un triangle détermine un nouveau triangle semblable au premier, et que les triangles semblables sont proportionnels aux carrés de leurs côtés homologues.

Par conséquent, si l'on prend (fig. 269) des longueurs $AM = \frac{1}{2} AB$, $AM' = \frac{1}{3} AB$, $AM'' = \frac{1}{4} AB$, $AM''' = \frac{1}{5} AB$, etc...., et qu'on mène des parallèles MN, M'N', M"N", M'"N'", on déterminera des triangles AMN, AM'N', etc.... qui seront successivement le $\frac{1}{4}$, $\frac{1}{9}$, $\frac{1}{16}$, $\frac{1}{25}$...... du triangle ABC et qui lui seront semblables.

On peut, au reste (fig. 270), rendre cela sensible par une construction analogue à celle de la figure *abd* ou $aM = \frac{1}{4} ab$ et qui contient seize triangles égaux à *a*MN.

Observons, de plus, que le triangle *a*MN et les trapèzes successifs déterminés par les parallèles menées à des distances égales *a*M, MM', M'M" sont entre eux comme les nombres impairs 1 : 3 : 5 : 7, etc.

3°. Maintenant, soit proposé de diviser un triangle ABC (fig. 271) de manière que le triangle partiel AMN soit la moitié, le tiers, le quart, etc., du triangle donné.

Pour cela sur AB, comme diamètre, décrivez une demi-circonférence, divisez ce côté AB en deux, trois, quatre, etc...

parties égales, et par le point de division le plus rapproché de A, c'est-à-dire par O pour la moitié, par O' pour le tiers, par O" pour le quart, etc.; élevez une perpendiculaire OD, ou O'D', ou bien O"D", etc..... qui coupera la circonférence en D, ou D', ou D", etc....; ensuite joignez la corde AD, ou AD', ou AD", etc.... et portez-la sur le diamètre de A en M, M', M", etc....; enfin, par le point ainsi déterminé, menez à la base CB la parallèle MN, ou bien M'N', M"N", etc..., alors les triangles AMN, AM'N', AM"N", etc., seront tels que AMN $= \frac{1}{2}$ ABC, AM'N $= \frac{1}{3}$ ABC, AM"N" $= \frac{1}{4}$ ABC... En effet, nous avons vu (n° 256, *Scolie*) que le carré construit sur une corde AD, AD', AD" est au carré du diamètre AB, comme le segment adjacent AO, AO', AO"..... est au diamètre entier AB; et puisque AM $=$ AD, AM' $=$ AD', AM" $=$ AD", on aura

$$\overline{AB}^2 : \overline{AM}^2 :: AB : AO :: 1 : \tfrac{1}{2},$$
$$\overline{AB}^2 : \overline{AM'}^2 :: AB : AO' :: 1 : \tfrac{1}{3},$$
$$\overline{AB}^2 : \overline{AM''}^2 :: AB : AO'' :: 1 : \tfrac{1}{4}.$$

D'ailleurs, les triangles semblables ABC, AMN, AM'N', AM"N", sont proportionnels aux carrés de leurs côtés homologues; donc

$$ABC : AMN :: \overline{AB}^2 : \overline{AM}^2 :: 1 : \tfrac{1}{2},$$
$$ABC : AM'N' :: \overline{AB}^2 : \overline{AM'}^2 :: 1 : \tfrac{1}{3},$$
$$ABC : AM''N'' :: \overline{AB}^2 : \overline{AM''}^2 :: 1 : \tfrac{1}{4},$$

Dans chacun de ces cas il est facile de connaître la valeur du trapèze restant, qui est $1 - \frac{1}{2} = \frac{1}{2}$, $1 - \frac{1}{3} = \frac{2}{3}$, $1 - \frac{1}{4} = \frac{3}{4}$, etc.

4°. Enfin, si l'on veut en général diviser un triangle ABC de manière que le triangle supérieur AXY soit à ABC :: P : Q, on cherchera une quatrième proportionnelle R entre P, Q et AB; on prendra AS $=$ R; on élevera la perpendiculaire SG; on portera la corde AG de A en X, et l'on mènera la parallèle XY qui déterminera le triangle demandé.

Car on a $ABC : AXY :: \overline{AB}^2 : \overline{AX}^2$;

mais $\overline{AB}^2 : \overline{AX}^2 :: AB : AS :: P : Q$:

donc $ABC : AXY :: P : Q$.

Pour ce dernier cas on pourrait encore diviser AB en autant de parties égales qu'il y a d'unités dans P, et prendre, à partir de A, autant de ces parties qu'il y a d'unités dans Q, ensuite élever la perpendiculaire SG et achever la construction comme ci-dessus.

PROBLÈME XXIV.

303. *Diviser un triangle en deux, trois, quatre, etc. parties équivalentes par des parallèles à sa base.*

La solution de ce problème, qui n'est qu'un cas particulier du précédent, est fondée sur le même principe. Soit le triangle ABG (fig. 272); sur un de ses côtés décrivez une demi-circonférence, et divisez-le ensuite en autant de parties égales que vous voulez faire de portions (trois, par exemple); par les points de division D, D′ élevez des perpendiculaires qui couperont la circonférence en C et C′; ensuite portez les cordes AC, AC′ en AM et AM′, et menez les parallèles MN et M′N′, qui satisferont à la question; car on a

$$\overline{AB}^2 : \overline{AM'}^2 : \overline{AM}^2 :: AB : AD' : AD :: 1 : \tfrac{2}{3} : \tfrac{1}{3},$$

$$\text{et } ABG : AM'N' : AMN :: \overline{AB}^2 : \overline{AM'}^2 : \overline{AM}^2 :: 1 : \tfrac{2}{3} : \tfrac{1}{3}.$$

Donc $AMN = \frac{1}{3}ABG$, $AM'N' = \frac{2}{3}ABG$; et par suite la différence $MNN'M' = \frac{2}{3} - \frac{1}{3} = \frac{1}{3}ABG$; enfin, $N'M'BG = 1 - \frac{2}{3} = \frac{1}{3}ABG$; donc

$$AMN = MNN'M = N'M'BG.$$

Il en serait de même pour deux, trois, quatre, dix..., etc., parties équivalentes.

Scolie. Les deux problèmes ci-dessus sont applicables aux

polygones en général. Car soit un polygone ABCDF (fig. 257) qu'on suppose partagé en triangles ; si l'on divise ABC de manière que

$$Amn : ABC :: P : Q$$

d'après le procédé indiqué, et qu'ensuite par le point N on mène une parallèle *no* à CD, et par le point O une parallèle O*p* à DE, les deux polygones A*mn*O*p* et ABCDF seront semblables, et l'on aura

$$AmnOp : ABCDF :: \overline{Am}^2 : \overline{AB}^2 :: P : Q.$$

PROBLÈME XXV.

304. *Trouver un triangle qui soit moyen proportionnel entre deux triangles donnés.*

Les deux triangles donnés peuvent être semblables ou non ; mais dans le cas où ils ne le seraient pas, on pourra toujours transformer l'un d'eux en un nouveau triangle équivalent, qui soit semblable à l'autre (n° 301). Ainsi il suffit d'examiner le cas où les triangles donnés sont semblables.

Soient donc ABD, *abd* (fig. 273), prenons sur le grand une longueur AM $=$ *ab*, son homologue, et joignons MD ; alors le triangle AMD sera moyen proportionnel entre les deux triangles ABD, *abd* : car les triangles ABD, AMD ayant même hauteur, sont entre eux comme leurs bases AB, AM, ou *ab*, et l'on a

$$ABD : AMD :: AB : ab ;$$

d'un autre côté, les deux triangles AMD, *abd* ayant un angle égal A $=$ *a* donnent

$$AMD : abd :: AM \times AD : ab \times ad :: AD : ad,$$

car AM $=$ *ab* ; mais à cause de la similitude, les triangles proposés donnent aussi

$$AB : ab :: AD : ad ;$$

donc, en comparant ces proportions, on en conclura

$$ABD : AMD :: AMD : abd.$$

PROBLÈME XXVI.

305. *Trouver la distance qui existe entre deux points dont l'un est inaccessible.*

Soient les deux points A et X (fig. 274) séparés par une rivière ; placez une équerre d'arpenteur au point A ; dirigez une de ses ouvertures vers X, et plantez sur la direction perpendiculaire AC un jalon C à une distance arbitraire ; transportez-vous au point C, faites-y encore avec l'équerre un angle droit ACD ; placez un jalon en D à une distance CD arbitraire, et marquez sur la ligne AC le point B qui se trouve dans la direction DX. Mesurez alors AB, BC, CD, et posez la proportion suivante :

$$BC : BA :: CD : AX,$$

qui donnera $$AX = \frac{AB \times CD.}{BC}$$

Proposons-nous encore quelques problèmes numériques.

PROBLÈME XXVII.

306. *Un polygone donné a un de ses côtés long de* $16^m,50$; *on veut en construire un autre qui soit les* $\frac{3}{5}$ *du premier, et qui lui soit semblable ; on demande la longueur du côté homologue au côté connu.*

Soit x le côté cherché ; attendu que les surfaces semblables sont entre elles comme les carrés des côtés homologues, on aura la proportion

$$3 : 5 :: x^2 : (16,5)^2,$$

qui donne $$x^2 = \frac{3 \times (16,5)^2}{5} = 163,35 ;$$

d'où $$x = \sqrt{163,35} = 12^m,788.$$

On peut employer ce procédé pour les triangles, pour les polygones quelconques et pour les cercles. Ainsi, un cercle décrit avec un rayon de $12^m,788$ serait les $\frac{3}{5}$ de celui dont le rayon aurait $16^m,5$.

PROBLÈME XXVIII.

307. *Une circonférence étant tracée avec un rayon de cinq mètres, on demande quelle serait la longueur linéaire de l'arc correspondant à 215° ?*

Nous dirons : puisque le rayon a cinq mètres, le diamètre en aura dix, et alors la circonférence entière aura $3,14159 \times 10 = 31^m,4159$, ainsi nous poserons la proportion

$$315^\circ : 360^\circ :: x : 31^m,4159, \text{ d'où } x = 18^m,76.$$

PROBLÈME XXIX.

308. *Une tour a une demi-circonférence de* $13^m,25$, *quel est son rayon, et par suite la surface de sa base ?*

La circonférence entière de cette tour sera donc de $26^m,5$; pour avoir son diamètre, nous diviserons la circonférence par le rapport π, et nous aurons $\frac{26,5}{3,14159} = 8^m,525$; le rayon de la tour sera donc $4,2175$, et sa surface $26,5 \times 2,10875 = 55,87$ mètres carrés.

PROBLÈME XXX.

309. *Une circonférence de cercle a* $18^m,85$ *de longueur, et l'on demande le rayon d'une circonférence six fois plus grande ?*

La circonférence donnée aura pour diamètre $\frac{18,85}{3,14159} = 6$, et pour rayon 3 mètres. Or, comme les circonférences sont proportionnelles à leurs rayons, nous poserons la proportion

$$3 : R :: 1 : 6 ;$$

d'où $R = 18$, donc le rayon cherché sera de 18 mètres.

PROBLÈME XXXI.

310. *Un cercle ayant* $28^m,275$ *mètres carrés de surface, on propose de trouver le rayon d'un cercle triple.*

Nous chercherons d'abord le rayon du cercle lui-même, et pour cela nous dirons la formule $\pi R^2 = 28,275$, qui exprime sa surface, donne en divisant 28,275 par 3,14159, $R^2 = 9$, d'où $R = 3$. Ensuite, puisque les surfaces des cercles sont proportionnelles aux carrés de leurs rayons, nous poserons la proportion

$$28,275 : 3 \times 28,275 :: R^2 : X^2,$$

X étant le rayon cherché ; ou bien

$$28,275 : 84,825 :: 9 : X^2;$$

d'où $X^2 = 25,585$ et $X = \sqrt{25,85} = 5^m,058.$

PROBLÈME XXXII.

311. *Trouver la surface d'un secteur qui corresponde à un arc de 15° dans un cercle dont le rayon serait de 3 mètres.*

Le rayon étant 3 mètres, le diamètre sera 6 mètres, et la circonférence $3,14159 \times 6 = 18^m,85$. Alors nous poserons la proportion.

$$15^\circ : 360^\circ :: X : 18^m,85,$$

d'où $X = 0,785$ pour l'arc de 15°. Il faudra maintenant le multiplier par la moitié du rayon pour avoir la surface du secteur, qui sera $0,785 \times 1,5 = 1,1775$ mètre carré.

PROBLÈME XXXIII.

312. *La surface d'un secteur dont l'arc est de 36°, est de 15m,4. Quel est le rayon du cercle dont il fait partie ?*

Nous chercherons d'abord la surface totale du cercle par la proportion

$$36^\circ : 360^\circ :: 15^m,4 : X = 154 \text{ mètres carrés};$$

et ensuite nous dirons, puisque $\pi R^2 = 154$, on aura

$$R^2 = \frac{154}{3,14159} = 49, \text{ et } R = \sqrt{49} = 7.$$

PROBLÈME XXXIV.

Trouver un cercle équivalent à un polygone donné.

Calculez la surface du polygone P, et posez l'égalité

$P = \pi R^2$, d'où l'on tirera $R^2 = \frac{P}{\pi}$, et $R = \sqrt{\frac{P}{\pi}}$, qui sera le rayon du cercle cherché.

Ainsi, par exemple, si l'on voulait avoir un cercle équivalent au triangle dont la surface a été trouvée (n° 226) de 355,75 mètres carrés, on poserait

$$355{,}75 = \pi R^2,$$

d'où $$R = \sqrt{\frac{355{,}75}{3{,}14159}} = 10^{m}{,}6413.$$

§ VI. — APPLICATION AU LEVÉ DES PLANS.

313. Les propriétés des polygones semblables sont utiles, surtout dans l'art de lever les plans.

Cet art consiste à représenter sur le papier les divers objets d'un terrain, de manière à ce qu'ils conservent entre eux les mêmes positions relatives qu'ils occupent réellement; ce qui revient à construire sur le papier des polygones semblables à ceux que forment les points remarquables du terrain.

Pour cela, on se sert de deux instrumens, la *planchette* et le *graphomètre*.

Planchette. C'est une petite table en bois bien sec et bien uni (fig. 275), portée sur un pied à trois branches, sur lequel elle tourne librement pour qu'elle puisse toujours être ramenée à la position horizontale ; sur cette tablette on fixe un papier qui doit recevoir le plan.

Cet instrument est accompagné d'un autre qu'on appelle *alidade* (fig. 276). C'est une règle en cuivre jaune, surmontée d'une lunette mobile, ou bien garnie à ses extrémités de deux pièces verticales percées d'une fente, lesquelles portent le nom de *pinnules*. L'alidade sert à prendre des alignemens et à tracer sur la planchette les lignes qui correspondent à celles du terrain.

Le graphomètre a été décrit (n° 84).

314. Lorsqu'on veut lever le plan d'un terrain M (fig. 277), on commence par planter des jalons à chaque sommet de son périmètre, ensuite on porte la planchette à l'un de ses sommets A, par exemple; on la place horizontalement au moyen d'un niveau; on marque sur le papier le point qui correspond verticalement au point A, et l'on y fixe une pointe; alors on dirige l'alidade sur le point K, en ayant soin de l'appliquer contre la pointe, et l'on trace avec un crayon la direction AK. On fait mesurer avec la chaîne la distance AK, et l'on porte avec un compas, sur la ligne tracée, autant de parties de l'échelle de proportion que l'on a trouvé de mètres entre A et K; on détermine ainsi sur le papier un second point qui représente le point K du terrain.

De même on dirige l'alidade sur B, et, en opérant comme ci-dessus, on marque sur le papier un point représentant B; on a formé ainsi sur le papier un triangle semblable au trian- ABK; car l'angle A est le même sur le papier que sur le terrain, et les côtés qui le comprennent de part et d'autre sont proportionnels.

Cela fait, on transporte la planchette en K, on la place encore horizontalement et de manière que le point K marqué sur le papier soit placé verticalement au-dessus du point K du terrain (ce qu'on vérifie avec un fil-à-plomb), alors on applique l'alidade sur le trait KA, et l'on fait tourner la planchette jusqu'à ce qu'on aperçoive, à travers les pinnules, le jalon laissé en A; ensuite on dirige l'alidade sur M, on mesure KM, et l'on marque le point correspondant à M.

On transporte ainsi successivement la planchette à chaque sommet, et l'on construit par ce moyen, sur le papier, un polygone semblable à celui du terrain. Ce sera le plan de la portion de terrain sur laquelle on a opéré; sur ce plan on peut mesurer l'étendue totale comme sur le terrain lui-même; car le polygone tracé sur le papier contiendra autant de carrés, ayant pour côté une des divisions de l'échelle, que le polygone du terrain aura de mètres carrés.

Quelquefois on se dispense de transporter la planchette à

chaque sommet en employant la méthode dite d'*intersection*. Cette méthode consiste à prendre deux *stations* K et D, à placer successivement la planchette à chacune d'elles, et à tracer avec l'alidade des directions qui aillent à tous les autres sommets, lesquelles déterminent par leur intersection les points correspondans à ceux du terrain.

Si, au lieu de la planchette, on voulait employer le graphomètre, on le pourrait facilement. Pour cela, on transporte cet instrument à un des sommets, A, par exemple; on mesure l'angle KAB en dirigeant une des deux alidades sur K et l'autre sur B, et l'on prend note du nombre de degrés de cet angle, après quoi l'on mesure les côtés AK, AB, dont on prend aussi note; on porte successivement le graphomètre à chaque sommet, et l'on répète la même opération.

Par ce moyen on n'obtient plus de plan, mais des notes au moyen desquelles on peut le tracer dans le cabinet; car il suffit de faire sur le papier, au moyen du rapporteur, des angles égaux à ceux observés et à prendre sur leurs côtés respectifs autant de parties de l'échelle que l'on a trouvé de mètres par la mesure directe.

Ces procédés bien différens arrivent au même résultat; mais en général le graphomètre donne plus d'exactitude; car le papier qui recouvre la planchette se distend par l'humidité de l'air, et fait commettre des erreurs inévitables.

Au reste, nous ne prétendons pas exposer ici le levé des plans dans tous ses détails; il y a sur cette matière un grand nombre de bons traités spéciaux. Il suffit d'en donner une idée pour que l'élève puisse être dans le cas de comprendre ces ouvrages dès la première lecture.

FIN DE LA PREMIÈRE PARTIE.

SECONDE PARTIE.

GÉOMÉTRIE DANS L'ESPACE.

315. Dans tout ce qui précède nous avons supposé que les diverses figures étaient planes et dénuées de toute épaisseur ; maintenant nous allons considérer l'étendue sous trois dimensions, l'étendue matérielle, et chercher à découvrir les propriétés géométriques dont jouissent les divers corps de la nature.

Ces corps, en général, sont terminés par des surfaces très variées, mais dont la plupart peuvent être considérées comme la réunion de surfaces planes qui s'entrecoupent dans divers sens, et déterminent la forme du corps. Or, leurs propriétés géométriques dépendent de cette forme ; ainsi nous devons commencer par étudier les *intersections* des plans et les résultats de leurs combinaisons. D'ailleurs il nous sera facile ensuite de déduire de ces propriétés celles des corps terminés par des surfaces courbes.

CHAPITRE PREMIER.

§ Ier. — DES PLANS COMBINÉS AVEC LA LIGNE DROITE.

PLANS PARALLÈLES ENTRE EUX.

316. Un plan, comme une droite, peut prendre une infinité de positions différentes. Ainsi il sera *horizontal*, *vertical* ou *incliné*.

Pour désigner un plan, nous emploierons quatre lignes qui s'entrecouperont; mais sans oublier qu'il est supposé indéfini.

Divers plans donnés auront les uns par rapport aux autres des positions analogues à celles que nous avons considérées dans les lignes droites, ils pourront être perpendiculaires, obliques ou parallèles entre eux.

Enfin un plan et une droite peuvent aussi être perpendiculaires, obliques ou parallèles l'un à l'autre.

Deux plans MN, PQ (fig. 278) sont parallèles lorsque étant prolongés indéfiniment, ils ne peuvent jamais se rencontrer.

Deux plans MN, PQ (fig. 279) sont obliques lorsque, suffisamment prolongés, ils se concentrent en quelques-uns de leurs points. La série des points de contact s'appelle l'*intersection* des deux plans.

Un plan qui en rencontre un autre peut être plus ou moins incliné sur cet autre, et cette inclinaison s'appelle l'*angle* des deux plans.

plans, puisqu'elle aura deux points communs avec chacun d'eux, et elle sera donc leur intersection AB elle-même.

Scolie. Une droite peut être l'intersection commune à un grand nombre de plans; c'est-à-dire qu'on peut se représenter une infinité de plans passant tous par une même droite.

THÉORÈME II.

318. *Trois points, non en ligne droite, déterminent la position d'un plan.*

Soient A, B, C (fig. 284) les trois points donnés; joignons-en deux par une droite AB, qu'on pourra regarder comme l'intersection commune à une infinité de plans passant tous par les deux points A et B. Mais parmi ceux-là il y en aura un, mais un seul, qui viendra passer par le troisième point C, en sorte que la position de ce plan sera déterminée par les trois points A, B, C.

Corollaire. Deux plans ne peuvent pas avoir plus de deux points communs non en ligne droite sans se confondre en un seul; et trois points donnés sont toujours dans un même plan.

Corollaire. Une droite et un point extérieur déterminent la position d'un plan, ainsi que deux droites qui se coupent, ou bien deux droites parallèles.

THÉORÈME III.

319. *Une droite est perpendiculaire à un plan dès qu'elle l'est à deux autres droites situées dans ce plan, et qui passent par son pied.*

Supposons que la droite AP (fig. 285) fasse des angles droits APB, APC, avec deux droites PB, PC qui passent par son pied P, et qui sont situées dans le plan MN. Je dis que tout autre droite PD du même plan qui passe par le même pied P sera aussi perpendiculaire à AP. Pour le prouver, par un point quelconque D de PD menons une droite qui aille couper PB et PC en B et C, et d'un point A de la perpendiculaire tirons les droites AB, AD, AC, ensuite prolongeons AP d'une quantité A'P=AP, et joignons A'B, A'C, A'D.

Puisque les angles APB, APC sont droits, les obliques BA, BA′ seront égales, ainsi que les obliques CA, CA′, et les deux triangles A′CB, ACB, seront égaux comme ayant les trois côtés égaux chacun à chacun. Si on les superpose, les lignes A′D et AD se confondront, car leurs extrémités seront les mêmes ; donc ces lignes sont aussi égales ; mais alors les deux triangles APD, A′PD, auront les trois côtés égaux chacun à chacun et seront égaux : ce qui exige que PD soit perpendiculaire à AA′.

Comme on pourrait appliquer le même raisonnement à tout autre droite différente de PD, il est démontré que AP est perpendiculaire à toutes les lignes qui, dans le plan MN, passent par son pied, c'est-à-dire qu'elle est perpendiculaire à ce plan.

THÉORÈME IV.

320. Réciproquement : *Si par un même point d'une droite on lui mène dans divers sens un nombre quelconque de perpendiculaires, elles seront toutes dans un même plan perpendiculaire à la droite.*

Soient menées par un même point O de la droite AB (fig. 286) un certain nombre de perpendiculaires O*a*, O*b*, O*c*, O*d*, etc. ; par deux quelconques *gd*, *ae*, de ces perpendiculaires conduisons un plan MN, et prouvons qu'il doit renfermer toutes les autres, car si O*b*, par exemple, n'est pas dans le plan MN, elle sera ou au-dessus ou au-dessous de ce plan. Mais si l'on fait passer un nouveau plan par les lignes OA, O*b*, il coupera MN suivant une droite O*b*′ qui, étant située dans le plan MN, devra être perpendiculaire à OA ; il y aurait donc par le même point O et dans un même plan, deux perpendiculaires O*b*, O*b*′, élevées à une même droite, ce qui est absurde; donc O*b* et toutes les autres lignes sont dans le plan MN.

Corollaire. Si l'on fait tourner un angle droit autour de l'un de ses côtés, l'autre engendrera un plan perpendiculaire au premier.

Corollaire. Trois droites perpendiculaires entre elles à un

Puisque les angles APB, APC sont droits, les obliques BA, BA′ seront égales, ainsi que les obliques CA, CA′, et les deux triangles A′CB, ACB, seront égaux comme ayant les trois côtés égaux chacun à chacun. Si on les superpose, les lignes A′D et AD se confondront, car leurs extrémités seront les mêmes ; donc ces lignes sont aussi égales ; mais alors les deux triangles APD, A′PD, auront les trois côtés égaux chacun à chacun et seront égaux : ce qui exige que PD soit perpendiculaire à AA′.

Comme on pourrait appliquer le même raisonnement à tout autre droite différente de PD, il est démontré que AP est perpendiculaire à toutes les lignes qui, dans le plan MN, passent par son pied, c'est-à-dire qu'elle est perpendiculaire à ce plan.

THÉORÈME IV.

320. Réciproquement : *Si par un même point d'une droite on lui mène dans divers sens un nombre quelconque de perpendiculaires, elles seront toutes dans un même plan perpendiculaire à la droite.*

Soient menées par un même point O de la droite AB (fig. 286) un certain nombre de perpendiculaires O*a*, O*b*, O*c*, O*d*, etc. ; par deux quelconques *gd*, *ac*, de ces perpendiculaires conduisons un plan MN, et prouvons qu'il doit renfermer toutes les autres, car si O*b*, par exemple, n'est pas dans le plan MN, elle sera ou au-dessus ou au-dessous de ce plan. Mais si l'on fait passer un nouveau plan par les lignes OA, O*b*, il coupera MN suivant une droite O*b*′ qui, étant située dans le plan MN, devra être perpendiculaire à OA ; il y aurait donc par le même point O et dans un même plan, deux perpendiculaires O*b*, O*b*′, élevées à une même droite, ce qui est absurde ; donc O*b* et toutes les autres lignes sont dans le plan MN.

Corollaire. Si l'on fait tourner un angle droit autour de l'un de ses côtés, l'autre engendrera un plan perpendiculaire au premier.

Corollaire. Trois droites perpendiculaires entre elles à un

14..

même point sont telles que l'une d'elles est perpendiculaire au plan des deux autres.

THÉORÈME V.

321. *Par un point pris sur un plan on ne peut élever qu'une seule perpendiculaire à ce plan.*

Supposons que par le point P du plan MN (fig. 287) on puisse élever deux perpendiculaires PA, PB. Si par ces deux droites on conduit un second plan qui coupe MN selon CD, il faudra que les angles CPB, CPA, DPB, DPA soient droits et égaux, ce qui ne peut avoir lieu que dans le cas où les lignes PA et PB se confondent en une seule ; c'est-à-dire qu'il ne peut pas y avoir plusieurs perpendiculaires à un plan par un même point.

THÉORÈME VI.

322. *Par un point pris hors d'un plan on ne peut abaisser qu'une seule perpendiculaire sur ce plan.*

Supposons que du point extérieur A (fig. 288) il puisse y avoir deux perpendiculaires AO, AP, au plan MN. Si l'on joint les pieds O et P par une droite CD, les angles en O et en P seront droits puisque, par hypothèse, les deux lignes AO, AP sont perpendiculaires au plan ; donc il faudrait que par un point extérieur on pût abaisser deux perpendiculaires sur une droite ; ce qui est absurde.

On démontrerait également que deux plans ne peuvent pas être perpendiculaires à une même droite et en un même point, sans se confondre en un seul plan.

THÉORÈME VII.

323. *Si d'un point extérieur on mène une perpendiculaire et diverses obliques sur un plan :*

1°. *La perpendiculaire sera plus courte que toute oblique ;*

2°. *Les obliques également éloignées de la perpendiculaire seront égales et également inclinées sur ce plan ;*

3°. *L'oblique qui s'écarte le plus de la perpendiculaire est la plus longue et la plus inclinée.*

Soient menées la perpendiculaire AP et les obliques AB, AC, AD, AE, AO (fig. 289) sur le plan MN, et soient joints les pieds PB, PC, PD, etc.

1°. Tous les triangles rectangles ainsi formés tels que APC, APB, etc., auront les obliques pour hypoténuses respectives, et la perpendiculaire AP pour côté commun ; donc la perpendiculaire est plus courte que les obliques (n° 125).

2°. Si les obliques AB, AC, AD sont également éloignées de la perpendiculaire, c'est-à-dire si les distances PB, PC, PD sont égales, les triangles rectangles APB, APC, APD seront égaux; ainsi l'on aura AB = AC = AD, et les angles B = C = D....

3°. Si l'oblique AE est plus éloignée que AO, c'est-à-dire si PE > PO, on pourra prendre sur PE une longueur PO' = PO, et l'on aura l'oblique AO' = AO, mais dans le plan AE PAE > AO' ; donc AE > AO. De plus l'angle EAP > O'AP, et par suite le complément AEP < AO'P qui est égal à AOP.

Réciproquement : On démontrerait de même que si des obliques sont égales elles s'écarteront également de la perpendiculaire; que si elles sont inégales, la plus longue s'en écarte davantage ; et que si des obliques partant d'un même point sont également inclinées sur un plan, elles seront égales et s'éloigneront d'une même quantité de la perpendiculaire abaissée du même point sur ce plan.

Corollaire 1er. La perpendiculaire mesure donc la vraie distance d'un point à un plan, puisqu'elle est la droite la plus courte qui puisse exister entre eux.

Corollaire 2. Toutes les obliques égales qui partent d'un même point de la perpendiculaire à un plan, déterminent sur ce plan une suite de points situés sur une même circonférence dont le pied de cette perpendiculaire est le centre.

Cette propriété donne le moyen d'abaisser une perpendiculaire à un plan par un point extérieur A, car il suffit de décrire de ce point sur le plan une circonférence, ou seulement un arc EBC, de chercher son centre P et de joindre PA, qui sera la perpendiculaire demandée.

THÉORÈME VIII.

324. *Si du pied* P *d'une perpendiculaire à un plan* MN *on mène une perpendiculaire* PB *à une droite* CD *située sur ce plan, et qu'on joigne* B *à un point quelconque* A *de* AP, *cette dernière* AB *sera perpendiculaire à* CD.

Prenez BC = BD (fig. 290), et joignez PC, PD, AC, AD; d'après cela, les obliques PC et PD qui s'écartent également de la perpendiculaire PB sont égales, et par suite les autres obliques AC, AD, qui alors sont également éloignées de la perpendiculaire AP le seront aussi; mais si AC = AD, le triangle ACD est isoscèle, et la ligne AB qui va du sommet au milieu de sa base CD est perpendiculaire à cette base.

On peut faire usage de cette propriété pour mener par un point extérieur à un plan une perpendiculaire à une droite située sur ce plan; il suffit pour cela d'abaisser du point donné A une perpendiculaire AP, de mener PB perpendiculaire à la droite CD, et de joindre AB, qui sera la perpendiculaire demandée.

THÉORÈME IX.

325. *Toutes les perpendiculaires élevées à un même plan sont parallèles entre elles.*

Soient les lignes AP, A'P', A"P", etc. (fig. 291), qu'on suppose perpendiculaires au plan MN; si l'on joint les pieds par des droites PP', PP", P'P",... on aura des angles droits APP', A'P'P, APP", A"P", etc. Donc AP et A'P' sont parallèles, comme étant perpendiculaires à une même droite PP'; AP, A"P" sont aussi parallèles, comme étant perpendiculaires à une même droite PP"; et A'P', A"P" sont aussi parallèles comme étant perpendiculaires à une même droite P'P", ainsi de suite; donc toutes les perpendiculaires à un plan sont parallèles entre elles.

Scolie. Parmi toutes ces parallèles, celles dont les pieds font une ligne droite sont situées dans un même plan perpendiculaire au premier.

THÉORÈME X.

326. Réciproquement : *Lorsqu'une droite est perpendiculaire à un plan, toutes les parallèles à cette droite sont aussi perpendiculaires au même plan.*

Si AP (fig. 292) est perpendiculaire au plan MN, et qu'une autre ligne BD soit parallèle à AP, BD coupera nécessairement le plan MN. De plus, si par AP et BD on conduit un nouveau plan, celui-ci passera par le pied P et devra couper MN suivant une ligne PD qui contiendra le point d'intersection de CD avec le plan MN. Soit donc D ce point d'intersection ; si BD n'est pas perpendiculaire à MN, on pourra en élever une DC, mais alors DC serait parallèle à AP (n° 325), et il y aurait par le point D deux parallèles à la ligne AP, ce qui est impossible ; donc il faut que DB soit perpendiculaire au plan MN.

Il résulte des deux théorèmes précédens que, lorsqu'un nombre quelconque de droites sont parallèles, tout plan perpendiculaire à l'une d'elles est perpendiculaire aux autres.

THÉORÈME XI.

327. *Toute droite située hors d'un plan est parallèle à ce plan, dès qu'elle est parallèle à une autre ligne tracée sur le plan.*

Si la ligne extérieure AB (fig. 293) est parallèle à *ab* située sur le plan MN, elle sera parallèle à ce plan ; car si l'on conduit un second plan par les deux parallèles AB, *ab*, la ligne AB ne pourra plus sortir de ce plan ; ainsi elle ne saurait rencontrer MN que sur la direction *ab* ; mais *ab* et AB étant parallèles, ne peuvent pas se couper : donc AB est parallèle au plan MN.

Scolie 1er. Par un point donné hors d'un plan, on peut mener une infinité de droites parallèles à ce plan.

Scolie 2. Si des extrémités d'une droite extérieure AB (fig. 294) on abaisse des perpendiculaires sur un plan, la distance PQ de leurs pieds est dite la *projection* de cette droite sur le plan.

Dans le cas où la droite est parallèle au plan, la projection est égale à cette droite, tandis que si elle était perpendiculaire, sa projection se réduirait à un seul point.

THÉORÈME XII.

328. *Deux plans perpendiculaires à une même droite sont parallèles entre eux.*

Si les deux plans MN, PQ (fig. 295) sont en même temps perpendiculaires à la droite AB ils seront parallèles, car s'ils se rencontraient, on pourrait mener de l'un des points de contact, et dans les plans respectifs MN, PQ, des droites aux pieds A et B de la ligne AB, lesquelles devraient être perpendiculaires à cette ligne; et alors on aurait deux perpendiculaires abaissées d'un même point sur une droite AB; ce qui est absurde. Donc ces plans ne sauraient se couper.

THÉORÈME XIII.

329. *Lorsque deux plans parallèles sont coupés par un troisième plan, les intersections sont parallèles.*

Si les insersections AB, CD (fig. 296) des deux plans parallèles MN, PQ, par le troisième plan AD ne sont pas parallèles, elles se rencontreront en quelque point, puisqu'elles sont dans un même plan AD; mais comme elles sont l'une dans le plan MN et l'autre dans le plan PQ, leur point de contact devra appartenir à la fois à ces deux plans; donc alors ces plans ne sauraient être parallèles, ce qui est contraire à l'hypothèse.

THÉORÈME XIV.

330. *Lorsque deux plans sont parallèles, toute droite per-perpendiculaire à l'un est perpendiculaire à l'autre.*

Soient deux plans parallèles MN, PQ (fig. 295), et la droite AB perpendiculaire à PQ : par cette ligne, conduisons dans une direction quelconque un troisième plan qui coupera les deux autres selon les lignes AC, BD, puisque MN et PQ sont parallèles, les intersections AC et BD le seront aussi; et comme par hypothèse l'angle ABD est droit, il faudra que

BAC soit un angle droit. D'ailleurs les parallèles AC et BD peuvent prendre toute sorte de positions autour de AB; donc BA sera perpendiculaire à toutes les droites qui passent par son pied A, et par suite au plan MN.

Corollaire. Donc par un point donné on ne peut mener qu'un seul plan parallèle à un autre.

THÉORÈME XV.

331. *Deux plans parallèles à un troisième sont parallèles entre eux.*

Supposons que les plans MN et PQ (fig. 297) soient tous les deux parallèles à RS; par un point C de RS élevons une perpendiculaire CA qui devra, d'après le théorème précédent, être en même temps perpendiculaire à PQ et à MN; mais alors ces deux derniers plans étant perpendiculaires à une même droite seront parallèles entre eux.

THÉORÈME XVI.

332. *Les lignes parallèles comprises entre des plans parallèles sont égales.*

Soient les parallèles AB, CD, GH (fig. 298) coupées par les plans parallèles MN, PQ; si l'on conduit un plan selon AB et CD, les intersections AC, BD seront parallèles, et la figure ABCD sera un parallélogramme, puisque ses côtés seront parallèles deux à deux; donc AB = CD.

On aurait de même AB = GH, et ainsi de suite : donc la proposition énoncée est vraie dans tous les cas.

Corollaire. Si l'une des lignes était perpendiculaire aux plans MN, PQ, elles le seraient toutes et mesureraient la distance des divers points de ces plans; donc les plans parallèles sont partout également distans.

THÉORÈME XVII.

333. *Si deux angles situés dans des plans différens ont leurs côtés parallèles, les plans qui les contiennent seront aussi parallèles; et si de plus les côtés des angles sont dirigés dans le même sens, ou dans un sens opposé, ces angles seront égaux.*

Supposons que dans les deux angles A, A′ (fig. 299) non situés dans un même plan on ait AB parallèle à A′B′ et AC à A′C′. Par le sommet A abaissons AP perpendiculaire au plan de l'angle B′A′C′, et par le pied P menons PD et PG parallèles à A′B′ et A′C′. Ces lignes PD et PG seront aussi parallèles à AB, AC; mais alors les angles PAB, PAC, seront égaux aux angles APD, APG; or, ceux-ci sont droits, donc les autres le seront aussi, et par conséquent les deux plans BAC, B′A′C′ seront perpendiculaires à la même droite AP et parallèles entre eux.

En second lieu, prenons les longueurs AB=A′B′, AC=A′C′, et joignons BC, B′C′, AA′, BB′, CC′; la figure ABB′A′ sera un parallélogramme, puisque AB est égal et parallèle à A′B′; donc AA′ = BB′. On aura de même dans le parallélogramme AA′C′C, AA′=CC′, d'où BB′=CC′; mais alors la figure BCC′B′ est aussi un parallélogramme, et l'on a BC = B′C′; par conséquent les deux triangles ABC, A′B′C ont les trois côtés égaux et sont égaux; ainsi l'angle A = A′.

Corollaire 1er. Deux plans sont donc parallèles dès que deux lignes qui se croisent dans l'un sont respectivement parallèles à deux autres lignes qui se croisent dans l'autre.

Corollaire 2. Deux plans sont parallèles dès que trois points de l'un (non en ligne droite) peuvent être joints à trois points de l'autre par des droites égales et parallèles.

THÉORÈME XVIII.

334. *Les lignes droites qui traversent des plans parallèles sont coupées en parties proportionnelles par ces plans.*

Supposons que les lignes AC, DH (fig. 300) coupent les plans parallèles MN, M′N′, M″N″ aux points A, B, C, D, G, H; joignons deux extrémités de ces lignes par la droite AH, et conduisons suivant AC, AH, un plan qui coupera les plans donnés selon les parallèles BO, CH; nous aurons donc, à cause de ses parallèles, la proportion suivante :

AB : BC :: AO : OH.

De même en faisant passer un plan par les lignes HA, HD, nous aurons encore des intersections parallèles OG, AD qui donneront AO : OH :: DG : GH ; donc, à cause du rapport commun, AB : BC :: DG : GH.

Scolie. Si les lignes étaient parallèles, les segmens seraient égaux chacun à chacun.

THÉORÈME XIX.

335. *Un nombre quelconque de droites parallèles coupées par un même plan sont toutes également inclinées sur ce plan.*

Soient les parallèles AB, A'B', A"B", etc. (fig. 301), qui rencontrent le plan MN : par les points d'intersection élevons des perpendiculaires AP, A'P', A"P" à ce plan, lesquelles seront aussi parallèles entre elles, et formeront avec les premières des angles égaux PAB = P'A'B' = P"A"B".... ; mais alors les complémens de ces angles seront aussi égaux. Or, ces complémens sont évidemment pour chaque ligne son inclinaison sur le plan MN ; donc ces inclinaisons sont égales.

§ II. — INTERSECTION DES PLANS ENTRE EUX.

Des angles polyèdres.

336. Nous avons déjà donné le nom d'angle à l'inclinaison mutuelle de deux plans qui se coupent, ou mieux à l'espace qu'ils renferment entre eux. Mais pour distinguer cette sorte d'angles de ceux formés par des droites, et qu'on appelle *angles plans*, on a adopté la dénomination d'*angle dièdre* pour désigner cette inclinaison.

La ligne droite qui est l'intersection de deux plans s'appelle l'*arête de l'angle dièdre.* Ainsi l'espace renfermé entre les deux plans AM, AN (fig. 302) est l'angle dièdre de ces deux plans, et la ligne AB en est l'arète. On désigne un angle dièdre par son arète.

337. Les plans jouent le même rôle dans les angles dièdres que les lignes droites dans les angles plans; ainsi deux plans qui se coupent forment quatre angles dièdres qui ont l'intersection des plans pour arète commune, et qui renferment entre eux tout l'espace, lorsqu'on suppose ces plans prolongés jusqu'à l'infini.

Ces angles, pris deux à deux, sont ou opposés au sommet ou adjacens; ils peuvent être *droits*, *aigus* ou *obtus*. Lorsqu'ils sont droits, les plans sont perpendiculaires entre eux.

Deux angles dièdres sont égaux lorsqu'ils peuvent coïncider exactement, en les appliquant l'un dans l'autre. Nous démontrerions ici, comme pour les angles plans, que la somme des angles dièdres adjacens vaut toujours deux angles dièdres droits; que les angles opposés au sommet sont égaux, etc.; que lorsque deux plans parallèles sont coupés par un troisième plan, les angles dièdres correspondans sont égaux ainsi que les angles alternes-internes, etc., etc.

Les angles dièdres sont complémentaires ou supplémentaires dans les mêmes circonstances que les angles plans.

338. Lorsque par un même point O de l'arète AB d'un angle dièdre (fig. 302), on élève à cette arète une perpendiculaire OD située dans le plan AM, et un autre OG, située dans le plan AN, l'angle plan DOG formé par ces deux perpendiculaires s'appelle l'*angle correspondant* à l'angle dièdre AB.

339. Lorsque trois plans se coupent mutuellement, de manière à avoir un point unique S commun (fig. 303), c'est-à-dire lorsqu'un troisième plan TV passe par un des points de l'intersection AB des deux autres MN, PQ, l'espace entier est divisé, autour de ce point, en huit parties analogues à SDBC, quatre au-dessus, quatre au-dessous de chaque plan. Ces portions d'espace renfermées ainsi entre trois plans qui abou-

tissent au même point portent le nom d'*angles trièdres*. Trois plans indéfinis qui s'entrecoupent forment donc toujours huit angles trièdres. Le point S s'appelle *le sommet* de ces angles, et les intersections respectives SA, SB, SC en sont les *arètes ;* enfin les angles plans CSD, DSB, BSC, que ces arètes font entre elles, sont dits les faces de l'angle trièdre.

Un angle trièdre est donc composé de trois faces, de trois arètes, de trois angles dièdres et d'un sommet.

Les trois plans générateurs, qui par leurs intersections déterminent huit angles trièdres, peuvent d'ailleurs être inclinés entre eux d'une quantité quelconque; en sorte que dans un angle trièdre en général, les plans et les angles dièdres peuvent varier à l'infini.

Cela posé, un angle trièdre est dit rectangle lorsque ses angles plans, et par suite ses angles dièdres, sont droits.

Trois droites, non situées dans un même plan, qui partent du même point, peuvent être regardées comme les trois arètes d'un trièdre dont ce point serait le sommet, et servent à déterminer cet angle. C'est pourquoi on est convenu de désigner un angle trièdre par ses trois arètes. Quelquefois cependant on l'indique par le sommet seulement; ainsi, l'on dit l'angle SABC (fig. 310), ou bien l'angle S.

340. Lorsqu'on prolonge les arètes SA, SB, SC (fig. 304) d'un angle trièdre, au-delà du sommet, on forme un autre angle trièdre S*abc* opposé au premier, dans lequel les angles plans *a*S*c*, *a*S*b*, *b*S*c*, sont respectivement égaux aux angles ASC, ASB, BSC de l'autre, mais disposés d'une manière inverse. Pour cette raison, ces deux angles trièdres sont dits *symétriques* l'un de l'autre.

Par conséquent, les huit angles trièdres, formés par trois plans qui s'entrecoupent, sont symétriques deux à deux.

341. Enfin, on conçoit que quatre, cinq, six et un nombre quelconque de plans puissent passer par un même point; car il suffit de se représenter dans l'espace un pareil nombre de droites partant d'un même point, et comprenant entre elles

des angles plans, dont elles seront les intersections respectives. Or, les portions d'espace ainsi limitées, portent en général le nom d'*angles polyèdres*, ou *angles solides*. On distingue les angles polyèdres par le nombre d'angles plans, ou faces qui les composent; ainsi SABCDE (fig. 305) sera un angle à cinq faces, ou angle *pentaèdre*.

Les angles polyèdres contiennent autant d'arètes et d'angles dièdres que d'angles plans. Ces angles plans et ces angles dièdres peuvent être *aigus*, *droits* ou obtus, égaux ou inégaux, et varier à l'infini; mais leur somme est restreinte entre certaines limites que nous déterminerons par la suite.

342. Un angle polyèdre, dans lequel les angles plans sont égaux et également inclinés entre eux, est dit *régulier*.

343. Les arètes prolongées au-delà du sommet d'un angle polyèdre déterminent, comme dans l'angle trièdre, un autre angle *symétrique* du premier.

THÉORÈME Ier.

344. *Lorsque deux plans se coupent, l'angle correspondant à l'angle dièdre qu'ils forment est constamment le même dans toute l'étendue de leur intersection.*

Soit l'angle dièdre AB (fig. 306), formé par les deux plans AP, AQ: par divers points arbitraires o, o', o''... de l'arète AB menons dans le plan AQ les perpendiculaires OM, O M', O''M'', qui seront parallèles entre elles, et dans le plan AP les perpendiculaires ON, O'N', O''N'' également parallèles. Ces lignes feront des angles MON, M'O'N', M''O''N'', qui seront les angles correspondans à l'angle dièdre pour chacun des points *o*, *o'*, *o''*... Or, ces mêmes angles auront les côtés parallèles et dirigés dans le même sens, et seront égaux; donc le principe est démontré.

Corollaire. Deux angles dièdres qui auraient des angles plans correspondans égaux seraient superposables et égaux; car si on les portait l'un sur l'autre, en faisant coïncider les arètes et deux de leurs faces, les deux autres devraient aussi se recouvrir, sans quoi l'inclinaison ne serait pas la même pour les deux.

Scolie. L'angle plan O, formé par les deux perpendiculaires OM, ON, est le plus petit angle que puissent faire deux droites qui partent d'un même point de l'arète AB, et qui sont situées dans les plans AP, AQ.

THÉORÈME II.

345. *Les angles dièdres sont proportionnels aux angles plans correspondans.*

Soient les deux angles dièdres AB, GH (fig. 307), et leurs angles plans correspondans COD, C'O'D' : des sommets O et O', avec un même rayon, décrivons deux arcs de cercle CD, C'D', qui seront les mesures respectives des angles plans O, O'. Maintenant, si l'on applique à ces angles et à leurs arcs la construction et le raisonnement (n° 81) pour trouver leur commune mesure, on parviendra à diviser les uns et les autres en un certain nombre de parties égales ; ensuite si, par chaque division et par les arètes AB, GH on conduit des plans sécans, on décomposera les angles dièdres AB, GH, en autant d'angles dièdres partiels que les arcs CD et C'D' contiendront de divisions ; mais ces angles partiels seront tous égaux entre eux ; car ils correspondront tous à des angles plans égaux ; ainsi l'un d'eux peut être pris pour unité de mesure des angles donnés AB, GH : d'ailleurs, il est évident que quel que soit le nombre des divisions des angles plans O et O', ce nombre sera le même pour les angles dièdres AB, GH ; en conséquence le rapport des premiers sera toujours numériquement égal à celui des autres, même dans le cas où ces rapports seraient incommensurables. On aura donc constamment la proportion, angle dièdre AB : angle dièdre GH :: angle plan O : angle plan O'.

Scolie. C'est par suite de cette propriété qu'on est convenu de prendre pour la mesure des angles dièdres les angles plans qui leur correspondent, ou bien les arcs de ces derniers, et de même que l'angle droit ou le quadrant est pris pour l'unité des angles plans, de même l'angle dièdre droit sera l'unité des angles dièdres, car il correspondra à l'angle plan droit.

On voit par là que les propriétés des angles dièdres sont les mêmes que celles des angles plans, et qu'elles peuvent être démontrées par le secours de ces derniers.

THÉORÈME III.

346. *Lorsqu'une droite est perpendiculaire à un plan, tout autre plan conduit par cette droite est perpendiculaire au premier.*

Soit AP perpendiculaire au plan MN (fig. 308); menons suivant cette ligne un second plan AC qui coupera MN en CD. Par le pied P et dans le plan MN élevons une perpendiculaire GH à CD. Alors l'angle APG mesurera l'inclinaison des plans MN, AC; or cet angle est droit, car la perpendiculaire AP fait des angles droits avec toutes les droites qui passent par son pied dans le plan MN; donc le plan AC est perpendiculaire à MN.

THÉORÈME IV.

347. *Tout plan perpendiculaire à l'intersection de deux autres plans est perpendiculaire à chacun d'eux.*

Soit AP l'intersection commune aux deux plans AC, AG (fig. 308) : si un troisième plan MN est perpendiculaire à cette intersection, tout plan conduit suivant AP sera perpendiculaire à MN; donc MN est perpendiculaire à AC et à AG.

THÉORÈME V.

348. *Lorsque deux plans sont perpendiculaires entre eux, et que l'on mène dans l'un d'eux une ligne perpendiculaire à leur intersection commune, cette ligne est aussi perpendiculaire à l'autre plan.*

Soit le plan AC (fig. 308) perpendiculaire à MN et CD leur intersection; menons dans le plan MN la droite GH perpendiculaire à cette intersection, et dans le plan AC menons aussi PA perpendiculaire à la même intersection. L'angle APG sera droit, car, par hypothèse, les plans sont perpendiculaires;

mais l'angle GPC est aussi droit, donc GH est perpendiculaire au plan AC.

On démontrerait facilement aussi que si deux plans MN, AC sont perpendiculaires, et qu'on élève une perpendiculaire AP à l'un d'eux par un point de l'intersection commun, elle sera contenue tout entière dans l'autre.

THÉORÈME VI.

349. *Si deux plans perpendiculaires à un troisième se coupent, la ligne d'intersection sera aussi perpendiculaire à ce troisième plan.*

Si les deux plans AG, AD sont perpendiculaires à MN, et qu'ils se coupent selon AP, le point P (fig. 308) appartiendra aux trois plans, et si de ce point, on élève une perpendiculaire à MN, elle devra, d'après le théorème précédent, se trouver à la fois dans les deux plans AG, AD; donc elle sera leur intersection AP, seule ligne qui puisse leur être commune.

THÉORÈME VII.

350. *Si, d'un point donné dans un angle dièdre, on abaisse des perpendiculaires sur les deux faces, ces lignes feront un angle qui sera le supplément de l'angle dièdre.*

Par le point donné O (fig. 309), menons les perpendiculaires OP, OQ aux deux faces MN, NS de l'angle dièdre, et faisons passer par ces lignes un plan OPBQ qui sera perpendiculaire à ces deux faces, et par suite à leur intersection NR; alors les perpendiculaires et les traces PB, QB formeront un quadrilatère dans lequel les angles O et B seront supplémentaires, car les deux autres P et Q sont droits; mais l'angle B est l'angle correspondant à l'angle dièdre NR, puisque PB et BQ sont perpendiculaires à l'arète RN, et O est celui que forment les perpendiculaires qui partent du point donné; donc ces deux angles sont supplémentaires.

Scolie. Si le point O se trouvait à égale distance des deux faces MN, NS, c'est-à-dire, si OP = OQ, le quadrilatère OPBQ serait symétrique, la diagonale OB le diviserait en deux triangles rectangles égaux ; et si l'on faisait passer un plan par l'arète NR et et par la diagonale OB, ce plan diviserait l'angle dièdre donné en deux parties égales.

Réciproquement : Lorsqu'un plan divise un angle dièdre en deux parties égales, chaque point de ce plan sécant se trouve à égale distance des deux faces de l'angle dièdre.

THÉORÈME VIII.

351. *Dans tout angle dièdre, une face quelconque est plus petite que la somme des deux autres, et plus grande que leur différence.*

Supposons que dans l'angle trièdre S (fig. 310), la face ASB soit plus grande que les autres; alors dans le plan de cette face, et par le sommet S, tirons une ligne SD qui fasse avec SA un angle ASD = ASC. Par un point D tirons à volonté la droite ADB, prenons SC = SD et joignons CA, CB.

D'après cette construction les deux triangles SAD, SAC seront égaux, comme ayant un angle égal compris entre côtés égaux chacun à chacun, donc AD=AC, et comme dans le triangle ACB, AB < AC + CB, il faudra que DB < CB.

Mais si, dans les deux triangles SDB, SCB, qui ont un côté commun SB, et un autre côté égal SD = SC, le troisième DB < CB, il en résultera que l'angle DSB < CSB (n° 132).

Donc, ASD+DSB<ASC+CSB, ou bien ASB<ASC+CSB.

En second lieu, cette inégalité donne CSB > ASB — ASC.

THÉORÈME IX.

352. *Si par le sommet* S *d'un angle trièdre on mène une droite* SD *dans l'intérieur, et que par cette droite et deux quelconques des arètes de cet angle on fasse passer deux plans pour déterminer un autre angle trièdre, la somme de ces deux faces nouvelles* SDB + SDA *sera plus petite que la somme des deux qui les enveloppent* SCB + SCA.

En effet, prolongeons un de ces plans SDA (fig. 311), jusqu'à ce qu'il coupe la face SCB suivant SO; nous aurons d'abord, dans l'angle trièdre partiel SBOD, $SBD < SBO + SOD$, et en ajoutant de part et d'autre SDA, $SBD + SDA < SAO + SOB$. Mais dans l'angle partiel SOCA, $SOA < SOC + SCA$; donc $SAO + SOB < SBO + SOC + SCA$, ou bien $SAO + SOB < SAC + SCB$, et à plus forte raison $SBD + SDA < SAC + SCB$.

THÉORÈME X.

353. *Si d'un point pris dans l'intérieur d'un angle trièdre, on abaisse des perpendiculaires sur ses faces, elles détermineront un second angle trièdre dont les faces seront les supplémens respectifs des angles dièdres du premier; et réciproquement les angles plans du premier seront les supplémens des angles dièdres du second.*

Soit un point O de l'espace renfermé dans l'angle trièdre S (fig. 312). Abaissons de ce point les perpendiculaires OP sur la face ASC, OQ sur la face ASB, et OR sur BSC. Par les deux lignes OP, OQ faisons passer un plan qui sera perpendiculaire aux deux faces ASC, ASB, ainsi qu'à leur arète commune SA (n° 349), et qui déterminera par son intersection avec ces faces un quadrilatère OPAQ, dans lequel les angles A et O seront supplémentaires (n° 350); mais A est la mesure de l'angle dièdre SA, et O est un des angles plans de l'angle trièdre O; donc l'angle plan POQ est le supplément de l'angle dièdre SA.

De même, si nous conduisons un plan suivant OP, OR, nous obtiendrons un quadrilatère OPCR, par lequel nous verrons que POR est le supplément de l'angle dièdre SC. Enfin, l'angle plan QOR sera aussi le supplément de l'angle dièdre SB.

Réciproquement. Les arètes SA, SB, SC, étant respectivement perpendiculaires aux faces de l'angle trièdre O, il en résulte que le trièdre S se trouve, par rapport au trièdre O, dans la même position que celui-ci par rapport à S; ainsi la démonstration ci-dessus peut egalement s'appliquer à l'un et à l'autre; par conséquent l'angle APC qui mesure l'angle dièdre OP sera le supplément de l'angle plan ASC, et ainsi des autres. Donc la proposition ci-dessus est démontrée dans toute son étendue.

Pour exprimer cette relation, on dit que les angles trièdres S et O sont *supplémentaires*.

THÉORÈME XI.

354. *Si deux angles trièdres sont composés de trois angles plans égaux chacun à chacun, leurs angles dièdres seront aussi égaux chacun à chacun.*

Il peut arriver que dans ces angles trièdres les angles plans soient disposés de la même manière ou d'une manière inverse ; mais la proportion est vraie dans les deux cas, comme nous allons le démontrer.

Soient les deux trièdres S, S′ (fig. 313) dans lesquels on a ASC = A′S′C′, ASB = A′S′B′, BSC = B′S′C′, et où la disposition est la même, et soit un troisième trièdre S″ qui a les mêmes angles plans que les autres, mais dont la disposition est inverse.

Par un point O de l'arète SA, élevons dans les plans respectifs ASC, ASB, les perpendiculaires OM, ON, et l'angle MON sera la mesure de l'angle dièdre SA. Prenons S′O′ = S″O″ = SO, et aux points O′O″ répétons la même construction ; l'angle plan M′O′N′ mesurera l'angle dièdre S′A′, et l'angle M″O″N″ mesurera S″A″ ; or, je dis que ces trois angles plans sont égaux.

En effet, les triangles rectangles SOM, S′O′M′, S″O″M″ ont un côté égal SO = S′O′ = S″O″, et les angles égaux, car l'angle OSM = O′S′M′ = O″S″M″ ; donc OM = O′M′ = O″M″, SM = S′M′ = S″M″.

De même, les triangles rectangles égaux SON, S′O′N, S″O″N″, donneront ON = O′N′ = O″N″, et SN = S′N′ = S″N″.

Mais, par suite de ces égalités, les triangles, NSM, N′S′M′, N″S″M″ auront un angle égal compris entre côtés égaux et seront égaux ; donc MN = M′N′ = M″N″.

Par conséquent, les triangles OMN, O′M′N′, O″M″N″ formés de trois côtés égaux chacun à chacun seront aussi égaux dans toutes les parties, et l'on aura l'angle O = O′ = O″.

En répétant la même construction pour les autres arètes SB,

SC, nous prouverons également que ces angles dièdres sont égaux ; donc la proposition énoncée est vraie.

Dans la démonstration ci-dessus, nous avons supposé que les angles plans réunis en S, S′, S″ étaient aigus, auquel cas les perpendiculaires OM, ON rencontreront les arètes SC, SB ; mais si ces angles étaient obtus, la rencontre aurait lieu sur les prolongemens B′S et C′S de ces arètes (fig. 314), et le triangle OMN se trouverait en dehors de l'angle trièdre ; au reste, la démonstration serait la même, avec la seule différence que l'angle plan NOM serait opposé au sommet de l'angle dièdre SA.

THÉORÈME XII.

355. Réciproquement. *Si deux angles trièdres ont les angles dièdres égaux chacun à chacun, leurs angles plans le seront aussi.*

En effet, si dans les deux angles trièdres S, S′ (fig. 313), on a les angles dièdres SA = S′A′, SB = S′B′, SC = S′C′, et que l'on construise les angles trièdres Q, Q′ respectivement supplémentaires de S, S′ (n° 353), les deux nouveaux angles Q, Q′ auront les angles plans égaux chacun à chacun, car ces angles seront les supplémens respectifs des angles dièdres donnés.

Mais alors, d'après la proposition précédente, ces deux angles trièdres Q, Q′ auront leurs angles dièdres égaux chacun à chacun, et par conséquent les angles plans de S, S′ seront aussi égaux chacun à chacun, car ce seront les supplémens des angles dièdres de Q, Q′ ; la réciproque est donc démontrée.

THÉORÈME XIII.

356. *Deux angles trièdres formés par trois angles plans égaux chacun à chacun, et semblablement disposés, sont égaux.*

En effet, si les deux trièdres S, S′ (fig. 313) ont les angles plans égaux chacun à chacun, leurs angles dièdres homologues le seront aussi ; et si l'on pose ces deux trièdres l'un dans l'autre, de manière que les sommets S, S′ et les arètes SA et S′A′ coïncident, les faces égales SAB, S′A′B′, ainsi que SAC, S′A′C′ se recouvriront exactement à cause de l'angle dièdre SA = S'A', et alors l'arète S'B' tombera sur SB, S'C' sur SC, et par suite les deux autres faces SBC, S'B'C se confondront aussi ; donc les deux angles trièdres proposés sont égaux.

Corollaire. Deux angles trièdres sont donc égaux lorsqu'ils ont les arètes parallèles, car alors leurs angles plans sont égaux chacun à chacun.

Scolie. Si la disposition des angles plans dans une figure était inverse à celle de l'autre, comme S et S'', les deux angles trièdres seraient *symétriques ;* mais, comme d'ailleurs les angles dièdres seront toujours égaux, on voit que deux angles trièdres symétriques sont deux figures parfaitement égales dans toutes leurs parties, sans être superposables.

Nous aurons occasion plusieurs fois de rencontrer *cette égalité par symétrie.*

Corollaire. Il résulte de là qu'avec trois angles plans donnés, on ne peut former qu'un seul angle trièdre ou son symétrique, et que deux angles trièdres qui seraient tous les deux symétriques d'un troisième, sont deux figures superposables et égales.

THÉORÈME XIV.

357. *Deux angles trièdres sont égaux lorsqu'ils ont les angles dièdres égaux chacun à chacun et semblablement placés.*

En effet, les angles dièdres étant égaux, leurs angles plans le seront aussi (n° 355), et nous retomberons dans le cas précédent.

THÉORÈME XV.

358. *Deux angles trièdres sont égaux lorsqu'ils ont un angle dièdre égal compris entre deux faces égales chacune à chacune, et disposées de la même manière.*

Si, dans les deux angles trièdres S, S' (fig. 313), on suppose l'angle dièdre SA = S'A', les faces ASB = A'S'B', ASC = A'S'C', et qu'on les porte l'un sur l'autre en faisant coïncider les sommets S, S' et les arètes SA, S'A', alors, à cause de l'égalité des faces, les autres arètes SB, SB' et SC, S'C' se confondront, et par conséquent les deux angles seront égaux, car ils coïncideront dans toutes leurs parties.

THÉORÈME XVI.

359. *Deux angles trièdres sont égaux lorsqu'ils ont une face égale adjacente à des angles dièdres égaux chacun à chacun et semblablement disposés.*

Soit l'angle plan ASC, A'S'C' (fig. 313), l'angle dièdre SA=S'A', et SC=S'C'; si l'on porte l'angle trièdre S' sur S en faisant coïncider les sommets S, S' et les deux faces égales, les arètes SA, S'A', ainsi que SC, S'C' se confondront; de plus, comme l'inclinaison est la même de part et d'autre, les faces ASB, A'S'B' et CSB, C'S'B' se recouvriront exactement, et la troisième arète S'B' devant se trouver à la fois sur les deux faces ASB, ASB, ne pourra être que leur intersection SB; donc les angles trièdres S, S' coïncideront et seront égaux.

Dans les deux théorèmes ci-dessus, si la disposition des faces n'était pas la même; les angles seraient symétriques.

360. *Observation.* Tout angle polyèdre est décomposable en autant d'angles trièdres qu'il a de faces moins deux, car il suffit pour cela de mener des plans par une même arète et toutes les arètes opposées. Ainsi les propriétés précédentes pourront s'appliquer en général à un angle polyèdre quelconque; et l'on peut dire que deux angles polyèdres sont égaux lorsqu'ils sont composés d'un même nombre d'angles trièdres égaux chacun à chacun et semblablement disposés; qu'ils sont symétriques lorsqu'ils renferment un même nombre d'angles trièdres symétriques chacun à chacun, et inversement disposés, etc.

THÉORÈME XVII.

361. *La somme des angles plans qui forment un angle polyèdre quelconque, vaut toujours moins de quatre angles droits.*

Menons à travers l'angle polyèdre S (fig. 315) un plan qui rencontre toutes les arètes, ce qui est toujours possible, et qui déterminera le polygone ABCDE. Par un point arbitraire O de ce polygone, menons les lignes OA, OB, OC, OD, OE à ses sommets, et nous le divisons ainsi en autant de triangles partiels qu'il a de côtés, ou bien que l'angle polyèdre contient de faces.

Par suite de cette construction, nous aurons autour du point S, et autour du point O un même nombre de triangles dont les bases seront communes. Mais remarquons qu'à chaque sommet A, B, C,... nous avons un angle trièdre formé d'un des angles du polygone, et de deux angles appartenant aux triangles qui ont le sommet en S, et que l'on a l'angle.... $BAE < BAS + EAS$, $CBA < CBS + ABS$, etc.; d'ailleurs $BAE = BAO + OAE$, $CBA = CBO + OBA$, etc.; par conséquent, les angles à la base des triangles qui ont le sommet en O formeront une somme plus petite que les angles à la base des triangles qui ont le sommet en S. Mais comme le nombre des triangles est le même de part et d'autre, la somme totale des angles des premiers sera égale à la somme des angles des seconds, car elle vaudra pour les uns comme pour les autres dix angles droits. Donc la somme des angles au point O doit être plus grande que celle des angles au point S; or, la première vaut toujours quatre angles droits : donc la somme des angles plans qui forment un angle polyèdre est toujours moindre que quatre droits.

Cette proposition est vraie pour tous les angles polyèdres, quel que soit le nombre de leurs angles plans.

PROBLÈME.

362. *Étant donnés les trois angles plans qui forment un angle trièdre, trouver leur inclinaison respective, c'est-à-dire la mesure de chaque angle dièdre.*

Soit S l'angle trièdre donné (fig. 316); par un point A de son arête menons comme précédemment des perpendiculaires AC, AB, et achevons le triangle ABC, ensuite prenons sur une ligne $S'A' = SA$. Faisons sur ce plan un angle $A'S'B' = ASB$, $A'S'C' = ASC$, et $C'S'B = CSB'$, par le point A' élevons la perpendiculaire B'C' à S'A', alors le triangle rectangle S'A'B' sera égal au triangle rectangle SAB de l'angle trièdre, car ils auront un côté égal et les angles égaux ; donc A'B' = AB. De même le triangle rectangle SA'C' = SAC, et par suite A'C' = AC.

De plus, prenons S'B'' = S'B' = SB, et les deux triangles S'B''C', SBC, seront égaux comme ayant un angle égal compris entre côtés égaux, donc C'B'' = CB.

Maintenant, du point A', et d'une ouverture de compas égale à A'B', décrivons un arc de cercle ; du point C' avec un rayon égal à C'B'' décrivons un autre arc qui coupera le premier en M, et joignons MA', MC' ; le triangle A'MC' sera égal à ABC, car ils auront les côtés égaux chacun à chacun ; donc l'angle C'A'M' sera la mesure de l'angle dièdre SA.

En répétant la même construction pour les autres arètes, on obtiendrait la mesure des angles dièdres correspondans.

CHAPITRE II.

DES CORPS SOLIDES OU POLYÈDRES.

363. Parmi les formes infinies qu'offrent les corps solides, il en est un certain nombre de remarquables par les propriétés géométriques dont elles jouissent, et qu'on devrait appeler *formes élémentaires*, parce que c'est à elles que peuvent être ramenées toutes les autres.

Ces formes ont reçu des noms particuliers dont nous allons donner les définitions.

Lorsqu'un corps ou un espace est limité de tous côtés par des faces planes qui s'entrecoupent d'une manière quelconque, ce corps porte le nom générique de *Polyèdre*. Ces faces polygonales peuvent varier à l'infini dans leur nombre, dans leurs formes et dans leurs dispositions; et de là naissent diverses classes de polyèdres qu'on distingue par des noms spéciaux. Ainsi, en n'ayant égard qu'au nombre, on nomme :

Tétraèdre (fig. 317), un corps ou un espace renfermé entre quatre plans triangulaires : c'est le plus simple de tous les polyèdres. On ne peut pas renfermer un espace avec moins de quatre plans, car trois plans réunis autour d'un même point forment un angle trièdre qui, étant ouvert d'un côté, exige un quatrième plan pour le limiter.

Hexaèdre, un polyèdre à six faces, quelle que soit leur forme.

Octaèdre, un polyèdre à huit faces.

Dodécaèdre, celui qui a douze faces.

Icosaèdre, celui qui a vingt faces.

On comprend que cette série de dénominations pourrait être poussée très loin, mais ce sont là à peu près les seules usitées ; car on se contente de dire, en général, un polyèdre à cinq faces, à dix faces, à quinze faces, etc.

364. Les faces des polyèdres, en s'entrecoupant, forment des angles dièdres et polyèdres égaux ou inégaux. Mais lorsqu'un polyèdre est tel que toutes ses faces sont des polygones réguliers égaux, et que tous ses angles polyèdres sont égaux aussi, on lui donne le nom de *polyèdre régulier*.

365. Si l'on veut avoir égard à la forme et à la position des polygones qui servent de faces aux polyèdres, alors ces derniers reçoivent les dénominations suivantes :

Prisme. On donne le nom de prisme à tout polyèdre formé par des parallélogrammes qui vont se terminer, de part et d'autre, aux périmètres de deux polygones égaux, parallèles et situés dans des plans différens, mais d'un nombre quelconque de côtés.

Pour s'en faire une idée nette, soient deux polygones égaux ABCDE, *abcde* (fig. 318), situés dans deux plans parallèles, et supposons qu'on joigne leurs sommets homologues par des droites A*a*, B*b*, C*c*, ... , qui avec les côtés AB, *ab*, BC, *bc*, de ces polygones, détermineront des parallélogrammes AB*ba*, BC*cb*, etc., on formera ainsi un prisme.

Les deux polygones s'appellent les *bases* du prisme, les parallélogrammes latéraux en sont les *faces* ou les *pans*, et la distance des plans des bases, ou bien la perpendiculaire abaissée d'un point de l'une sur le plan de l'autre, est la hauteur de ce prisme.

Les bases d'un prisme peuvent être des polygones à trois, quatre, cinq, etc., . . . côtés, et alors on a des prismes *triangulaires*, *quadrangulaires*, *pentagonaux*, *etc*. . . . . On dit aussi des prismes à trois pans, à cinq pans, etc.

Un prisme est dit *droit* ou *oblique*, selon que ses arêtes latérales Aa, Bb,..., sont perpendiculaires ou non, aux plans des bases; dans le prisme droit, les pans sont des rectangles.

Enfin, un prisme droit dont les bases sont des polygones réguliers, est dit *prisme régulier*.

Un prisme dont les deux bases ne sont pas parallèles s'appelle un *prisme tronqué* ou *tronc de prisme* (fig. 319), parce qu'on peut le considérer comme provenant d'une section faite à un prisme entier.

366. *Pyramide*. On appelle *pyramide* un polyèdre composé d'un nombre quelconque de faces triangulaires qui, partant d'un même point, vont se terminer au périmètre d'un polygone, situé dans un plan différent.

Pour comprendre sa construction, soit un polygone ABCDE (fig. 320) et un point S hors de son plan; si l'on joint ce point à chaque sommet du polygone par les droites SA, SB, SC, on déterminera une pyramide. C'est donc un angle polyèdre limité par un plan qui coupe toutes les arètes.

Le polygone ABCDE s'appelle la *base* de la pyramide; le point S est son sommet; la perpendiculaire SO abaissée du sommet sur le plan de la base est la *hauteur*, et les triangles latéraux sont dits les faces de la pyramide.

Selon que la base de la pyramide est un triangle ou un quadrilatère, etc., on dit que la pyramide est *triangulaire*, *quadrangulaire*, *pentagonale*, *etc.*

Une pyramide est droite ou oblique, selon que les arètes latérales sont égales ou inégales; si elle est droite, ses faces seront des triangles isoscèles et sa base un polygone inscriptible; car ces arètes étant des obliques égales doivent s'écarter également du pied de la perpendiculaire.

Lorsque la base d'une pyramide est un polygone régulier, et que son sommet se trouve situé sur la perpendiculaire élevée par le centre de cette base, la pyramide est dite *régulière*.

Si l'on coupe une pyramide par un plan parallèle ou non à sa base (fig. 321), mais qui rencontre cependant toutes les rètes latérales, on obtiendra un *tronc* de pyramide ou une pyramide *tronquée*. Le tronc de pyramide a deux bases.

Observons que l'épithète de *régulier* donnée au prisme et à la pyramide n'a pas la même acception que lorsqu'on l'applique à un polyèdre en général; car, dans ce dernier cas, la régularité exige l'égalité de toutes les faces et celle de tous les angles polyèdres en même temps, ce qui n'a pas lieu dans la pyramide ni dans le prisme.

367. La Géométrie élémentaire ayant pour but de connaître l'étendue des corps, sans s'occuper de leurs propriétés physiques, ne doit tenir aucun compte de ces dernières, et doit faire abstraction de toute matérialité, pour ne voir en eux que des volumes. C'est ainsi que pour faciliter nos démonstrations nous supposerons que les corps sont parfaitement *pénétrables* et *transparens*, c'est-à-dire que l'on peut voir toutes leurs parties intérieures, et qu'on peut les appliquer les unes dans les autres.

368. Cela posé, deux polyèdres seront appelés *égaux*, lorsqu'étant appliqués l'un dans l'autre ils coïncideront exactement dans tous leurs points, ou du moins lorsque nous pourrons nous convaincre que la superposition entraînerait cette coïncidence.

Deux polyèdres qui sans pouvoir être superposés, c'est-à-dire sans avoir la même forme, renfermeront pourtant la même étendue, seront *équivalens* : ici l'équivalence est l'*égalité en volume*.

369. Deux polyèdres sont appelés *symétriques* lorsque tous leurs angles, toutes leurs arètes et toutes leurs faces, quoique égales chacune à chacune, sont pourtant distribuées dans l'un d'après un ordre inverse à celui qu'elles ont dans l'autre. La symétrie est l'*égalité de détail*.

On se fait une idée exacte de la symétrie en regardant l'image d'un objet vue dans un miroir. Là on remarque une identité parfaite dans les parties; mais tout ce qui est à droite dans l'objet se trouve à gauche dans l'image.

370. Deux polyèdres sont *semblables* lorsqu'ils sont composés d'un même nombre de faces semblables, semblablement placées, et déterminant entre elles un même nombre d'angles polyèdres égaux chacun à chacun.

Si toutes les parties étant semblables leur disposition était inverse, les deux polyèdres seraient dits *inversement semblables*.

371. Un plan qui en coupant un polyèdre quelconque le divise en deux parties symétriques, s'appelle *plan de symétrie*.

On donne aussi ce nom à un plan situé entre deux polyèdres symétriques, de telle manière que tous les points homologues de ces derniers soient situés à des distances égales et sur une même perpendiculaire à ce plan.

372. On nomme *plan diagonal* celui qui coupe un polyèdre en passant par deux arètes opposées.

Une diagonale, dans un polyèdre, est une droite qui joint deux sommets opposés.

373. Un polyèdre est *concave* ou *convexe*, selon qu'une ligne droite peut le couper en plus de deux points, ou en deux points seulement. Dans un polyèdre convexe, le prolongement d'une des faces ne peut jamais rencontrer les autres.

Un polyèdre, en général, se désigne par les lettres placées à ses sommets, ou par deux lettres opposées.

Après ces considérations, passons à l'étude des polyèdres en particulier, et commençons par le prisme et la pyramide, des propriétés desquels nous déduirons celles des autres.

§ Ier. — DU PRISME.

374. Il existe plusieurs espèces de prismes, mais le plus simple est le prisme triangulaire ABCDGH ou AG (fig. 322), qui doit être considéré comme un prisme élémentaire, car un prisme quelconque peut toujours être décomposé en un certain nombre de triangulaires. En effet, un prisme, par sa

nature (fig. 318), a toutes ses arètes latérales A*a*, B*b*, C*c*, etc., égales et parallèles, puisque ses faces sont des parallélogrammes, et que ses bases sont dans des plans parallèles; par conséquent ces arètes, prises deux à deux, sont dans un même plan. Ainsi l'on pourra toujours conduire des plans diagonaux par les arètes opposées A*a*, E*e*, D*d*, et diviser un prisme quelconque en autant de prismes triangulaires qu'il aura d'arètes, moins deux.

Vient ensuite le prisme quadrangulaire qui offre trois variétés remarquables.

1°. Le *parallélépipède*. On nomme ainsi un prisme à quatre pans dont les bases sont aussi des parallélogrammes, tel que AH (fig. 323). C'est donc un espace renfermé entre six parallélogrammes.

Un *parallélépipède est droit ou oblique*, selon que ses arètes sont perpendiculaires ou non aux plans des bases.

Un *parallélépipède est dit rectangle* (fig. 324), lorsque ses bases sont des rectangles et que ses arètes sont perpendiculaires aux plans des bases, ce qui exige que toutes les faces soient des rectangles, et que les angles dièdres soient droits.

2°. *Hexaèdre régulier ou cube* (fig. 325). On donne ce nom à un prisme composé de six carrés égaux assemblés à angles droits. C'est donc un parallélépipède rectangle dont les bases et les faces latérales sont égales.

3°. *Rhomboèdre* (fig. 326). On appelle rhomboèdre un prisme formé de six losanges égaux.

THÉORÈME Ier.

375. *Toute section faite dans un prisme par un plan parallèle à sa base détermine un polygone égal à cette base.*

Soient AD (fig. 318) le prisme donné, et MNPQRS la trace du plan sécant mené parallèlement à ABCDEF; puisque ces plans sont parallèles et que les arètes A*a*, B*b*, C*c* le sont aussi, on aura AM = BN = CP = etc. Par conséquent les figures AMNB, etc., BNPC, seront des parallélogrammes, et les côtés MN, NP, PQ, etc., seront respectivement égaux et parallèles aux arètes AB, BC, CD; donc l'angle MNP = ABC,

NPQ = BCD, etc., et les deux polygones MNPQRS et ABCDEF seront égaux, comme ayant les angles et les côtés égaux chacun à chacun.

On démontrerait de même que les intersections faites dans un prisme par des plans parallèles entre eux, sans l'être aux bases, déterminent des polygones égaux.

THÉORÈME II.

376. *Deux prismes quelconques sont égaux lorsqu'ils ont un angle trièdre compris entre trois faces égales chacune à chacune, et semblablement placées.*

Soient les deux prismes AH, *ah* (fig. 327), dans lesquels nous supposerons ACBDE = *abcde*, ABGN = *abgn*, AELN = *aeln*; alors les trois angles plans qui forment l'angle trièdre A seront respectivement égaux aux trois angles plans qui forment l'angle trièdre *a*, et nous aurons A = *a* (354). Si donc nous portons le prisme *ah* sur AH, en faisant coïncider les angles trièdres égaux *a* et A, la base *abcde* couvrira exactement ABCDE, et les faces *abgn*, *aeln*, couvriront aussi ABGN et AELN, en sorte que les sommets *g*, *n*, *l*, se confondront avec G, N, L, ce qui exige que les bases supérieures *ghkln* et GHKLN coïncident exactement, car elles auront trois points communs; donc tous les sommets et toutes les arètes du prisme *ah*, s'appliqueront sur ceux du prisme AH, et ces prismes seront égaux.

COROLLAIRE 1er. Deux prismes sont égaux lorsqu'ils ont une base et une face égales chacune à chacune, et également inclinées; car alors les deux angles trièdres adjacens, formés de part et d'autre sont aussi égaux, ce qui revient au cas ci-dessus.

COROLLAIRE 2. Deux prismes droits qui ont des bases et des hauteurs égales sont égaux.

Scolie 1er. Deux prismes égaux sont évidemment composés d'un même nombre de prismes triangulaires égaux chacun à chacun, et semblablement placés; et réciproquement deux prismes composés d'un même nombre de prismes triangulaires égaux chacun à chacun, sont égaux.

Scolie 2. Si la disposition était inverse dans les divers cas ci-dessus, les prismes seraient *symétriques*.

THÉORÈME III.

377. *Dans tout parallélépipède, les faces opposées sont égales et parallèles.*

Soit le parallélépipède BM (fig. 328); d'après sa définition ses bases sont égales et parallèles; or, cela aura lieu aussi pour les faces opposées : car puisque AD est égal et parallèle à BC, et que AG est égal et parallèle à BH, l'angle GAD sera égal et parallèle à HBC, et par suite les deux parallélogrammes GADN et HBCM seront aussi égaux et parallèles.

Le même raisonnement nous servirait à prouver que la face ABHG est égale et parallèle à DCMN.

Corollaire 1er. On peut donc prendre pour bases d'un parallélépipède une face quelconque et son opposée.

Corollaire 2. Les douze arètes d'un parallélépipède sont égales et parallèles, quatre à quatre. Ainsi, dès que l'on connaît les trois arètes qui aboutissent au même sommet, on connaît toutes les autres. Par conséquent trois droites, non situées dans un même plan, qui partent d'un même point et dont les longueurs et les inclinaisons respectives sont données, déterminent un parallélépipède; et pour le construire, il suffit de mener par l'extrémité de chaque droite un plan parallèle à celui des deux autres.

THÉORÈME IV.

378. *Dans tout parallélépipède les angles trièdres opposés sont symétriques.*

Considérons, par exemple, l'angle trièdre B (fig. 328) et son opposé M. Si l'on prolonge au-delà du sommet M les arètes MD, MN, MG, elles détermineront un angle trièdre M*ndg* symétrique de M (n° 340) qui sera de plus égal à B, car ces deux angles auront leurs arètes parallèles et dirigées dans le même sens (n° 356) : donc B et M sont symétriques. Il en serait de même pour deux autres, tels que A et N, etc.

THÉORÈME V.

379. *Tout plan diagonal décompose un parallélépipède en deux prismes triangulaires symétriques.*

Par les deux arètes BH et DM (fig. 328) du parallélépipède AN menons un plan BHMD qui déterminera deux prismes triangulaires. Mais nous avons vu d'un côté que les angles opposés A et N, ainsi que G et C, etc., étaient symétriques, et de l'autre que les faces opposées étaient égales; d'ailleurs les diagonales MH et BD divisent les bases en quatre triangles égaux, et la section BHMD est un parallélogramme commun aux deux prismes partiels; donc toutes les parties du prisme triangulaire ABDHMG sont égales à celles du prisme triangulaire BCDHMN, mais inversement distribuées, et par conséquent ces prismes sont symétriques.

Le plan BHMP est un plan de symétrie : le parallélépipède en a quatre.

THÉORÈME VI.

380. *Les quatre diagonales d'un parallélépipède se rencontrent toujours en un même point* O.

Soit le parallélépipède AH (fig. 329); si nous menons un plan diagonal BGMD, par les arètes opposées BG, DM, nous formerons un parallélogramme dont les diagonales MB, GD se couperont par leur milieu O; de même le plan MNBC passant par les arètes MN, BC, sera aussi un parallélogramme dont les diagonales NC, MB se couperont encore par leur milieu; mais le point O étant déjà le milieu de MB commun à GD, il faudra que la troisième diagonale NC passe par ce même point; on démontrerait également que ce point O appartient à la quatrième diagonale AH : donc la proposition est démontrée.

Scolie. Le point O s'appelle *le centre du parallélépipède :* tout plan passant par ce centre divise le parallélépipède en deux polyèdres égaux.

Ce point est commun aux quatre plans de symétrie du parallélépipède.

Si le parallélépipède était rectangle, les quatre diagonales seraient égales et divisées en huit parties égales, au point O, qui alors se trouverait à égale distance des huit sommets.

Enfin, dans le cube, le centre O se trouve à égale distance des huit sommets ainsi que des six faces.

THÉORÈME VII.

381. *Dans un parallélépipède rectangle, le carré de la diagonale est égal à la somme des carrés des trois arêtes adjacentes.*

Dans le parallélépipède rectangle AG (fig. 324), menons la diagonale BM et joignons BD, qui sera celle de la base ABCD. Le triangle MDB sera rectangle et donnera $\overline{MB}^2 = \overline{MD}^2 + \overline{DB}^2$. Mais le triangle DCB est aussi rectangle et donne $\overline{DB}^2 = \overline{DC}^2 + \overline{CB}^2$. Et substituant, en observant que CB = DA, on aura $\overline{MB}^2 = \overline{DM}^2 + \overline{DC}^2 + \overline{DA}^2$.

Corollaire. Dans le cube, le carré de la diagonale est donc triple de celui de l'arête.

§ II. — DE LA PYRAMIDE.

382. La pyramide la plus simple est le tétraèdre ou pyramide triangulaire, qui est aussi le plus simple de tous les polyèdres.

Le tétraèdre est un polyèdre élémentaire, car nous verrons bientôt que tout polyèdre peut être décomposé en pyramides, et qu'il est d'ailleurs facile de se convaincre qu'une pyramide n'est qu'un assemblage de tétraèdres. En effet, les arêtes latérales d'une pyramide quelconque se réunissant en un même point, sont telles que, prises deux à deux, elles déterminent un plan. Ainsi l'on pourra donc toujours faire passer des plans sécans par les arêtes opposées d'une pyramide (fig. 332). Les traces de ces plans sur la base seront les diagonales de cette base, et ils diviseront la pyramide entière en autant de tétraèdres qu'elle aura de faces, moins deux. Ces tétraèdres partiels auront pour sommet commun le sommet de la pyramide, pour bases les triangles de sa base, et pour hauteur commune celle de la pyramide elle-même.

THÉORÈME Ier.

383. *Deux tétraèdres sont égaux lorsqu'ils ont trois faces égales, chacune à chacune, et semblablement placées.*

Soient les deux tétraèdres S, S' (fig. 330) dans lesquels nous supposerons les faces ASC = A'S'C', ASB = A'S'B', BSC = B'S'C'; par suite de ces données, les angles trièdres S et S' seront égaux (n° 356) et pourront coïncider. Si donc on les place l'un dans l'autre, de manière que les arètes égales SA et S'A' se confondent, les autres arètes SB et S'B', ainsi que SC et S'C' se confondront aussi, et les sommets A', B', C' tomberont sur les sommets A, B, C; donc les bases coïncideront, et par suite les deux tétraèdres seront égaux.

THÉORÈME II.

384. *Deux tétraèdres sont égaux lorsqu'ils ont deux faces égales, chacune à chacune, comprenant un angle dièdre égal.*

En effet, si les deux tétraèdres S, S', ont les deux faces ASC = A'S'C' et ASB = A'S'B', et de plus l'angle dièdre SA = S'A', les angles trièdres S et S' seront égaux (fig. 358) ainsi que leurs arètes respectives; donc ces deux tétraèdres portés l'un sur l'autre coïncideront, comme ci-dessus, et seront égaux.

THÉORÈME III.

385. *Deux tétraèdres sont égaux lorsqu'ils ont une face égale et les trois angles dièdres adjacens égaux chacun à chacun.*

Supposons que la face ABC = A'B'C' (fig. 330); que les inclinaisons des trois autres sur celle-là soient respectivement égales dans les deux tétraèdres, et qu'on porte A'B'C' sur ABC en les faisant coïncider; puisque les angles dièdres adjacens à ces bases sont égaux, la face S'A'B' tombera sur SAB, la face S'A'C' sur SAC, et S'D'C' sur SDC; mais alors le sommet S' devra se trouver à la fois sur les trois arètes SA, SB, SC, et ne pourra être qu'en S ; donc les deux tétraèdres coïncideront et seront égaux.

Observation. Dans les trois théorèmes précédens, si les parties égales étaient inversement disposées, les tétraèdres seraient symétriques.

Scolie. On voit par les théorèmes ci-dessus, que les six arètes d'un tétraèdre suffisent pour le déterminer; car les arètes déterminent elles-mêmes les faces, et par suite les angles dièdres et trièdres. Par conséquent, deux tétraèdres sont égaux ou symétriques lorsqu'ils ont les six arètes égales chacune à chacune ; et six lignes données ne peuvent servir à former qu'un seul tétraèdre ou son symétrique.

Un tétraèdre qui aurait toutes ses arètes égales entre elles, aurait aussi toutes ses faces et tous ses angles trièdres égaux, et serait par conséquent régulier.

THÉORÈME IV.

386. *Lorsqu'on prolonge au-delà du sommet d'un tétraèdre les trois arètes adjacentes à ce sommet, et qu'on prend sur ces prolongemens des longueurs égales aux arètes elles-mêmes, on forme un tétraèdre symétrique du premier.*

Soit le tétraèdre SABC (fig. 331), et soient prolongées ses arètes de manière que SA' = SA, SB' = SB, SC' = SC, alors on aura les faces SAC = SA'C', SAB = SA'B', SBC = SB'C', car elles auront un angle égal compris entre côtés égaux chacun à chacun ; donc les angles trièdres en S seront égaux, et la face ABC = A'B'C'. Mais comme d'ailleurs la disposition des parties est inverse, ces deux tétraèdres sont symétriques.

Corollaire. Lorsque trois lignes non situées dans un même plan passent par un même point et sont coupées par deux plans parallèles situés à égale distance de ce point, elles déterminent deux tétraèdres symétriques opposés au sommet.

THÉORÈME V.

387. *Deux pyramides quelconques sont égales lorsqu'elles ont des bases et une autre face égale, chacune à chacune, semblablement placées, et comprenant un angle dièdre égal.*

Si les deux pyramides SABCDE, S'A'B'C'D'E' (fig. 332) ont la base ABCDE = A'B'C'D E', la face SAB = S'A'B', et l'angle dièdre AB = A'B', tout sera égal de part et d'autre : car portons la base A'B'C'D'E' sur ABCDE, en les faisant coïncider; alors, à cause de l'inclinaison commune, la face S'A'B' s'appliquera sur SAB, et comme ces faces sont égales, elles se confondront dans tous leurs points; donc le sommet S' tombera sur le sommet S, et puisque déjà les autres sommets C', D', E', sont sur C, D, E, les arètes S'C', S'D', S'E' recouvriront SC, SD, SE, et les deux pyramides coïncideront dans tous leurs points; donc elles sont égales.

On prouverait de même que deux pyramides sont égales lorsqu'elles ont un angle trièdre égal compris entre trois faces égales.

THÉORÈME VI.

388. *Deux pyramides égales sont composées d'un même nombre de tétraèdres égaux chacun à chacun et semblablement placés.*

En effet, si les deux pyramides S, S' (fig. 332) sont égales, on pourra diviser leurs bases en un même nombre de triangles égaux chacun à chacun, par des diagonales partant de deux sommets homologues; et si l'on fait passer des plans par ces diagonales et par les arètes adjacentes, ils détermineront des triangles égaux chacun à chacun, et diviseront chaque pyramide en un même nombre de tétraèdres qui, comparés deux à deux, auront les arètes égales, chacune à chacune, et seront égaux.

Scolie. On démontrerait, comme pour le tétraèdre, que le prolongement des arètes d'une pyramide au-delà de son sommet détermine une pyramide symétrique de la première; et l'on prouverait aussi par là que deux pyramides symétriques sont composées d'un même nombre de tétraèdres symétriques chacun à chacun.

THÉORÈME VII.

389. *Toute section faite par un plan parallèle à la base d'une pyramide détermine un polygone semblable à cette base, et divise les arètes latérales et la hauteur de cette pyramide en parties proportionnelles.*

Supposons que *abcde* (fig. 333) soit la trace d'un plan sécant mené parallèlement à ABCDE, par suite de ce parallélisme, on a d'abord les angles plans ABC=*abc*, *bcd*=BCD, etc., ensuite les triangles SAB et *sab* sont semblables, ainsi que SBC et *sbc*, etc., et donnent

$$ab : AB :: sb : SB \text{ et } ac : AC :: sb : SB,$$

d'où $ab : AB :: ac : AC :: cd : CD$, etc.;

donc ces deux polygones auront les angles égaux, les côtés proportionnels, et seront semblables.

De la similitude des faces on déduit

$$sa : SA :: sb : SB :: sc : SC, \text{ etc.}$$

et de plus, si l'on abaisse la perpendiculaire SP qui sera la hauteur de la pyramide, et qu'on joigne AP et *ap*, on formera encore deux triangles semblables SAB, *sap*, qui donneront

$$sa : SA :: sp : SP;$$

donc enfin le plan parallèle à la base divise les arètes et la hauteur en parties proportionnelles.

On démontrerait également que si des plans parallèles entre eux sans l'être à la base coupaient une pyramide, ils détermineraient des polygones semblables.

THÉORÈME VIII.

390. *Les lignes droites qui joignent les milieux des arètes opposées d'un tétraèdre se rencontrent toutes les trois en un même point intérieur, qui est le milieu de chacune d'elles.*

Soient le tétraèdre SABC (fig. 334) et M, N, P, Q, X, R, les milieux de ses arètes. Si l'on joint ces points par des droites menées dans les plans des faces, on formera trois parallélogrammes dont les diagonales seront les lignes qui vont d'un milieu à l'autre, en traversant le tétraèdre. En effet, dans le triangle SAC, la ligne QP qui joint les milieux des côtés SA, SC est parallèle à la base AC ; de même, dans le triangle BAC, la ligne MN est aussi parallèle à la base AC; donc QP et MN sont parallèles entre elles. De même QM et PN seront parallèles comme l'étant à la base commune SB ; donc la figure MNPQ est un parallélogramme.

On prouvera pareillement que la figure RQXN est un parallélogramme, car les côtés RQ et XN sont parallèles en même temps à AB, et RN et QX le sont à SC.

Or QN est une diagonale commune à ces deux parallélogrammes, et elle doit être coupée en son milieu par la diagonale PM et par la diagonale RX; donc ces trois diagonales passent par le même point O.

THÉORÈME IX.

391. *Les perpendiculaires élevées aux faces d'un tétraèdre par les centres des cercles circonscrits à ces faces, vont se rencontrer toutes les quatre en un même point également distant des sommets.*

Soit le tétraèdre S (fig. 335), et supposons que D et C soient les centres des cercles circonscrits aux faces ABH et SAH, l'arète AH appartenant à ces deux faces sera une corde commune à ces deux cercles; si donc des centres D et C on abaisse les perpendiculaires DM, CM sur cette corde, elles aboutiront au même point M, milieu de AH, et détermineront un plan CMD perpendiculaire en même temps à l'arète et aux deux faces ABH, SAH (n° 347).

Cela posé, si du centre D on élève une perpendiculaire DO au plan ABH, elle se trouvera tout entière dans le plan CMD; (n° 348) et si du centre C on élève une perpendiculaire CO au plan SAH, CO se trouvera aussi tout entière dans le plan CMD;

donc les deux droites DO, CO, situées dans un même plan et perpendiculaires sur deux lignes qui se coupent (n° 45), se rencontreront en un point O.

Or, tous les points de la perpendiculaire DO sont à égale distance des sommets A, B, H placés sur une circonférence dont le pied D est le centre; de même tous les points de la perpendiculaire CO sont à égale distance des sommets S, A, H; donc le point O est également éloigné des quatre sommets du tétraèdre.

Maintenant, si nous faisons la même construction et le même raisonnement pour le centre D et le centre G de la face SAB, nous serons conduits encore à conclure que les perpendiculaires élevées par ces centres se rencontrent en un point également éloigné des quatre sommets du tétraèdre. Nous arriverons enfin à la même conséquence pour la face SBH; donc le point de rencontre O est unique et appartient aux quatre perpendiculaires : car il ne peut pas y avoir plusieurs points de la ligne DO qui soient en même temps à égale distance des quatre sommets.

Ce point de rencontre peut être intérieur ou extérieur au tétraèdre, ou bien se trouver sur une de ses arètes.

Corollaire. La perpendiculaire élevée par le centre du cercle circonscrit à chaque face se trouve l'intersection commune des trois plans qu'on pourrait mener perpendiculairement à cette face par les milieux de ses côtés. Ainsi l'on peut dire que dans un tétraèdre tous les plans perpendiculaires aux milieux des arètes vont se rencontrer en un même point.

THÉORÈME X.

392. *Si par le centre du cercle inscrit à chaque face d'un tétraèdre on mène une droite au sommet opposé à cette face, ces quatre lignes passeront par un même point intérieur également éloigné des quatre faces.*

Soit D (fig. 336) le centre du cercle inscrit à la face ABC du tétraèdre SABC. Si par les lignes DA, DB, DC qui divisent les angles plans A, B, C en deux parties égales, et par les arètes adjacentes, on fait passer les trois plans SAD, SBD, SCD, ces plans se couperont suivant une droite SD, allant du centre D au sommet opposé S; car les points S et D appartiennent à ces trois plans. Si donc d'un même point de SD on abaisse des perpendiculaires sur les faces SAL, SAC, SBC, ces perpendiculaires seront égales (n° 350), c'est-à-dire que chaque point de SD se trouve à égale distance de ces trois faces; mais cette distance diminue à mesure qu'on s'approche du sommet S.

En second lieu, soit G le centre du cercle inscrit à la face SBC, nous prouverons, comme ci-dessus, que si nous joignons AG, chaque point de la ligne AG sera également éloigné des trois faces ABC, ACS, ABS; or, la ligne AG rencontrera SD, car ces deux lignes sont dans le plan DASG, qui coupe l'angle dièdre SA en deux parties égales, et leur point d'intersection O sera donc également éloigné des quatre faces du tétraèdre.

Ou prouverait de même que la ligne qui irait du sommet B au centre du cercle inscrit à la face ACS, et celle qui joindrait le sommet C au centre du cercle inscrit à la face ABS, couperait aussi SD en un point O également éloigné des quatre faces du tétraèdre; donc ces deux dernières lignes passeront par le point O commun aux deux autres : ce qui démontre le théorème énoncé.

Corollaire. Les plans qui divisent en deux parties égales les angles dièdres d'un tétraèdre passent par un même point situé à égale distance de ses faces.

THÉORÈME XI.

393. *Après avoir déterminé sur les quatre faces d'un tétraèdre* SS'S"S‴ (fig. 337) *les points* A, A', A", A‴, *où se rencontrent les trois droites qui vont de chaque sommet au milieu du côté opposé* (n° 253), *si l'on joint chaque sommet du tétraèdre au point ainsi déterminé, sur la face opposée, par les droites* SA, S'A', S"A", S‴A‴, *ces quatre droites passe-*

ront par un même point intérieur R, *qui sera aux* $\frac{3}{4}$ *de la longueur de chacune d'elles.*

Pour le prouver, observons d'abord que les deux droites SA, S'A' sont dans un même plan SS'C passant par l'arète SS' et par le milieu C de l'arète S'S", et qu'elles doivent se couper en un point R, facile à déterminer ; car puisque CA $=\frac{1}{3}$ AS', et CA' $=\frac{1}{3}$ A'S (n° 253), la droite AA' est parallèle à SS' (n° 233), et alors les deux triangles RAA', RSS' sont équiangles et semblables, et donnent

$$RA : RS :: RA' : RS' :: AA' : SS'.$$

De même, les triangles CAA', CS'S sont aussi semblables, et l'on a

$$CA : CS' :: AA' : SS';$$

mais CA $=\frac{1}{3}$CS' ; donc AA' $=\frac{1}{3}$ SS', et par suite RA $=\frac{1}{3}$RS et RA' $=\frac{1}{3}$RS' ; donc le point R se trouve aux $\frac{3}{4}$ des deux lignes SA, S'A'.

En second lieu, si nous considérons les deux lignes SA, S"A" situées sur le plan SDS" qui passe par l'arète SS" et le milieu D de l'arète S'S", nous prouverons aussi qu'elles se coupent en un point R situé aux $\frac{3}{4}$ de leur longueur ; donc S"A" passera par le point déjà commun à SA et S'A'.

Enfin, les droites SA et S"A" situées dans le plan SBS" qui passe par l'arète SS" et par le milieu B de S'S" se couperont encore de la même manière que les autres, et il faudra que S"A" passe aussi par le point R ; donc la proposition énoncée est vraie (*).

Corollaire. Les plans menés dans un tétraèdre par chaque arète et par le milieu de l'arète opposée, se rencontrent en un même point.

Dans les quatre théorèmes ci-dessus, si le tétraèdre en question était régulier, les points de concours déterminés se

(*) Ce point est ce qu'on appelle en Statique centre de gravité d'un tétraèdre.

réuniraient en un seul et même point. En effet, dans ce cas les faces du tétraèdre seraient des triangles équilatéraux égaux, dans chacun desquels le centre du cercle inscrit, le centre du cercle circonscrit, et la rencontre des trois hauteurs se trouveraient au centre même du triangle ; ce qui réduit les questions des trois derniers théorèmes en une seule, et prouve que dans un tétraèdre régulier, il y a un point unique également éloigné des quatre sommets, ainsi que des quatre faces et situé aux $\frac{3}{4}$ de la hauteur du tétraèdre, à partir du sommet.

§ III. — DES POLYÈDRES EN GÉNÉRAL.

394. Quelle que soit la forme d'un polyèdre, on peut toujours concevoir que d'un point pris dans son intérieur, on puisse mener des droites à chacun de ses sommets, et faire passer par ces droites, prises deux à deux, des plans qui diviseront le polyèdre total en autant de pyramides qu'il aura de faces. Ces pyramides ensuite peuvent être divisées en tétraèdres ; donc tout polyèdre peut être décomposé en un certain nombre de tétraèdres.

Par conséquent, les propriétés des polyèdres, en général, peuvent se déduire de celles du tétraèdre ; aussi est-il inutile d'entreprendre une étude détaillée pour chaque espèce de polyèdres.

On conçoit facilement que deux polyèdres égaux seront décomposables en un même nombre de tétraèdres égaux, chacun à chacun, et semblablement placés, et que deux polyèdres qui seraient composés d'un même nombre de tétraèdres égaux chacun à chacun, et semblablement places, seront nécessairement égaux.

De même, deux polyèdres qui auraient un même nombre d'arètes égales semblablement placées, et comprenant des angles plans et des angles polyèdres égaux, chacun à chacun, seraient égaux.

Si les parties égales étaient inversement distribuées, les polyèdres seraient symétriques ; et réciproquement deux polyèdres symétriques sont décomposables en un même nombre de tétraèdres symétriques, chacun à chacun et inversement disposés.

Là se borne tout ce que nous avons à dire sur les polyèdres en général; cependant il en est une classe qui mérite une mention spéciale, ce sont les polyèdres réguliers.

§ IV. — DES POLYÈDRES RÉGULIERS.

395. Un polyèdre est dit *régulier*, lorsque toutes ses faces sont des polygones réguliers égaux, et que tous ses angles dièdres et polyèdres sont aussi égaux; on pourrait dire encore un polyèdre régulier est celui qui a toutes ses arètes égales et tous ses angles plans et ses angles dièdres égaux.

Réciproquement, lorsque ces conditions existeront dans un polyèdre, il sera régulier.

Le nombre des polyèdres qui peuvent satisfaire à cette double condition est restreint, car il n'en existe que cinq, comme nous allons le prouver.

THÉORÈME Ier.

396. *Il ne peut exister que cinq polyèdres réguliers, mais il en existe réellement cinq.*

Pour démontrer cette proposition, rappelons-nous que la somme des angles plans qui concourent à la formation d'un angle polyèdre quelconque doit toujours être plus petite que quatre angles droits, et qu'il faut au moins trois angles plans pour former un angle polyèdre. Par conséquent, pour qu'un polygone régulier puisse servir à la construction d'un polyèdre régulier, il faut que l'angle de ce polygone vaille moins de $\frac{4}{3}$ d'angle droit ou de 120°. Ainsi l'on peut employer le triangle équilatéral dont l'angle vaut 60°, le carré, dont l'angle vaut 90°, et le pentagone régulier, dont l'angle est de 108°; mais ce sont là les seuls, car pour l'hexagone régulier, l'angle est de 120°, et pour les autres, il est au-dessus.

En second lieu, l'angle du triangle équilatéral valant 60°, on pourra former par son moyen un angle trièdre ou un angle tétraèdre, ou bien un angle pentaèdre, mais point d'autres, car six angles de 60° valent 360° : donc il ne peut exister que trois polyèdres réguliers ayant des faces triangulaires.

Avec des angles droits on ne peut faire qu'un seul angle polyèdre, c'est le trièdre rectangle; donc le carré ne peut fournir qu'un seul polyèdre régulier.

Enfin l'angle du pentagone régulier, qui est de 108°, peut bien aussi former un angle trièdre, mais il ne peut pas servir à construire des angles ayant plus de trois faces, car $4 \times 108 = 432°$.

Donc il ne peut y avoir que cinq polyèdres réguliers : savoir trois avec des triangles équilatéraux, un avec des carrés, et un avec des pentagones.

Mais voyons s'ils existent réellement, et si nous pourrons les construire.

1°. Prenez trois triangles équilatéraux égaux, réunissez-les par un de leurs sommets pour faire un angle trièdre S (fig. 338), et l'ouverture ABC présentera un triangle égal à ceux employés, car il sera formé de trois côtés appartenant à ces triangles. Si donc on ferme cette ouverture avec un quatrième triangle égal aux autres, on aura construit un *tétraèdre régulier*. En effet, les angles trièdres A, B, C sont égaux à l'angle S, car, comme lui, ils seront formés de trois angles plans de 60° chacun (n° 356).

Le tétraèdre a quatre faces, quatre sommets et six arêtes.

2°. Soient trois droites AA′, BB′, CC′ (fig. 339), perpendiculaires entre elles en un même point O, c'est-à-dire telles que chacune d'elles soit perpendiculaire au plan des deux autres. Prenez, à partir du point O, des longueurs égales $OA = OA' = OB = OB' = OC = OC'$, et joignez les extrémités A, A′, B, B′, C, C′ par des droites qui détermineront huit triangles équilatéraux égaux et également inclinés entre eux; car d'abord toutes ces lignes, au nombre de douze, seront égales comme étant les hypoténuses de douze triangles rectangles égaux; et en se coupant trois à trois, elles détermineront huit triangles équilatéraux égaux.

En second lieu, si l'on suppose qu'on fasse passer des plans par les droites primitives AA', BB', CC', ces plans comprendront entre eux autour du point O huit angles trièdres rectangles qui, avec les huit faces égales, formeront huit tétraèdres égaux. Ces tétraèdres réunis quatre à quatre au-dessus et au dessous de chaque plan, détermineront dans tous les sens des pyramides quadrangulaires égales. Par conséquent, les angles polyèdres A, A', B, B', C, C', aux sommets respectifs de ces pyramides, seront égaux entre eux; donc nous aurons un polyèdre régulier composé de huit faces, et qui par cette raison est appelé *octaèdre régulier.*

L'octaèdre régulier a six sommets, huit faces et douze arètes

3°. Prenez cinq triangles équilatéraux égaux, réunissez-les par un de leurs sommets pour former un angle pentaèdre régulier, et alors son ouverture présentera un pentagone régulier ABCDE (fig. 340), car ses côtés et ses angles seront égaux : à chacun des côtés de ce pentagone adaptez un autre triangle égal au précédent, et faisant avec son adjacent un angle dièdre égal aux angles dièdres OA, OB, OC, vous aurez une réunion de dix triangles équilatéraux également inclinés entre eux. Faites d'un autre côté une construction pareille avec dix autres triangles égaux aux premiers, assemblez ces deux parties de manière à ce que les angles saillans de l'une s'enchâssent dans les angles rentrans de l'autre, et vous obtiendrez un polyèdre à vingt faces égales et également inclinées entre elles, c'est-à-dire un *icosaèdre régulier.*

L'icosaèdre régulier a douze sommets, trente arètes et vingt faces.

4°. Soit un carré ABCD (fig. 325); par chacun de ses sommets élevez des perpendiculaires à son plan, et prenez AG = BH = CK = DL = AB côté de ce carré; joignez les points G, H, K, L, vous aurez alors le polyèdre que nous avons appelé *cube*, et qui sera régulier, car toutes ses faces sont des carrés égaux, et tous ses angles sont des trièdres rectangles.

Le cube ou *hexaèdre régulier* a huit sommets, douze arètes et six faces.

5°. Prenez un pentagone régulier, à chacun de ses côtés adaptez-en un autre qui lui soit égal, et rapprochez ces cinq derniers de manière que deux de leurs côtés se touchent, et déterminent aux sommets A, B, C, D, E (fig. 341), des angles trièdres réguliers et égaux; prenez d'un autre côté six autres pentagones égaux aux précédens, et répétez la même construction; ensuite réunissez les deux parties ainsi obtenues, de manière que les angles saillans de l'une s'adaptent aux angles rentrans de l'autre, et vous obtiendrez un polyèdre régulier, car toutes ses faces seront des polygones réguliers égaux, et tous ses angles polyèdres seront aussi égaux : ce sera le *dodécaèdre régulier.*

Le dodécaèdre régulier a vingt sommets, trente arètes et douze faces.

Donc enfin il existe cinq polyèdres réguliers faciles à construire.

Ce sont le tétraèdre, l'octaèdre, l'icosoèdre, le cube, et le dodécaèdre réguliers (*).

THÉORÈME II.

* 397. *Dans un polyèdre régulier, il existe toujours un point intérieur également éloigné de tous ses sommets, ainsi que de toutes ses faces.*

Cette proposition a été démontrée déjà pour le tétraèdre et pour le cube (n°s 380 et 393). Quant à l'octaèdre, elle résulte immédiatement de sa construction : il suffit donc de le prouver pour le dodécaèdre et pour l'icosaèdre. Au reste, la démonstration suivante s'applique également aux cinq polyèdres réguliers.

Soit AB (fig. 342) une arète d'un polyèdre régulier; par les centres C et D des deux faces adjacentes abaissons sur

(*) *Voyez* l'Appendice à la fin de l'ouvrage.

cette arète les perpendiculaires CM, DM, qui tomberont au même point M milieu de AB, et détermineront un plan perpendiculaire à cette arète, ainsi qu'aux deux faces adjacentes. Par ces mêmes centres élevons des perpendiculaires respectives CO, DO aux plans de ces faces ; ces perpendiculaires se trouveront dans le plan CMD, et se couperont au point O, placé à égale distance de tous les sommets adjacens aux deux faces indiquées. De plus, si nous joignons OM, nous formerons deux triangles rectangles OMC, OMD qui auront l'hypoténuse commune et un côté égal, car CM = DM; donc CO = DO; c'est-à-dire que le point O est aussi à égale distance des faces données. Mais observons que l'angle OMC = OMD, et qu'alors la ligne OM divise l'angle DMC ou l'angle correspondant à l'angle dièdre AB en deux parties égales.

En second lieu, soit G le centre d'une troisième face adjacente à une des deux ci-dessus, et répétons pour l'arète AE la même construction que pour l'arète AB, nous prouverons encore que les deux perpendiculaires DO′, GO′ se rencontrent en un point également éloigné des deux faces, ainsi que des sommets adjacens, et que les triangles rectangles O′ND et O′NG sont égaux.

Mais les deux triangles ODM et O′DN rectangles en D ont un côté égal DM = DN, et un angle aigu égal OMD = O′ND, car ces deux angles sont chacun la moitié des angles correspondans aux angles dièdres égaux AB, AE; donc DO = DO′, ce qui prouve que les perpendiculaires CO, DO, GO doivent se rencontrer en un même point également éloigné des trois faces et des sommets correspondans. Comme on prouverait qu'il en serait de même pour toute autre face, il est donc démontré que le point intérieur O est à la même distance de toutes les faces du polyèdre régulier, ainsi que de tous ses sommets.

Ce point intérieur s'appelle *le centre* du polyèdre régulier ; la distance OA de ce centre aux sommets en est le *rayon*, et la distance OD aux faces porte le nom d'*apothème du polyèdre*.

Corollaire. Si par le centre d'un polyèdre régulier on mène des rayons à chacun de ses sommets, on le divisera en autant de pyramides régulières et égales qu'il contient de faces; ces pyramides auront pour base une de ces faces, et pour hauteur l'apothème du polyèdre.

PROBLÈME.

398. *Étant donné un polyèdre régulier, trouver son apothème et son rayon.*

Pour résoudre ce problème, il faut d'abord chercher l'angle dièdre ou l'inclinaison des faces adjacentes du polyèdre donné; ensuite, pour un triangle rectangle ayant pour un des côtés de l'angle droit le rayon du cercle inscrit à une des faces de ce polyèdre, et pour l'angle aigu adjacent à ce côté la moitié de l'inclinaison trouvée, alors l'autre côté de l'angle droit sera l'apothème du polyèdre.

Ensuite, pour avoir le rayon, formez un autre triangle rectangle ayant pour les deux côtés de l'angle droit l'apothème ci-dessus et le rayon du cercle circonscrit à la face du polyèdre; l'hypoténuse de ce triangle sera le rayon du polyèdre.

CHAPITRE III.

DES CORPS TERMINÉS PAR DES SURFACES COURBES OU DES SOLIDES DE RÉVOLUTION.

399. D'après l'idée que nous nous sommes faite d'une surface plane, nous pouvons la regarder comme engendrée par le mouvement d'une ligne droite AB qui parcourrait une autre droite AM (fig. 343) en restant toujours parallèle à sa position primitive.

La droite AB s'appelle la *génératrice* de la surface, et la ligne AM en est la *directrice*.

Cela posé, il est facile de comprendre que la directrice, au lieu d'être une droite unique, puisse par intervalle, changer de direction et devenir une ligne brisée; on peut admettre même que ce changement s'opère à chaque point de cette ligne, et qu'il soit permanent; alors la directrice sera une véritable courbe telle que MN (fig. 344).

Dans ce cas, si l'on suppose que la droite génératrice AB ne soit point dans le plan de la courbe MN, et qu'elle parcoure tous les points de cette courbe en conservant toujours une position parallèle à sa position primitive, cette droite decrira une *surface courbe* qui porte le nom de *surface cylindrique*.

La directrice peut être quelconque; mais si c'est une courbe fermée MNOPM (fig. 345), la génératrice reviendra à son point de départ. Dans cette dernière supposition, si l'on coupe la surface engendrée par deux plans parallèles RS, XY, qui rencontrent toutes les génératrices, l'espace renfermé entre cette surface courbe et les deux plans est ce qu'on appelle un *cylindre*.

Les deux sections parallèles RS, XY, sont les *bases* du cylindre, leur distance est sa *hauteur*, la surface courbe forme la *surface latérale* de ce cylindre, et la génératrice en est l'*arête*.

Un cylindre a donc une infinité d'arètes toutes parallèles et égales entre elles, et par conséquent ses deux bases sont égales.

Le cylindre est *droit* ou *oblique*, selon que ses arètes sont perpendiculaires ou non aux plans de ses bases.

Lorsqu'une surface cylindrique est coupée par deux plans non parallèles, le volume ainsi limité porte le nom de *cylindre tronqué*, ou de *tronc de cylindre*.

Lorsqu'en coupant un cylindre par un plan perpendiculaire aux arètes, on obtient un cercle pour section, le cylindre porte le nom de *circulaire* (fig. 352 et 354), parce qu'on peut supposer alors que sa directrice est une circonférence. Le cylindre circulaire pourra aussi être droit ou oblique ; c'est le seul dont s'occupe la Géométrie élémentaire.

On voit par ce qui précède qu'un *cylindre n'est qu'un prisme d'une infinité de faces*.

399. On peut aussi concevoir qu'une surface plane puisse être engendrée par la révolution d'une droite perpendiculaire à une autre, qui tournerait autour de cette dernière sans cesser de lui être perpendiculaire.

Mais si la droite mobile AB (fig. 346), en passant toujours par le même point de la droite fixe YX, fait avec elle un angle quelconque et variable, pendant qu'elle tourne autour de YX, et qu'elle parcourt la directrice DCB, elle engendrera une surface courbe qu'on nomme *surface conique*, composée de deux *nappes* égales et opposées au point O.

Lorsque la directrice est fermée, la génératrice revient à sa position primitive, et alors si l'on coupe cette surface par deux plans parallèles MN, PQ, situés à égale distance du point O, l'espace renfermé entre les plans et la surface porte le nom de *cône*.

La droite fixe XY est l'axe du cône, la génératrice AB son arète, et le point fixe O son centre.

Chaque nappe en particulier est aussi appelée un *cône;* alors le point O est son *sommet,* la section faite par le plan en est la *base,* et la perpendiculaire abaissée du sommet sur le plan de cette base est la *hauteur* du cône.

Dans le cas où la génératrice AB ferait un angle constant avec l'axe XY, pendant toute sa révolution, le cône serait appelé *circulaire* (fig. 357), parce que alors la section faite par un plan perpendiculaire à l'axe XY, déterminerait un cercle dont le centre serait sur cet axe, et dont la circonférence pourrait être regardée comme la directrice du cône.

Un cône est droit ou oblique, selon que son axe est perpendiculaire ou non au plan de sa base.

Le cône circulaire est le seul dont s'occupe la Géométrie élémentaire.

On voit, par suite de l'origine d'un cône, que ce n'est qu'*une pyramide d'une infinité de faces*.

Lorsqu'un plan coupe un cône, il le divise en deux parties; l'une qui est un petit cône, et l'autre, comprise entre ce plan et la base, qui porte le nom de *cône tronqué* ou *tronc* de cône. Le tronc de cône a deux bases qui peuvent être parallèles ou non.

400. En faisant varier la nature de la ligne génératrice, on pourrait donner naissance à un nombre infini d'autres corps, appelés pour cela *solides de révolution,* mais dont l'étude n'est pas du domaine de la Géométrie élémentaire. Cependant il y en a quelques-uns qui peuvent être ramenés au cylindre et au cône, et desquels il est utile de faire mention.

C'est ainsi, par exemple, que, si l'on fait tourner un triangle ABC autour d'un de ses côtés AC (fig. 347), les deux autres côtés AB, BC engendreront un volume évidemment composé de deux cônes circulaires droits opposés à la base, ayant les points A et C pour sommets respectifs, pour base commune le cercle dont la perpendiculaire BD sera le rayon, et pour hauteur les segmens DA, DC.

Si le triangle donné ABC (fig. 348) était obtusangle, et qu'on le fît tourner autour d'un des côtés adjacens à l'angle obtus, le solide engendré serait la différence de deux cônes circulaires droits, ayant pour base commune le cercle dont le rayon serait BD.

Si l'on fait tourner un trapèze rectangle ABCD (fig. 349) autour du côté perpendiculaire AB, on formera un tronc de cône droit à bases parallèles dont AB serait la hauteur.

De même, si l'on suppose qu'une ligne brisée ou polygonale, YABCD (fig. 350), tourne autour d'une droite fixe XY de manière que chacun de ses points reste constamment à la même distance de cette droite, elle engendrera un volume composé de cônes, de troncs de cônes et de cylindres circulaires droits, dont les hauteurs respectives seront les projections des côtés de la ligne polygonale sur la droite fixe.

401. Enfin, si l'on fait tourner un demi-cercle AMB (fig. 351) autour de son diamètre, il engendrera le corps appelé *sphère*. La circonférence du demi-cercle générateur décrira la *surface sphérique* dont tous les points seront à égale distance du centre de ce cercle, qui est aussi pour cette raison le centre de la sphère; le rayon du cercle est le rayon de la sphère, et son diamètre porte le nom d'*axe de cette sphère*.

Nous pourrions pousser très loin ces considérations ; mais ce que nous venons de dire suffit pour faire comprendre de quelle manière on doit envisager tous les cas analogues.

Après cet aperçu, occupons-nous de l'étude spéciale du cylindre, du cône et de la sphère qu'on désigne ordinairement sous la dénomination des *trois corps ronds*.

§ Ier. — DU CYLINDRE.

402. Le cylindre dont nous entendons parler ici, c'est le cylindre circulaire, qui, lorsqu'il est droit, peut être considéré comme produit par la révolution d'un rectangle ABCD (fig. 352) autour d'un de ses côtés CD; ce côté fixe est l'axe ou la hauteur du cylindre; celui qui lui est opposé AB engendre sa surface latérale et devient son arète; tandis que les deux autres côtés décrivent le plan de ses bases, dont ils sont les rayons. Dans ce mouvement, tous les points de l'arète AB sont les générateurs d'autant de circonférences égales et parallèles à celles des bases.

Lorsqu'un cylindre est coupé par un plan incliné à son axe (fig. 353), il se trouve divisé en deux troncs de cylindre qui seraient parfaitement égaux, si ce plan passait par le milieu O de l'axe.

Le cylindre circulaire oblique AB (fig. 354) peut être considéré comme deux troncs d'un même cylindre droit qui seraient opposés par la base.

Si l'on coupe un cylindre par un plan parallèle à l'axe (fig. 355), la section présente un rectangle, et l'on obtient deux segmens ou portions de cylindre; si le plan passe par l'axe même, ces deux portions sont égales chacune à un demi-cylindre, et la section est un rectangle double du générateur.

Dans le cas où la hauteur du cylindre serait égale au diamètre de sa base, cette même section présenterait un carré, et le cylindre serait dit *équilatéral*.

Lorsqu'un plan touche la surface d'un cylindre (fig. 356), le contact a lieu suivant toute la longueur d'une arète AB de ce cylindre, et l'on dit que le plan lui est *tangent*.

Une suite de plans tangens au même cylindre déterminent par leurs intersections réciproques un *prisme circonscrit* à ce cylindre, dont les bases sont des polygones circonscrits aux bases du cylindre. De même un prisme construit dans l'intérieur, de manière que ses arètes se confondent avec la surface du cylindre, est dit *inscrit* dans ce cylindre. L'inscription et la circonscription des prismes et du cylindre reposent sur les mêmes principes que celles des polygones et du cercle.

Les prismes inscrits et circonscrits peuvent être réguliers ou irréguliers, et avoir un nombre quelconque de faces.

404. Dans tous les cas, le cylindre sera plus grand que le prisme inscrit, et plus petit que le prisme circonscrit; car, l'inscrit ne touchant le cylindre que par ses arètes, il existera toujours entre chaque face latérale de ce prisme et la portion de la surface du cylindre soutendue par cette face, un petit segment de cylindre, ayant AMC pour base, et pour hauteur celle du cylindre AB, en sorte que le volume du prisme inscrit devra être augmenté d'autant de petits segmens qu'il aura de faces, pour atteindre le volume du cylindre. Tandis que le prisme circonscrit qui ne touche le cylindre que par le milieu de chacune de ses faces est plus grand que ce cylindre de la somme d'autant de petits espaces, analogues à celui qui aurait APM pour base et AB pour hauteur, qu'il y a de faces dans le prisme.

Il est facile de comprendre de plus qu'à mesure que l'on fera augmenter le nombre des faces des prismes inscrits et circonscrits leurs volumes iront en s'approchant; car, si l'on double les faces du prisme inscrit, son volume augmentera d'autant de petits prismes triangulaires analogues à celui qui aurait le triangle CNO pour base, et pour hauteur celle de ce prisme, qu'il y avait de faces auparavant; tandis que, si l'on double les faces du prisme circonscrit, son volume diminuera d'un pareil nombre de prismes triangulaires ayant pour bases de petits triangles, tels que *ebg*; mais le cylindre restera constamment plus grand que l'un et plus petit que l'autre.

Ainsi, en doublant continuellement les faces des prismes inscrits et circonscrits, on pourra arriver à un point où ils ne différeront entre eux que d'une quantité plus petite que toute quantité appréciable; pourtant le cylindre se trouvera encore renfermé entre eux; donc le cylindre est la limite où vont se confondre les prismes inscrits et circonscrits, c'est-à-dire que le cylindre est un prisme *limite*, ou un *prisme régulier d'une infinité de faces*.

On voit de même que le cylindre oblique est la limite des prismes obliques inscrits et circonscrits.

On voit ici une analogie parfaite avec ce que nous avons dit pour le cercle et pour les polygones inscrits et circonscrits.

En conséquence, les propriétés du cylindre dépendent de celles du prisme ; ou, pour mieux dire, toutes les propriétés du prisme régulier sont applicables au cylindre.

Ainsi, par exemple, deux plans parallèles qui couperont un cylindre, sous une inclinaison quelconque, détermineront des sections égales (ces sections seront des ovales), et le plan parallèle à la base déterminera un cercle égal à cette base.

405. Si l'on suppose que l'on fende un cylindre droit suivant une de ses arètes, et qu'on développe sa surface sur un plan, on obtiendra par ce développement un rectangle qui aura pour base la circonférence de la base de ce cylindre, et pour hauteur cette arète elle-même, c'est-à-dire la hauteur du cylindre.

§ II. — DU CONE.

406. Le cône circulaire droit (fig. 357) peut être produit par la révolution d'un triangle rectangle ABC, autour d'un des côtés de l'angle droit; le côté fixe AC est alors la hauteur ou l'axe du cône, l'autre côté CB est le rayon de sa base, et l'hypoténuse qui décrit sa surface latérale, est l'arète du cône.

Un plan qui coupe un cône le divise en deux parties, l'une qui est un petit cône, et l'autre un tronc de cône ; si ce plan est parallèle à la base, la section sera un cercle, le petit cône détaché sera droit, et le tronc aura ses bases parallèles. Mais, si cette section est inclinée à l'axe, le petit cône sera oblique (fig. 358).

Lorsqu'un plan coupe un cône selon son axe, il détermine un triangle isoscèle double du générateur ; si ce triangle est équilatéral, le cône est aussi dit *équilatéral*.

Lorsqu'un plan touche un cône sans le couper, le contact a lieu dans toute la longueur d'une même arète, et l'on dit alors que le plan est tangent au cône.

Une suite de plans tangens à un cône (fig. 359) auraient un point commun à son sommet et formeraient par leurs intersections une pyramide dont la base serait un polygone circonscrit à celle du cône, et qui aurait même hauteur que lui. Cette pyramide est dite *circonscrite au cône.*

De même une pyramide est inscrite dans un cône, lorsqu'elle est construite dans son intérieur, qu'elle a même hauteur, même sommet, que ses arètes se confondent avec la surface du cône, et que le polygone de sa base est inscrit à celle de ce cône.

407. Ici, comme pour le cylindre, nous démontrerions facilement que le volume du cône sera plus grand que celui de la pyramide inscrite, et plus petit que celui de la pyramide circonscrite, que les pyramides inscrites et circonscrites vont en s'approchant du cône à mesure que le nombre de leurs faces augmente ; ainsi, l'on doit regarder un cône droit comme une *pyramide régulière d'une infinité de faces*, une *pyramide limite.* De même, le cône oblique est une pyramide oblique d'une infinité de faces.

Par conséquent, toutes les propriétés des pyramides sont en général applicables aux cônes. Ainsi, des plans parallèles qui coupent un cône déterminent des sections semblables ; des plans sécans parallèles à la base déterminent des cercles proportionnels aux carrés des distances de leurs centres respectifs au sommet du cône, etc.....

408. Si l'on fendait un cône suivant une arète, et qu'on développât sa surface sur un plan, on obtiendrait par ce développement un secteur de cercle qui aurait l'arète du cône pour rayon, et dont l'arc correspondant serait d'une longueur égale à la circonférence de la base de ce cône.

§ III. — DE LA SPHÈRE.

409. La sphère est pour les polyèdres ce qu'est le cercle pour les polygones rectilignes.

Si l'on considère la circonférence du cercle générateur d'une sphère comme un polygone d'une infinité de côtés, on conçoit que la surface de cette sphère, pourra être considérée comme la réunion des surfaces d'un nombre infini de troncs de cône, dont la somme des hauteurs serait l'axe de cette sphère, et dont les bases seront variables. Mais comme l'axe de rotation peut avoir une position quelconque, c'est-à-dire, comme le cercle générateur peut tourner dans une infinité de sens différens, pour produire la même sphère, les surfaces de troncs de cône, produits dans ces diverses révolutions, s'entrecouperont d'une infinité de manières, et détermineront un nombre infini de petits polygones qui recouvriront la surface totale de la sphère. Or, ces polygones ou facettes pourront, sans erreurs sensibles, être considérés comme plans; et si l'on imagine des rayons menés du centre de la sphère à tous leurs sommets, on formera une infinité de petites pyramides dont l'ensemble composera la sphère totale.

Sous ce point de vue, la sphère peut être considérée comme un polyèdre d'une infinité de faces, et même comme un *sixième* polyèdre régulier.

Lorsqu'un plan coupe une sphère, il la divise en deux segmens égaux ou inégaux; un plan qui ne touche la surface d'une sphère qu'en un point, est dit *tangent* à cette sphère.

Les propriétés de la sphère sont très importantes, et nous allons les étudier avec soin.

THÉORÈME Ier.

410. *Toute section faite à une sphère par un plan, est un cercle dont le centre se trouve le pied de la perpendiculaire abaissée du centre de la sphère sur ce plan.*

Soit *abcd* (fig. 360) la trace du plan sécant laissée sur la surface de la sphère : du centre C de cette sphère, menons des rayons *ca*, *cb*, *ce*, *cd*, ... aux divers points de cette trace, et abaissons une perpendiculaire CD sur ce plan. Les obliques *ca*, *cb*, *ce*, ... étant égales comme rayons de la sphère, seront également éloignées de la perpendiculaire CD, et si l'on joint D*a*, D*b*, D*e*, D*d*, ... on aura..... D*a* = D*b* = D*e* = D*d*....... Donc tous les points de la trace *abcd* sont à égale distance du point D, et, par conséquent, cette trace est une circonférence dont D est le centre.

Scolie. Le triangle rectangle CD*a*, formé par le rayon de la sphère qui en est l'hypoténuse, par le rayon de la section, et par sa distance au centre de cette sphère, servira à déterminer une de ces trois quantités, lorsque les deux autres seront connues.

Mais dans un triangle rectangle dont l'hypoténuse est constante, l'un des deux autres côtés ne peut pas augmenter sans que l'autre diminue. Ainsi, plus le plan sécant s'approchera du centre de la sphère, plus le cercle sera grand ; enfin, lorsque le plan sécant passera par le centre, la section sera un cercle ayant pour rayon le rayon de la sphère, et ce sera le plus grand possible : voilà pourquoi on lui donne le nom de *grand cercle*, tandis que les autres sont appelés *petits cercles*.

Dans une même sphère tous les grands cercles sont égaux.

Par un point donné sur la surface d'une sphère, on peut faire passer une infinité de cercles grands et petits ; par deux points donnés sur cette surface, on peut faire passer une infinité de petits cercles, mais on ne peut faire passer qu'un seul grand cercle ; car celui-ci, étant assujetti à passer par le centre, ne peut avoir qu'une position unique déterminée par ces trois points. Ainsi deux points donnés sur une sphère déterminent la position d'un grand cercle, pourvu toutefois que ces deux points ne soient pas aux extrémités du même axe, car alors ces deux points et le centre étant en ligne droite, seront un diamètre commun à une infinité de grands cercles.

411. Puisque la perpendiculaire abaissée du centre de la sphère sur le plan d'un de ses cercles passe par le centre de ce cercle, *réciproquement*, la perpendiculaire élevée par le centre d'un cercle passe par le centre de la sphère, et est un axe.

Cet axe coupe la surface de la sphère en deux points opposés A, B, qui sont appelés les *pôles* du cercle; chaque pôle est évidemment à égale distance de tous les points de la circonférence; cette distance est plus grande pour un pôle que pour l'autre dans les petits cercles, mais elle est la même dans les grands cercles. Ainsi, la distance des deux pôles d'un grand cercle à chacun des points de sa circonférence est un quadrant.

Chaque cercle a donc deux pôles, qui changent de position d'un cercle à l'autre; mais tous les cercles parallèles ont les mêmes pôles; car leurs centres se trouvent tous sur le même axe perpendiculaire à leurs plans.

Tout grand cercle divise la sphère et la circonférence en deux parties égales; car, par la nature de ce corps, ces deux parties sont nécessairement superposables. Chacune de ces parties est appelée un *hémisphère*.

412. Tout petit cercle divise la sphère et sa surface en deux parties inégales appelées *segmens sphériques;* le cercle est la base commune aux deux segmens, et la partie de la surface de la sphère qui recouvre chaque segment porte le nom de *calotte sphérique*. Tel B*abcd*.....

413. Lorsque deux plans parallèles *abcd*..... PRQ..... coupent une sphère, ils renferment entre eux une section qui s'appelle *tranche sphérique;* la portion de surface qui recouvre la tranche est nommée *zone*, et les deux cercles déterminés sont les bases de la tranche ou de la zone. Une calotte est une zone à une seule base.

414. On donne le nom de *secteur sphérique* (fig. 361) à la portion de la sphère comprise entre la surface d'un cône ACN qui aurait son sommet au centre de cette sphère, et la calotte corres ondante AN.

415. Puisque tous les grands cercles passent par le centre, il en résulte que deux grands cercles d'une sphère se couperont toujours en deux parties égales, car leur intersection sera un diamètre commun à ces cercles.

Deux grands cercles qui se coupent divisent la sphère en quatre parties égales deux à deux appelées *coins* ou *onglets sphériques*. La portion de la surface de la sphère, qui recouvre un *coin*, porte le nom de *fuseau ;* ainsi la partie CBMDS est un coin, et la surface BMDS un fuseau.

Si les deux cercles sont perpendiculaires l'un à l'autre, les quatre coins, et les quatre fuseaux sont égaux, et chacun d'eux est le quart de la sphère.

416. On dit que deux cercles, grands et petits, sont perpendiculaires, dans une sphère, lorsque les tangentes respectives menées à ces cercles par leur point d'intersection font un angle droit; car alors les plans de ces cercles sont évidemment perpendiculaires.

Puisque l'axe qui passe par les deux pôles d'un cercle est perpendiculaire à ce cercle, tous les grands cercles menés par ces deux pôles seront perpendiculaires au premier (nº 346). Cela fournit un moyen pour trouver les pôles d'une circonférence ABGD (fig. 369) tracée sur la surface d'une sphère, car il suffit de faire passer par deux de ses points A et B deux grands cercles perpendiculaires à ABG, qui, par leur intersection, détermineront les pôles P et Q.

Réciproquement, un pôle d'un cercle étant donné, ainsi qu'un point de sa circonférence, il est facile de tracer ce cercle en posant une pointe de compas sur ce pôle, l'autre sur le point donné, et en faisant tourner celle-ci autour de la première.

Si le compas était ouvert d'une quantité égale à la corde d'un quadrant, le cercle décrit serait un grand cercle.

THÉORÈME II.

417. *Les cercles également distans du centre d'une sphère sont égaux, et réciproquement.*

Si les deux cercles AB, MN (fig. 362) sont situés de manière que CD = CO, et qu'on joigne DB, ON, CB, CN, on aura deux triangles rectangles CDB, CON égaux, comme ayant l'hypoténuse égale et un autre côté égal; donc le rayon ON = DB; donc les deux cercles sont égaux.

Réciproquement. Si ON = DB, les deux triangles rectangles seront aussi égaux, et l'on aura CO = CD; donc les cercles égaux sont également éloignés du centre de la sphère.

THÉORÈME III.

418. *Tout plan perpendiculaire à l'extrémité d'un rayon est tangent à la sphère, et réciproquement.*

En effet, si le plan PQ (fig. 362) est perpendiculaire à l'extrémité du rayon CT, tous ses autres points seront plus loin du centre que le point T, et par conséquent hors de la sphère.

Réciproquement. La perpendiculaire elevée au point de tangence passe par le centre de la sphère, car par ce point il n'y a qu'une perpendiculaire possible.

On démontrerait de même que deux plans tangens à l'extrémité d'un même axe sont parallèles, et réciproquement.

THÉORÈME IV.

419. *Lorsque deux sphères se coupent, leur intersection mutuelle est un cercle perpendiculaire à la ligne qui joint leurs centres.*

Soit $abcd$.... (fig. 363) la trace de l'intersection commune aux deux sphères données; tous les points de cette trace appartiendront à la fois aux surfaces des deux sphères, et seront par conséquent à égale distance de chaque centre; en sorte qu'en menant des rayons à ces divers points, on aura $Oa = Ob = Oc = Od$.... et $Da = Db = Dc = Dd$.....

Mais alors les triangles OaD, ObD, OcD, etc... qui ont pour base commune la distance des centres OD, seront tous égaux entre eux comme ayant les trois côtés égaux chacun à chacun. Si donc de leurs sommets respectifs on abaisse des perpendiculaires aR, bR, cR sur la base commune, ces perpendiculaires seront égales et tomberont en un même point de la base OD, car tout est égal dans les triangles égaux; ainsi, elles détermineront un même plan perpendiculaire à OD; de plus, puisque $Ra = Rb = Rc \dots$ ce plan sera un cercle dont R est le centre, Ra le rayon, et la trace *abcd*.... la circonférence.

On démontrerait, comme pour les cercles, que deux sphères se coupent, se touchent ou ne se touchent pas, selon que la somme des rayons est plus grande, égale ou plus petite que la distance des centres, etc.

THÉORÈME V.

420. *Le plus court chemin pour aller d'un point à un autre sur la surface d'une sphère, est l'arc d'un grand cercle qui passe par ces deux points.*

Nous avons vu que par deux points donnes sur une sphère, et non situés aux extrémités du même axe, on pouvait faire passer une infinité de cercles différens parmi lesquels un seul était un grand cercle.

Soient donc A et B (fig. 364) les deux points donnés, et imaginons un grand nombre de cercles tracés sur la sphère et passant tous par ces points A et B; alors la droite AB sera une corde commune à tous ces cercles, et si l'on suppose que l'on fasse tourner tous les petits cercles autour de AB pour les rabattre sur le plan du grand ACB, alors (n° 75) tous leurs centres seront situés sur un même axe perpendiculaire à AB.

Cela posé, les divers arcs de cercles AMB, AM'B, AM"B, etc., soutendus par la corde commune AB, seront d'autant plus petits (n° 78) qu'ils appartiendront à des cercles plus grands; Or, le plus grand cercle possible est ACB, grand cercle de la sphère, donc son arc ACB est le plus petit et se trouve donc le plus court chemin qui existe entre A et B..

THÉORÈME VI.

420. *Quatre points non situés sur un même plan, déterminent une sphère.*

Soient A, B, C, D (fig. 365), les quatre points donnés;

trois quelconques d'entre eux ne peuvent pas être en ligne droite, car alors les quatre seraient dans un même plan; ainsi l'on pourra toujours faire passer une circonférence ABC par trois de ces points. Cette circonférence peut appartenir à une infinité de sphères qui auraient toutes pour axe commun la perpendiculaire GH élevée par le centre O au plan du cercle ABC.

Cela posé, par cet axe et par le quatrième point D, conduisons un plan qui coupera la circonférence ABC en deux points M, N, situés aux extrémités d'un diamètre MN. Enfin, par les trois points D, M, N, faisons passer une autre circonférence DMGN dont le centre X se trouvera sur l'axe GH, puisque cet axe est perpendiculaire au milieu de la corde MN.

Or, ce centre X est également éloigné des quatre points donnés, car XD = XN = XM, et comme les points M et N appartiennent à la circonférence ABC, on a aussi XM=XA=XB, et par suite XD=XA=XB=XC; donc X est le centre d'une sphère qui passerait par les quatre points donnés.

D'ailleurs ce point est le seul qui jouisse de cette propriété, donc enfin quatre points donnés déterminent une sphère.

Corollaire 1er. Une calotte ou un segment sphériques donnés ne peuvent appartenir qu'à une seule sphère.

Corollaire 2. Deux calottes ou deux segmens de sphère sont égaux quand ils ont même base et même hauteur.

THÉORÈME VII.

422. *Une sphère et un polyèdre régulier peuvent toujours être inscrits ou circonscrits l'un à l'autre.*

En effet, nous avons démontré que dans tout polyèdre régulier, il existait un point également éloigné de tous ses sommets ainsi que de toutes ses faces. Si donc on décrit une sphère qui ait ce point pour centre et pour rayon celui du polyèdre, la surface de cette sphère passera par tous les sommets du polyèdre, et elle lui sera circonscrite. Si au contraire le rayon de la sphère décrite était égal à l'apothème du polyèdre, toutes les faces de ce dernier seraient tangentes à la sphère, qui alors serait inscrite dans ce polyèdre.

Si la sphère était donnée et qu'on voulût lui inscrire ou circonscrire un polyèdre régulier, il faudrait, au moyen du rayon de cette sphère, calculer la longueur de l'arète du polyèdre, et le construire autour de la sphère.

DES POLYGONES ET DES PYRAMIDES SPHÉRIQUES.

423. On peut tracer sur la surface d'une sphère des figures analogues à celles qu'on trace sur un plan, mais comme deux points quelconques de cette surface ne sont pas en ligne droite, ces figures ne pourront pas être rectilignes.

Observons de plus que toute ligne tracée sur une sphère peut être ramenée à un arc de cercle grand ou petit, et qu'il serait nécessaire dans chaque cas de connaître les cercles auxquels appartiendront les arcs employés. Mais pour simplifier les calculs et rendre leurs résultats plus facilement comparables, on est convenu de n'employer que des arcs de grand cercle pour la construction des figures sphériques.

424. Ainsi l'on nomme *angle sphérique* l'espace DAG (fig 366) renfermé entre deux arcs de grand cercle qui se coupent; le point A est le sommet de l'angle, les arcs sont ses côtés.

425. On appelle *polygone sphérique* une portion de la surface de la sphère renfermée entre des arcs de grand cercle qui se coupent deux à deux. Les polygones sphériques, comme les rectilignes, peuvent avoir trois, quatre, cinq, etc., et un nombre quelconque de côtés, et sont toujours divisibles en triangles par des diagonales, lesquelles seront aussi des arcs de grand cercle.

Le périmètre de tout polygone sphérique sert de limite à deux portions de surface, qu'on peut appeler *complémentaires*, car réunies elles forment la surface totale de la sphère, mais c'est ordinairement de la plus petite qu'on entend parler.

426. Deux arcs de grand cercle tracés sur une sphère et suffisamment prolongés se rencontrent nécessairement en deux points situés aux extrémités d'un même axe (fig. 366) et déterminent deux angles sphériques dont la réunion forme un fuseau. Ainsi un triangle sphérique ne peut pas avoir des côtés égaux à une demi-circonférence, ni à plus forte raison plus grands. De là ce principe : *les arcs employés dans la construction des triangles et polygones sphériques, sont toujours moindres qu'une demi-circonférence de grand cercle.*

427. Pour se faire une idée nette d'un angle sphérique, il faut supposer que par son sommet A (fig. 366) on mène des tangentes respectives AM, AN, aux arcs qui le comprennent, et l'angle de ces tangentes servira à apprécier l'angle sphérique. Cet angle est le même que l'inclinaison des plans des deux grands cercles auxquels appartiennent ces arcs.

Si donc par les côtés d'un angle sphérique on fait passer des plans, ces plans iront se couper suivant un axe AB qui passera par le sommet de cet angle ; et si par le centre de la sphère, on élève dans chacun de ces plans des perpendiculaires CD, CG, à cet axe, l'angle formé par ces perpendiculaires mesurera l'angle dièdre des deux plans, et sera aussi la mesure de l'angle sphérique. Mais cet angle DCG ayant son sommet au centre, sera représenté par l'arc de grand cercle DG compris entre ses côtés; donc DG représentera aussi l'angle sphérique A.

Ainsi *un angle sphérique a pour mesure l'arc de grand cercle compris entre ses côtés, et décrit de son sommet comme pôle avec une ouverture de compas correspondante à un quadrant* AD.

D'après cela, les deux angles formés aux extrémités d'un même fuseau sont égaux entre eux, et c'est dans ce sens qu'on dit qu'*un fuseau est double de l'angle correspondant.*

Un angle sphérique peut être aigu, droit ou obtus; et puisqu'il dépend de l'angle formé par deux droites, on démontrerait facilement que lorsque deux arcs de grand cercle se coupent, les angles adjacens sont supplémentaires, et que les angles opposés au sommet sont égaux.

427. On donne le nom de *pyramide sphérique* à la portion de sphère limitée par un polygone sphérique, et par les rayons qui vont de chacun des sommets du polygone au centre de la sphère.

Toute pyramide sphérique peut se décomposer en autant de pyramides triangulaires, ou *tétraèdres sphériques*, que sa base contient de triangles, en sorte qu'ici encore tout se réduit au triangle et au tétraèdre sphériques.

428. Lorsqu'un triangle ABC (fig. 367) est tracé sur une sphère, et qu'on mène les plans des grands cercles qui passent par ces trois côtés, ces cercles s'entrecoupent et déterminent au centre un angle trièdre O, qui avec le triangle ABC lui-même, composent un *tédraèdre sphérique*. Dans ce cas, les trois côtés du triangle sphérique sont les mesures respectives des trois angles plans du trièdre O, et les angles de ce triangle sont celles des angles dièdres adjacens. Ainsi l'étude des figures sphériques peut être ramenée à ce que nous avons déjà vu. Ceci rend encore sensible la nécessité de n'employer dans les triangles sphériques que des côtés moindres qu'une demi-circonférence (fig. 368).

De plus, ces trois grands cercles en se coupant déterminent huit angles trièdres dont le centre est le sommet commun, divisent la sphère en huit tétraèdres, et sa surface en huit triangles sphériques. Mais nous savons que les huit angles trièdres formés autour d'un point O sont symétriques deux à deux; donc les triangles correspondans seront aussi *symétriques*, car ils auront les côtés égaux chacun à chacun et disposés inversement.

Ainsi trois plans qui passent par le centre d'une sphère la divisent toujours en huit tétraèdres sphériques, opposés et symétriques deux à deux, et la surface est aussi divisée en huit triangles opposés et symétriques deux à deux. Observons que, dans ce même cas, deux triangles adjacens forment toujours un fuseau entier, et que deux tétraèdres adjacens valent un *coin*.

Si les trois plans étaient perpendiculaires entre eux (fig. 369), les huit tétraèdres et les huit triangles seraient égaux, et chacun d'eux vaudrait le $\frac{1}{8}$ de la sphère. Alors les angles plans et les angles dièdres seraient droits, et par conséquent chaque triangle sphérique ABQ, PAB, BGP, etc., aurait tous ses côtés égaux à un quadrant, et tous ses angles droits, en sorte que ses côtés seraient la mesure de ses angles.

Ce triangle *trirectangle* et le tétraèdre correspondant seront pris pour unités.

429. Un triangle ABC (fig. 370) étant tracé sur une sphère, si de chacun de ses sommets on décrit avec un quadrant, trois autres arcs de cercle, on formera un nouveau triangle DEF; or, ces deux triangles seront tels que les sommets de chacun d'eux seront les pôles respectifs des côtés qui leur sont opposés dans l'autre, car la distance de ces sommets à ces côtés sera partout égale à un quadrant. C'est ainsi que A étant le pôle de EF et B celui de DF, le point F se trouve éloigné d'un quadrant de l'arc AB et en est le pôle, ainsi des deux autres.

C'est pour cette raison que les deux triangles ABC, DEF sont dits triangles *polaires* l'un de l'autre.

Chaque triangle sphérique a son polaire.

THÉORÈME VIII.

430. *Dans deux triangles polaires, un angle quelconque de l'un d'eux a pour mesure le supplément du côté qui lui est opposé dans l'autre.*

Soient les deux triangles polaires ABC, DEF (fig. 370), et considérons l'angle B; puisque B est le pôle de l'arc DF, les côtés prolongés BAM, BCN seront des quadrans, et l'arc MN sera la mesure de l'angle B (n° 427). Or, pour savoir ce que c'est que MN, observons que puisque D est le pôle de l'arc BC et F le pôle de AB, les arcs DN et FM sont des quadrans, et que leur somme vaut une demi-circonférence; donc

$$DN + FM = \tfrac{1}{2} \text{ circ.};$$

mais $DN = DM + MN$ et $FM = FN + MN$;

d'où $DN+FM=DM+FN+MN+MN=DF+MN=\frac{1}{2}$ circ. :

donc $$MN=\tfrac{1}{2}\text{ circ.}-DF;$$

c'est-à-dire que la mesure MN de l'angle B est le supplément du côté DF.

On prouverait de même que l'angle $A=\frac{1}{2}$ circ. — FE, que l'angle $D=\frac{1}{2}$ circ. — BC, etc.

THÉORÈME IX.

431. *Dans tout triangle sphérique un côté quelconque est toujours plus petit que la somme des deux autres, et plus grand que leur différence.*

Soit le triangle ABC (fig. 367); si du centre de la sphère on mène des rayons à ses sommets, on formera un tétraèdre dont les angles plans AOB, AOC, BOC auront pour mesure respective les côtés AB, AC, BC du triangle donné. Mais dans un angle trièdre une face quelconque étant toujours plus petite que la somme des deux autres, et plus grande que leur différence, il faudra que cette même relation existe entre les mesures de ces faces, c'est-à-dire entre les côtés du triangle ABC.

THÉORÈME X.

432. *Dans tout triangle sphérique la somme des côtés est toujours moindre qu'une circonférence de grand cercle.*

Soit un triangle ABC (fig. 371); si l'on prolonge deux de ses côtés AB, AC, jusqu'à leur rencontre en D; cette rencontre aura lieu à l'extrémité de l'axe qui passe par A, puisque AB et AC sont des arcs de grand cercle, et alors les arcs ACD, ABD seront des demi-circonférences; mais attendu que $CB < CD+BD$, on aura

$$AC+CB+AB < ACD+ABD,$$

c'est-à-dire plus petits qu'une circonférence.

THÉORÈME XI.

433. *La somme des côtés de tout polygone sphérique est moindre qu'une circonférence de grand cercle.*

Soit un polygone ABCDE (fig. 372), on pourra toujours prolonger ses côtés de manière à former un triangle AGH, dont la somme des côtés sera plus grande que celle du polygone, et qui sera pourtant moindre qu'une circonférence, ce qui prouve la proposition ci-dessus.

Mais on peut d'ailleurs la démontrer d'une autre manière, en supposant que du centre de la sphère on mène des rayons aux sommets de ce polygone pour former une pyramide : car la somme des angles plans qui formeraient l'angle polyèdre du sommet de cette pyramide vaut toujours moins de quatre angles droits ; et comme chacun d'eux a pour mesure le côté qui lui correspond dans le polygone donné, il faudra que toutes ces mesures réunies, c'est-à-dire la somme des côtés de ce polygone, soit moindre qu'une circonférence.

THÉORÈME XII.

434. *Dans tout triangle sphérique, la somme des trois angles est plus grande que deux angles droits et moindre que six.*

1°. Nous avons démontré que la somme des côtés d'un triangle est moindre qu'une circonférence, et que la mesure d'un de ses angles est une demi-circonférence diminuée du côté opposé dans son triangle polaire. Par conséquent, la mesure des trois angles d'un triangle sera exprimée par trois demi-circonférences diminuées de la somme des trois côtés de son polaire, qui vaut moins d'une circonférence ; donc cette mesure est plns grande qu'une demi-circonférence, et par suite la somme des angles d'un triangle sphérique vaut plus de deux angles droits.

2°. Puisque chaque côté d'un triangle est toujours moindre qu'une demi-circonférence, chaque angle vaudra moins de deux angles droits, et la somme des trois moins de six.

Scolie. Un triangle sphérique peut donc avoir deux ou trois angles droits ou même obtus.

435. On donne la dénomination de triangle *rectangle*, ou *birectangle*, ou *trirectangle*, à un triangle sphérique qui a un, ou deux, ou trois angles droits.

Dans le triangle trirectangle chaque côté est un quadrant, en sorte que chaque sommet est le pôle du côté opposé.

Dans le triangle birectangle, les deux côtés opposés aux angles droits sont des quadrans, et le triangle est isoscèle; son sommet est alors le pôle de sa base.

Le triangle trirectangle étant pris pour unité, la surface de la sphère sera représentée par 8; et si le tétraèdre sphérique correspondant est l'unité de volume, le volume de la sphère sera aussi 8.

436. Les huit triangles trirectangles qui composent la sphère étant pris deux à deux forment un fuseau qui est le quart de la surface totale, et par conséquent double de ce triangle rectangle; mais l'angle de ce fuseau est droit; ainsi, en prenant le triangle trirectangle pour unité de surface, ce fuseau sera 2, et son angle étant l'unité d'angle puisqu'il est droit, sera 1.

437. Or, il est facile de prouver ici, comme nous l'avons fait pour les angles dièdres (n° 344) que, lorsqu'un fuseau augmente ou diminue, c'est-à-dire, lorsque les plans qui le déterminent se rapprochent ou s'écartent, l'angle de ces plans ou du fuseau augmente et diminue dans le même rapport; c'est-à-dire *que la surface du fuseau est à la surface totale de la sphère, comme son angle est à quatre angles droits.*

Ainsi, le nombre abstrait qui représentera un fuseau sera toujours double du nombre abstrait qui représentera son angle, voilà pourquoi on dit ordinairement que la mesure d'un fuseau dont l'angle est A vaut 2A (2A étant le nombre abstrait qui marque le rapport de la surface du fuseau à celle du triangle trirectangle).

Par exemple, un fuseau dont l'angle serait de 30°, ou $\frac{1}{3}$ d'angle droit, vaudrait les $\frac{2}{3}$ d'un triangle trirectangle, ou bien les $\frac{2}{3} \times \frac{1}{8} = \frac{1}{12}$ de la surface de la sphère.

THÉORÈME XIII.

438. *Deux triangles sphériques sont égaux lorsqu'ils ont les trois côtés égaux chacun à chacun et semblablement placés.*

Observons d'abord que deux polygones sphériques ne peuvent être égaux, c'est-à-dire superposables que lorsqu'ils appartiennent à une même sphère ou à des sphères ayant même rayon; ainsi nous supposerons, dans tout ce qui a rapport à l'égalité des triangles, que cette condition est remplie.

Soient donc les deux triangles donnés ABC, A'B'C' (fig. 373), dans lesquels on suppose AB = A'B', AC = A'C', BC = B'C'. Si l'on joint leurs sommets aux centres O et O' de leur sphère respective, on formera deux angles trièdres égaux, car ils auront les angles plans égaux chacun à chacun. Si donc on les porte l'un dans l'autre ils coïncideront, et à cause des rayons égaux OA = O'A, etc., les trois sommets A, B, C tomberont sur les trois A', B', C'. Mais alors les arcs égaux ayant mêmes extrémités se recouvriront exactement, car entre deux points donnés il n'y a qu'un seul arc de grand cercle possible; donc les deux triangles coïncideront dans toutes leurs parties et seront égaux.

Corollaire. Deux triangles équilatéraux entre eux sont donc aussi équiangles.

Scolie. Si la disposition était inverse, les deux triangles seraient symétriques. Donc deux triangles symétriques sont équiangles et équilatéraux entre eux.

THÉORÈME XIV.

439. *Deux triangles sphériques équiangles entre eux sont aussi équilatéraux.*

En effet, si les triangles ABC, A'B'C' ont les angles égaux chacun à chacun, et qu'on décrive leurs triangles polaires respectifs *abc*, *a'b'c'*, ces polaires seront équilatéraux entre eux par suite de la propriété du n° 430, et par conséquent équiangles. Mais si ces derniers sont équiangles, les autres, par la même raison, seront équilatéraux; donc enfin les triangles donnés ABC, A'B'C' seront équilatéraux s'ils sont équiangles.

Ainsi ils seront égaux ou symétriques, selon que la disposition des parties sera la même ou inverse.

Scolie. Ici l'égalité des angles entraîne celle des côtés, ce qui n'a pas lieu dans les figures rectilignes.

THÉORÈME XV.

440. *Deux triangles sphériques sont égaux lorsqu'ils ont un angle égal compris entre côtés égaux chacun à chacun.*

Cette proposition peut se démontrer comme pour les triangles rectilignes, par la superposition; mais elle est encore plus palpable en faisant observer que les tétraèdres sphériques correspondans seront égaux et coïncideront dans toutes leurs parties comme ci-dessus.

THÉORÈME XVI.

441. *Deux triangles sphériques sont égaux lorsqu'ils ont un côté égal adjacent à deux angles égaux.*

Dans ce cas encore, on aura au centre de la sphère des angles trièdres égaux, et par suite deux tétraèdres sphériques égaux, d'où l'on conclura l'égalité des triangles.

Scolie. Dans une même sphère, l'égalité des triangles sphériques entraîne celle des tétraèdres correspondans, et réciproquement, en sorte qu'on peut appliquer les théorèmes ci-dessus aux tétraèdres, et par suite aux pyramides sphériques.

442. On pourrait aussi démontrer, pour les triangles sphériques, les cas de similitude analogues à ceux des triangles rectilignes. En effet, si l'on avait sur deux sphères différentes des triangles qui correspondissent à des angles trièdres égaux, il n'y a pas de doute que ces deux triangles sphériques auraient les angles égaux chacun à chacun et les côtés proportionnels, car leurs côtés homologues auraient un même nombre de degrés, et seraient entre eux comme les

rayons des sphères ; donc ces deux triangles seraient semblables, ainsi que les tétraèdres sphériques correspondans.

THÉORÈME XVII.

443. *Deux triangles sphériques symétriques sont équivalens en surface.*

Deux triangles symétriques ont les côtés égaux chacun à chacun (fig. 374), et par conséquent les cordes qui soutendent ces côtés égaux sont égales et déterminent deux triangles rectilignes égaux. Si donc par les trois sommets de chacun de ces triangles on fait passer une circonférence de petit cercle, ces deux circonférences seront égales, et si après avoir déterminé leurs pôles on les joint à chaque sommet par des arcs de grand cercle, on divisera chaque triangle en trois triangles isoscèles partiels, qui seront égaux chacun à chacun, d'une figure à l'autre (n° 438) ; donc les triangles donnés sont équivalens.

THÉORÈME XVIII.

444. *Lorsque deux demi-grandes circonférences se coupent dans un même hémisphère, elles déterminent quatre triangles, dont les deux opposés équivalent à un fuseau.*

Le triangle ABC et son adjacent BAC′ (fig. 368) forment le fuseau dont l'angle est C ; mais BAC′ est équivalent à son symétrique CDG ; donc ABC + CDG = fuseau C.

Scolie. Dans ce cas, les deux tétraèdres sphériques adjacens forment l'onglet dont l'angle est C.

THÉORÈME XIX.

445. *La mesure d'un triangle sphérique est exprimée numériquement par l'excès de la somme de ses angles sur deux angles droits.*

Soit un triangle ABC (fig. 375) contenu dans l'hémisphère MPQH ; prolongeons les côtés jusqu'à la rencontre de MPQH, et nous aurons alors les égalités suivantes, en observant que la mesure d'un fuseau est exprimée par le double de son angle.

$$ANP + AGH = \text{fuseau } A = 2A.$$

$$BQG + BMN = \text{fuseau } B = 2B,$$
$$CHM + CPQ = \text{fuseau } C = 2C,$$

d'où

$$ANP + AGH + BQG + BMN + CHM + CPQ = 2(A + B + C),$$

Mais la somme de ces six triangles excède la demi-sphère de deux fois le triangle donné ABC qui est compté trois fois dans cette somme, donc

$$2(A+B+C) = \tfrac{1}{2}\text{ sphère} + 2ABC.$$

Mais puisque nous sommes convenus de prendre pour unité de mesure de la surface de la sphère le triangle trirectangle, cette surface est 8 et la demi-sphère 4. On aura donc

$$2(A + B + C) - 4 = 2ABC, \quad \text{d'où} \quad ABC = A + B + C - 2.$$

Si donc de la somme des angles A, B, C, on retranche deux angles droits, on aura la mesure du triangle donné, c'est-à-dire que le nombre de degrés obtenu contiendra autant de fois l'angle droit ou 90°, que la surface du triangle donné contient de fois le triangle trirectangle.

Scolie. Puisque la somme des angles d'un triangle ne vaut jamais six angles droits, sa surface ne vaudra jamais quatre triangles trirectangles, et sera donc toujours plus petite qu'un hémisphère, ce qui est d'accord avec ce que nous avons vu.

THÉORÈME XX.

446. *La surface d'un polygone sphérique est exprimée par la différence numérique qui existe entre la somme de ses angles, et le produit de deux angles droits par le nombre de ses côtés moins deux.*

Si par un des sommets du polygone donné on mène des diagonales aux autres, on divisera ce polygone en autant de triangles qu'il a de côtés moins deux. Or, la surface de chaque triangle est mesurée par la somme de ses angles diminuée de deux angles droits; donc la surface de la somme totale des triangles, ou bien la surface du polygone sera la somme totale des angles diminuée d'autant de fois deux angles droits qu'il y a de triangles.

PROBLÈMES.

PROBLÈME Ier.

447. *Une sphère étant donnée déterminer graphiquement la longueur de son rayon.*

Soit XH (fig. 365) la sphère donnée ; prenez un compas ouvert d'une quantité arbitraire, et après avoir fixé une de ses pointes sur un point H de la sphère, décrivez une circonférence ABNC, choisissez sur cette circonférence trois points A, B, C, et construisez sur le papier un triangle *abc* (fig. 376) formé des distances rectilignes qui existent entre ces trois points, c'est-à-dire des cordes respectives qui soutendent les arcs AB, BC, AC ; ensuite circonscrivez à ce triangle une circonférence dont le centre O et le rayon *oa* seront alors déterminés ; celle-ci sera nécessairement égale à celle qui est tracée sur la sphère.

Cela posé, rappelons-nous que le centre d'un cercle de la sphère est situé sur un axe perpendiculaire à son plan. Soit donc tracée sur le papier une ligne quelconque XY, pour représenter l'axe de la sphère ; en un point arbitraire C élevons une perpendiculaire CD = O*a* ; du point D avec le rayon AH (fig. 365), qui a servi à décrire la circonférence sur la sphère, et qui est nécessairement > *oa*, décrivez un arc qui coupera XY en X ; le triangle DCX sera le même que AOH (fig. 365) : donc X est le pôle H, et DX la corde AH. Pour avoir l'autre pôle Y, il suffit d'élever DY perpendiculaire à DX, car l'angle XDY étant droit devra être inscrit dans une demi-circonférence ; donc XY est le diamètre de la sphère, et RX son rayon.

On aurait pu élever la perpendiculaire SR au milieu de DX pour avoir le centre R.

PROBLÈME II.

448. *Par deux points donnés sur une sphère, faire passer une circonférence de grand cercle.*

Soient A et B (fig. 369) les deux points donnés; cherchez d'abord le rayon de cette sphère, ensuite former un triangle rectangle dont les deux côtés de l'angle droit soient égaux à ce rayon, et son hypoténuse sera la corde du quadrant AP.

Cela posé, prenez une ouverture de compas égale à cette corde, et des deux points A et B décrivez sur la sphère deux arcs respectifs qui, en se coupant, détermineront le pôle P du cercle cherché. Alors, de ce pôle, avec ce même quadrant, décrivez la circonférence demandée.

PROBLÈME III.

449. *Une circonférence quelconque étant tracée sur une sphère, mener un grand cercle qui lui soit perpendiculaire.*

Prenez à volonté deux points de la circonférence donnée, et avec une ouverture de compas suffisante marquez en-dessus et en-dessous de cette circonférence deux autres points qui en soient également éloignés; ensuite par le problème ci-dessus faites passer une circonférence de grand cercle par les deux points ainsi déterminés, et elle sera perpendiculaire à la première.

Si le point d'intersection était donné, on prendrait les points arbitraires à égale distance de celui-là.

PROBLÈME IV.

450. *Par un point donné sur une sphère, abaisser un arc de grand cercle perpendiculaire à une circonférence donnée.*

Par le point donné et avec une ouverture de compas suffisante, décrivez un arc qui coupe la circonférence donnée en deux points également éloignés de part et d'autre; de ces points décrivez de petits arcs respectifs qui, en se coupant, détermineront un nouveau point. Par celui-ci et le point donné, faites passer un arc de grand cercle qui satisfera à la question.

PROBLÈME V.

451. *Par trois points donnés sur une sphère, faire passer une circonférence de cercle.*

Soient A, B, C, les trois points donnés : cherchez sur la sphère deux points également éloignés de A et de B, et faites passer un grand cercle ; cherchez aussi deux points également éloignés de B et de C, par lesquels vous ferez passer un autre grand cercle, qui ira couper le premier en X, pôle du cercle demandé. Alors prenez une ouverture de compas égale à AX, et décrivez une circonférence qui passera nécessairement par les trois points donnés.

Ce procédé sert aussi à trouver le pôle d'un cercle donné.

Observation. On voit que la résolution des problèmes graphiques sur la surface d'une sphère offre beaucoup d'analogie avec ceux que nous avons résolus sur un plan.

CHAPITRE IV.

DE L'ÉQUIVALENCE ET DE LA MESURE DES VOLUMES.

452. La mesure des corps est de deux espèces ; car il y a deux choses distinctes à considérer en eux : 1°. leur *surface*, 2°. leur *volume*, ou l'espace limité par la surface.

§ Ier. — DE LA MESURE DES SURFACES DES CORPS, OU DE LEURS AIRES.

453. Les principes que nous avons posés pour la mesure des surfaces planes sont applicables aux surfaces des polyèdres, car celles-ci ne sont que la réunion d'un certain nombre de polygones rectilignes. Ainsi la méthode générale qui se présente naturellement pour obtenir l'aire d'un polyèdre, c'est de mesurer séparément chacune de ses faces, et de faire la somme de toutes ces mesures partielles.

Mais, dans bien des cas, on peut trouver une voie plus courte : c'est ainsi, par exemple, que, pour un polyèdre régulier, il suffira de prendre la mesure d'une face, et de la multiplier par le nombre des faces que contient ce polyèdre.

De l'aire du prisme et du cylindre.

454. *Prisme droit.* Les faces latérales du prisme droit sont des rectangles qui ont même hauteur que le prisme ; de plus, la somme des bases de ces rectangles forme le périmètre des bases du prisme. Par consequent, *la surface latérale d'un prisme droit a pour mesure le périmètre de sa base multiplié par sa hauteur.* Si l'on joint à cela les surfaces des deux bases, on aura l'aire totale du prisme.

455. *Prisme régulier.* Si le prisme est régulier, sa surface s'obtiendra encore plus aisément; car alors ses bases seront divisibles en autant de triangles isoscèles égaux que le prisme contiendra de faces latérales, et ces triangles auront pour bases respectives les côtés des périmètres des bases du prisme, et pour hauteur commune le rayon du cercle inscrit à ces bases. Ainsi, *la surface totale d'un prisme régulier s'obtient en multipliant le périmètre de sa base par la somme de sa hauteur et du rayon du cercle inscrit à cette base.*

456. *Cylindre.* Quant au cylindre droit, qui est un prisme régulier d'une infinité de faces, nous pourrons lui appliquer ce que nous venons de dire pour le prisme, d'autant plus que nous savons déjà que la surface latérale d'un cylindre est équivalente à celle d'un rectangle de même base et de même hauteur.

Ainsi donc, *la surface totale d'un cylindre circulaire droit est exprimée par la circonférence de sa base multipliée par la somme de sa hauteur et du rayon de cette base.*

Il résulte de là que la surface latérale d'un cylindre est à la surface d'une de ses bases, comme sa hauteur est à la moitié du rayon de sa base ; ou bien, comme le double de la hauteur est à ce rayon.

Ce même rapport existe pour le prisme régulier.

De l'aire de la pyramide et du cône.

457. Les faces d'une pyramide irrégulière ayant des bases et des hauteurs différentes, on ne peut pas obtenir sa surface d'une manière plus simple qu'en mesurant chaque face en particulier.

458. *Pyramide régulière.* Mais si la pyramide est régulière, ses faces latérales seront des triangles isoscèles égaux, ayant pour bases les côtés du périmètre de la base de la pyramide, et pour hauteur commune son apothème; de plus, la base de cette pyramide sera divisible en triangles isoscèles égaux ayant mêmes bases que les premiers, et dont la hauteur commune sera le rayon du cercle inscrit à cette base; par conséquent, *la surface totale d'une pyramide régulière s'obtient en multipliant le périmètre de sa base par la demi-somme de son apothème et du rayon du cercle inscrit à cette base.*

459. *Cône droit.* Le cône droit étant une pyramide régulière d'une infinité de faces, se mesurera de même; *ainsi, sa surface totale est égale au produit de la circonférence de sa base par la demi-somme de son arète et du rayon de cette base.*

Nous avons vu d'ailleurs que la surface latérale d'un cône étant développée présentait un secteur de cercle, dont l'arc est égal à la longueur de la circonférence de sa base, et dont le rayon est l'arète du cône; ce qui prouve aussi que la *surface latérale d'un cône est égale à la circonférence de sa base multipliée par la moitié de son arète.*

On voit donc que la surface latérale d'un cône est à celle de sa base comme son arète est au rayon de cette base.

460. *Tronc de pyramide régulière et de cône droit.* Un tronc de pyramide régulière à bases parallèles est la différence de deux pyramides, et sa surface latérale est composée d'autant de trapèzes égaux que la pyramide avait de faces; ainsi donc, si l'on fait la demi-somme des périmètres des deux bases de

ce tronc, et qu'on la multiplie par la hauteur commune de ces trapèzes, qui est la différence des apothèmes des deux pyramides indiquées, on aura la surface latérale.

Mais la demi-somme des périmètres des bases est la même chose que le périmètre d'une base moyenne menée parallèlement aux autres et à égale distance d'elles; en sorte que *la surface latérale d'un tronc de pyramide régulière, à bases parallèles, est égale au produit du périmètre d'une base moyenne par l'apothème de ce tronc.*

De même l'aire de la surface latérale d'un tronc de cône à bases parallèles, qui est la différence de deux secteurs semblables, peut être considérée comme la réunion d'une infinité de petits trapèzes ayant pour hauteur commune l'arète du tronc, et dont la somme des bases inférieures formerait la circonférence de la base inférieure du tronc, et la somme des bases supérieures la circonférence de la base supérieure du tronc; ainsi, *la surface latérale d'un tronc de cône est exprimée par la demi-somme des circonférences de ses bases multipliée par son arète.*

Mais la demi-somme des circonférences des bases est équivalente à la circonférence d'une base moyenne, c'est-à-dire d'une section faite parallèlement à ces bases et à égale distance de chacune d'elles; donc *la surface latérale d'un tronc de cône droit, à bases parallèles, est exprimée par le produit de son arète multipliée par la circonférence d'une section faite perpendiculairement à l'axe, et à égale distance des deux bases.*

Nous allons déduire de ces considérations deux théorèmes qui sont d'un grand secours.

THÉORÈME Ier.

461. *L'aire de la surface latérale d'un tronc de cône droit, à bases parallèles, est équivalente à celle d'un cylindre droit de même hauteur, et dont la base aurait pour rayon la perpendiculaire élevée sur le milieu de l'arète de ce tronc et terminée à son axe.*

Soit ABB'A' (fig. 377) un tronc de cône droit à bases parallèles, XY son axe, AB son arète. Prenons le milieu M de cette arète; menons MN perpendiculaire à XY, et par conséquent parallèle à BB' et à AA'; alors nous aurons, dans le trapèze générateur ABYX, MN $= \frac{1}{2}$ (AX + BY), et par suite circ. MN $= \frac{1}{2}$ (circ. AX + circ. BY); donc (n°. 459), la surface latérale du tronc donné sera exprimée par AB × circ. MN; ou bien, en se rappelant que circ. MN $= 2\pi$. MN, par 2π.MN × AB.

Cela posé, si par le même point M nous élevons une perpendiculaire MD à BA, qui aille couper l'axe XY en D, et si de l'extrémité A du petit diamètre nous abaissons une perpendiculaire AP sur le grand diamètre BB', nous formerons deux triangles rectangles MND, ABP, qui seront semblables comme ayant les côtés perpendiculaires chacun à chacun. Ainsi, leurs côtés homologues donneront la proportion

$$AB : AP :: MD : MN,$$

De laquelle on tire la relation suivante :

$$AB \times NM = AP \times MD;$$

donc on aura $2\pi.MN \times AB = 2\pi.MD \times AP.$

Mais, puisque AP = XY, on peut encore écrire

$$2\pi.MN \times AB = 2\pi.MD \times XY.$$

Cette dernière égalité, traduite en langage ordinaire, démontre que le produit de l'arète AB par la circonférence dont le rayon est MN, est le même que le produit de l'axe XY par la circonférence dont le rayon est la perpendiculaire MD. Mais le premier de ces produits est la mesure de la surface latérale du tronc de cône; par conséquent, il est démontré que *la surface latérale d'un tronc de cône droit, à bases parallèles, s'obtient en multipliant son axe par la circonférence dont le rayon est la perpendiculaire élevée sur le milieu de son arète et terminée à cet axe*. Or, ce produit serait l'aire de la surface latérale d'un cylindre qui aurait cette même circonférence pour base et cet axe pour hauteur, et voilà pourquoi l'on dit que la surface latérale du cône est équivalente à celle du cylindre.

Scolie. Cette démonstration est indépendante de la distance des bases du tronc et de la grandeur de leurs rayons, ainsi elle sera applicable à tous les cas, et même à celui où la base supérieure serait nulle, c'est-à-dire au cas où le cône serait entier. On peut donc dire, en général, *que la surface latérale d'un cône est équivalente à celle d'un cylindre de même hauteur, dont la base aurait pour rayon la perpendiculaire élevée au milieu de l'arète de ce cône et terminée à son axe.*

THÉORÈME II.

462. *La surface engendrée par la révolution d'un demi-polygone régulier tournant autour de son diamètre est équivalente à la surface latérale d'un cylindre droit, qui aurait pour base le cercle inscrit à ce polygone, et pour hauteur le diamètre qui sert d'axe de révolution.*

Soit le demi-polygone régulier ADGH.... (fig. 378) qu'on suppose tourner autour du diamètre AB. De ses divers sommets, abaissons des perpendiculaires D*d*, G*g*, etc....., sur l'axe AB; et par les milieux M, N, O, etc.... de ses côtés, élevons des perpendiculaires respectives MC, NC, OC, etc...., qui couperont l'axe AB au même point C, centre du polygone, et seront égales comme rayons du cercle inscrit au polygone régulier donné.

Mais d'après le théorème précédent, la surface décrite par le côté AD, qui sera la surface latérale du cône dont A*d* est la hauteur, sera équivalente à la surface latérale d'un cylindre qui aurait aussi A*d* pour hauteur, et dont la base serait le cercle décrit avec le rayon CM, perpendiculaire élevée par le milieu de AD et terminée à l'axe AB.

De même le côté DG décrira la surface latérale du tronc de cône qui aura *dg* pour hauteur, et sera équivalente à celle du cylindre qui aurait même hauteur, et dont la base serait la circonférence CN.

Par la même raison, la surface décrite par GH sera équivalente à $gC \times$ circ. CO, et ainsi de suite pour les autres côtés.

Or, puisqu'on a $CM = CN = CO =$ etc., on pourra, d'après ce qui précède, écrire la suite des égalités,

$$\begin{aligned} \text{surface AD} &= Ad.\ \text{circ. CM}, \\ \text{surface DG} &= dg.\ \text{circ. CM}, \\ \text{surface GH} &= Cg.\ \text{circ. CM}, \\ \text{surface HL} &= Ce.\ \text{circ. CM}, \\ \text{surface LK} &= eb.\ \text{circ. CM}, \\ \text{surface KB} &= bB.\ \text{circ. CM}; \end{aligned}$$

et en faisant leur somme et observant que..............

$Ad + dg + gC + Ce + eb + bB = AB$, on aura enfin

surface $(AD + DG + GH + HL + LK + KB) = AB \times$ circ. CM;

ce qui est l'expression de l'énoncé ci-dessus, car $AB \times$circ. CM est bien la surface latérale d'un cylindre qui aurait AB pour hauteur, et dont la base serait le cercle décrit avec le rayon CM.

Scolie 1er. Si l'on ne considérait qu'une portion du demi-polygone, telle que ADG, on trouverait que la surface engendrée par cette portion est équivalente à la surface latérale d'un cylindre dont Ag serait la hauteur; c'est-à-dire qu'on aurait pareillement

$$\text{surf. ADG} = Ag \times \text{circ. CM}.$$

De même la surface décrite par la portion DGH donnerait

$$\text{surf. DGH} = dC \times \text{circ. CM}.$$

Scolie 2. Si le polygone n'était pas régulier, et qu'on fît tourner une ligne polygonale analogue à celle de la figure 350, on serait obligé d'estimer chaque tronc de cône en particulier; mais les perpendiculaires élevées sur les milieux respectifs n'étant plus égales, on ne pourrait pas ramener le tout à une seule formule.

De l'aire de la sphère.

THÉORÈME Ier.

463. *L'aire de la surface d'une sphère est équivalente à celle de la surface latérale d'un cylindre qui aurait pour base le grand cercle de cette sphère, et pour hauteur l'axe de la sphère.*

En effet, le théorème précédent est vrai, quel que soit le nombre des côtés du demi-polygone générateur, en sorte que la proposition aura lieu aussi à la limite, c'est-à-dire lorsque ce demi-polygone sera une demi-circonférence. Mais alors la surface engendrée sera celle d'une sphère qui aurait AB pour axe et CM pour rayon ; car, dans ce cas, $CM = CA$. Par conséquent, en appelant S cette surface sphérique, on aura $S = AB \times \text{circ. } CA$; c'est-à-dire *que la surface d'une sphère est exprimée par son axe multiplié par la circonférence de son grand cercle.* Mais ce produit représente aussi la surface latérale d'un cylindre qui aurait pour hauteur l'axe de la sphère et pour base son grand cercle; donc l'énoncé ci-dessus est vérifié.

Scolie. La circonférence du grand cercle d'une sphère multipliée par la moitié de son rayon, donne la surface de ce cercle; mais ce produit n'est que le quart de celui que l'on obtient lorsqu'on multiplie la même circonférence par l'axe de la sphère, car l'axe est quadruple du demi-rayon. Ainsi il est démontré *que la surface d'une sphère est équivalente à quatre fois la surface du grand cercle de cette sphère.*

On sait que πR exprime la surface du cercle dont le rayon est R, par conséquent $4\pi R^2$ exprimera la surface de la sphère dont le rayon est R ; bien, en observant que $R = \frac{1}{2} D$, d'où $R^2 = \frac{1}{4} D^2$, nous porrons encore exprimer cette surface par $4\pi \times \frac{1}{4} D^2 = \pi D^2$, D étant l'axe.

Il résulte de là que la surface du grand cercle d'une sphère est équivalente à celle du fuseau correspondant à l'angle droit, et que la surface du triangle sphérique trirectangle que nous avons prise pour unité (n° 434) est équivalente à un demi-grand cercle.

464. On démontrerait d'une manière analogue que la surface d'une calotte sphérique BA (fig. 379), ou d'une zone à deux bases AA″, est équivalente à la hauteur de cette calotte ou de cette zone, multipliée par la circonférence du grand cercle de la sphère, c'est-à-dire que l'on aura

$$\text{calotte } AB = BD \times \text{circ. } CB \quad \text{et zone } AA'' = CD \times \text{circ. } CB\,;$$

car l'arc qui produit la calotte ou la zone peut être considéré comme une portion de polygone régulier d'une infinité de côtés.

D'après cela, on voit donc que la surface d'une calotte ou d'une zone est à celle de la sphère totale comme la hauteur de cette calotte ou zone est à l'axe de la sphère.

THÉORÈME II.

465. *Lorsque avec une même ouverture de compas on décrit une circonférence sur une sphère et ensuite sur un plan, la surface de la calotte déterminée sur la sphère est toujours équivalente à la surface du cercle déterminé sur le plan.*

Soit une sphère dont l'axe est BB′ (fig. 379); du point B comme pôle, avec une ouverture de compas arbitraire, décrivons un cercle qui déterminera une calotte BA plus petite qu'un hémisphère, ou BA′ plus grande, ou BA″ égale à un hémisphère. Si l'on représente la surface de cette calotte par Z et l'ouverture du compas par N, je dis qu'on aura dans tous les cas $Z = \pi N^2$ (πN^2 exprime la surface d'un cercle qui aurait N pour rayon).

1er Cas. Par l'extrémité A menons le rayon AC et la perpendiculaire AD sur l'axe BB′; représentons le rayon de la sphère par R, et la distance variable CD du centre au pied D de la perpendiculaire AD, par x; alors la hauteur de la calotte sera $BD = R - x$.

Cela posé, le théorème précédent nous a appris que la surface d'une calotte est équivalente à sa hauteur multipliée par la circonférence du grand cercle de la sphère; ainsi nous aurons $Z = BD \times \text{circ. } CB$; mais $BD = R - x$, et circ. $CB = 2\pi R$; donc $Z = (R - x)\,2\pi R$

Maintenant cherchons à interpréter ce résultat, et pour cela observons que dans le triangle ACB l'angle C est aigu tant que BA est moindre qu'un quadrant, et qu'alors on aura (n° 196)

$$\overline{BA}^2 = \overline{AC}^2 + \overline{CB}^2 - 2CB \times CD;$$

en remplaçant dans cette égalité les diverses quantités par leurs valeurs, elle deviendra

$$N^2 = R^2 + R^2 - 2R.x = 2R^2 - 2R.x;$$

donc

$$2R.x = 2R^2 - N^2 \quad \text{et} \quad x = \frac{2R^2 - N^2}{2R} = R - \frac{N^2}{2R};$$

donc enfin

$$R - x = \frac{N^2}{2R}.$$

Mais alors la valeur de Z trouvée ci-dessus $(R - x)2\pi R$ deviendra, en remplaçant $R - x$ par la quantité $\frac{N^2}{2R}$ qui lui est égale,

$$Z = 2\pi R \times \frac{N^2}{2R} = \pi N^2,$$

ce qui exprime bien la surface du cercle dont N est le rayon.

2e Cas. Si la calotte BA' est plus grande qu'un hémisphère, et qu'on fasse une construction analogue à celle du cas précédent, on aura $CD' = x$, la hauteur $BD' = R + x$, en sorte que $Z = 2\pi R(R + x)$.

Mais dans le triangle A'CB l'angle C sera obtus tant que BA' sera plus grand qu'un quadrant; ainsi l'on aura

$$\overline{BA'}^2 = \overline{A'C}^2 + \overline{CB}^2 + 2CB \times CD',$$

ou bien

$$N^2 = R^2 + R^2 + 2R.x = 2R^2 + 2R.x,$$

d'où

$$2Rx = N^2 - 2R^2 \quad \text{et} \quad x = \frac{N^2}{2R} - R.$$

Enfin

$$R + x = \frac{N^2}{2R};$$

donc alors la valeur de Z deviendra encore

$$Z = 2\pi R . \frac{N^2}{2R} = \pi N^2 ;$$

3ᵉ Cas. Enfin si BA″ est un quadrant, la calotte décrite sera un hémisphère qui, comme nous le savons déjà, équivaut à deux grands cercles.

Dans ce cas la perpendiculaire A″C tombe au centre C et l'on a

$$\overline{A''B}^2 = \overline{A''C}^2 + \overline{CB}^2, \text{ ou bien } N^2 = R^2 + R^2 = 2R^2,$$

et par suite $Z = R \times 2\pi R = 2\pi R^2 = \pi N^2$.

La proposition énoncée est donc vraie pour tous les cas.

Corollaire 1ᵉʳ. On voit donc que le cercle décrit sur un plan avec un rayon égal à l'axe BB′ d'une sphère est équivalent à la surface totale de cette sphère. Cette proposition est d'ailleurs évidente, car le diamètre BB′ étant double du rayon CB, la surface du cercle décrit avec BB′ sera quadruple de celle du cercle décrit avec CB, puisque les surfaces sont proportionnelles aux carrés de leurs rayons.

466. Corollaire 2. La théorie précédente fournit une conséquence curieuse : c'est que si avec une même ouverture de compas on décrit des cercles sur un nombre quelconque de sphères de différens rayons, toutes les calottes déterminées sur ces sphères seront équivalentes en surface ; car chacune d'elles sera équivalente au cercle qui aurait cette ouverture constante pour rayon.

On peut donc facilement déterminer, sur la surface d'une sphère plus grande, une calotte équivalente à la surface d'une sphère plus petite, et cela en décrivant un cercle sur la première avec une ouverture de compas égale à l'axe de la seconde.

Scolie. Puisque l'on obtient (n° 271) la surface d'un cercle en multipliant le carré de son rayon par $\pi = 3,14159\ldots$, on pourra facilement connaître la surface d'une calotte sphérique décrite avec une ouverture de compas connue; car cette calotte étant équivalente au cercle décrit avec la même ouverture, il suffira de multiplier π par le carré de l'ouverture de compas employée.

THÉORÈME III.

467. *La surface de la sphère et celles du cylindre et du cône circonscrits à cette sphère, sont entre elles comme les nombres* 4, 6, 9.

Soit le cylindre ABCD circonscrit à la sphère SO (fig. 380); ce cylindre sera équilatéral, car il aura pour base le grand cercle de la sphère, et pour hauteur l'axe de cette même sphère; par conséquent, le produit de la hauteur AB par la circonférence, dont HB est le rayon, donnera également l'aire de la sphère, ou bien de la surface latérale du cylindre. *Ainsi, la surface latérale d'un cylindre circonscrit à une sphère est, comme celle de cette sphère, équivalente à quatre grands cercles.* Et si l'on ajoute à cela les deux grands cercles qui servent de base à ce cylindre, on verra que sa surface totale vaut six grands cercles; donc sph. : cyl. :: 4 : 6.

Observation. Il est bon d'observer que la surface totale d'un cylindre équilatéral vaut six fois celle de sa base.

Soit en second lieu le cône circonscrit MNP; sa surface latérale est égale à MH.circ.SO (n° 460). Mais puisque ce cône est circonscrit, la perpendiculaire SO élevée au point de tangence, milieu de l'arète, vient passer par le centre o de la sphère, et est un rayon de cette sphère; de plus le triangle circonscrit MNP est equilatéral, et sa hauteur (n° 179) sera triple du rayon, d'où $MH = 3.SO$; d'ailleurs circ.$SO = 2\pi.SO$. Donc l'expression ci-dessus MH. circ. SO deviendra

$$3.SO \times 2\pi.SO = 6\pi.\overline{SO}^2.$$

Mais $\pi.\overline{SO}^2$ est la surface du grand cercle de la sphère; *donc la surface latérale du cône circonscrit à une sphère vaut six grands cercles de cette sphère.*

Ajoutons à cela la surface de la base de ce cône, et pour la trouver observons qu'en supposant le rayon $OH = OS = 1$, on aura $ON = 2$ (nº 179), et à cause du triangle rectangle ONH,

$$\overline{NH}^2 = \overline{NO}^2 - \overline{OH}^2 = 4 - 1 = 3.$$

Mais la proportionnalité qui existe entre les cercles et les carrés de leurs rayons donne

$$\text{surf. } SO : \text{surf. } NH :: \overline{SO}^2 : \overline{NH}^2 :: 1 : 3.$$

Donc on aura surf. $NH = 3.$surf. SO;
c'est-à-dire que *la base de la surface du cône circonscrit est équivalente à trois grands cercles.*

Par conséquent, la surface totale de ce cône vaudra $6 + 3 = 9$ grands cercles; ainsi sph. : cône :: 4 : 9.

Donc enfin sph. : cyl. : cône :: 4 : 6 : 9.

Scolie. La surface du cylindre est moyenne proportionnelle entre celle de la sphère et celle du cône, car on a $6 \times 6 = 4 \times 9 = 36$.

THÉORÈME IV.

468. *Les surfaces de la sphère, du cylindre et du cône équilatéraux inscrits dans cette sphère sont entre elles comme les nombres* 16, 12, 9.

Le cylindre équilatéral inscrit ABCD (fig. 381) aura pour arète et pour diamètre de sa base le côté du carré inscrit dans le grand cercle de la sphère, c'est-à-dire qu'en prenant le rayon de la sphère pour unite, on a $AD = \sqrt{2}$ (nº 268) et le rayon AO $= \frac{1}{2}\sqrt{2}$; par conséquent la surface de la base du cylindre sera

$$\pi\left(\tfrac{1}{2}\sqrt{2}\right)^2 = \tfrac{1}{2}\pi.$$

Mais ce cylindre étant équilatéral, sa surface totale vaudra, d'après l'observation du théorème précédent, six fois celle de sa base, ou bien $6 \times \frac{1}{2}\pi = 3\pi$.

En second lieu, l'arète MN du cône équilatéral inscrit sera le côté du triangle régulier inscrit dans le grand cercle de la sphère, et vaudra $\sqrt{3}$, le rayon de la sphère étant l'unité (n° 268); ainsi NS $= \frac{1}{2}$ NP $= \frac{1}{2}\sqrt{3}$. Par conséquent, la circonference de la base du cône sera exprimée par...... $2\pi \times \frac{1}{2}\sqrt{3} = \pi\sqrt{3}$.

Maintenant, pour avoir la surface totale de ce cône, il faut observer qu'elle s'obtient en multipliant la circonférence de sa base par la demi-somme de son arète et du rayon de cette base, et nous aurons pour cette surface

$$\pi\sqrt{3} \times \tfrac{1}{2}\left(\sqrt{3} + \tfrac{1}{2}\sqrt{3}\right) = \pi\sqrt{3} \times \tfrac{3}{4}\sqrt{3} = \tfrac{9}{4}\pi.$$

Mais la sphère dont le rayon est l'unité a pour surface 4π; donc la sphère, le cylindre et le cône désignés ont des surfaces qui sont entre elles comme $4\pi : 3\pi : \frac{9}{4}\pi$; ou bien... $:: 16 : 12 : 9$.

La surface du cylindre équilatéral inscrit est donc encore moyenne proportionnelle entre celle de la sphère et celle du cône; car $12 \times 12 = 16 \times 9 = 144$.

PROBLÈMES NUMÉRIQUES.

PROBLÈME Ier.

469. *Trouver la surface d'une sphère dont le rayon est de* $3^m,25$.

Puisque $R = 3^m,25$ la surface du grand cercle de cette sphère sera $\pi R^2 = 3,14159\ (3,25)^2 = 33,17519$, et celle de la sphère totale qui vaut quatre grands cercles sera donc $4 \times 33,17519 = 134,70$ mètres carrés.

PROBLÈME II.

470. *L'aire d'une sphère est de* $728^{m},4926$ *mètres carrés, on demande son rayon?*

D'après l'énoncé, on a donc $4\pi R^2 = 728,4926$. Or, cette égalité donnne $R^2 = \frac{728,4926}{4\pi}$; et en extrayant la racine carrée de chaque membre, on aura

$$R = \sqrt{\frac{728,4926}{4 \times 3,14159}} = 7^{m},61.$$

PROBLÈME III.

471. *On demande l'aire d'un triangle sphérique dont les angles sont de* $76°,30'$, $102°,10'$, *et* $54°\ 20'$, *et qui appartient à une sphère dont le rayon est* $1^{m},54$*?*

Pour cela nous ferons la somme de ces angles, et nous aurons $76°30' + 102°10' + 54°20' = 233°$, nous en retrancherons deux angles droits ou $180°$, et le reste 53 étant les $\frac{53}{90}$ de l'angle droit, indiquera que le triangle donné est les $\frac{53}{90}$ du triangle trirectangle (n° 444).

Or, le triangle trirectangle (n° 462) vaut la moitié du grand cercle de la sphère; et puisque dans le cas présent le rayon de cette sphère est de $1^{m},54$, son grand cercle sera $\pi(1,55)^2$, par conséquent le triangle trirectangle aura pour surface $\frac{1}{2}\pi(1,54)^2 = 3^{m},534$ mètres carrés, et le triangle proposé vaudra $\frac{53}{90} \times 3,534 = 2^{m},086$ mètres carrés.

C'est-à-dire que ce triangle aura une surface équivalente à 2 mètres carrés, plus 8 décimètres carrés, plus 60 millimètres carrés.

§ II. — DE LA MESURE DES VOLUMES.

472. Pour être dans le cas de mesurer aisément le volume des corps, il faut faire dépendre cette mesure de celle d'un seul polyèdre, ainsi que nous avons rapporté la mesure des surfaces à celle d'une surface unique.

En conséquence, il est nécessaire d'établir pour les volumes des principes analogues à ceux que nous avons démontrés pour les figures rectilignes; c'est-à-dire qu'il faut prouver que l'on peut, par une suite de transformations successives, remener un volume quelconque en un autre qui lui soit équivalent et qui ait une forme déterminée.

Nous allons donc commencer par exposer la théorie de l'*équivalence des volumes*, et nous occuper successivement des prismes, des pyramides et des autres polyèdres. De là nous déduirons les règles au moyen desquelles nous pourrons mesurer chacun de ces corps.

Volumes du prisme et du cylindre.

THÉORÈME Ier.

473. *Tout prisme oblique est équivalent à un prisme droit, qui aurait des arètes latérales de la même longueur que celles du premier, et dont la base serait une section faite perpendiculairement à ces arètes.*

Un prisme quelconque peut toujours être regardé comme formé de la réunion de plusieurs prismes triangulaires; ainsi il suffira de démontrer la proposition ci-dessus pour un prisme à trois pans, et elle sera applicable à tout autre.

Soit donc le prisme triangulaire oblique ABGDEF (fig. 382); coupons-le par un plan perpendiculaire à ses arètes latérales; et nous déterminerons un triangle *abg*; ensuite prolongeons ces arètes dans un même sens, et prenons sur leurs prolongemens les distances respectives $Dd = Aa$, $Ee = Bb$, $Ff = Gg$; enfin joignons les extrémités d, e, f.

Par suite de cette construction les arètes ad, be, gf, sont égales aux arètes AD, BE, GF, du prisme oblique, et par conséquent égales entre elles; d'ailleurs elle sont parallèles, ce qui indique que les faces $abed$, $bgfe$, $agfd$, sont des parallélogrammes, et que les lignes de, ef, df, sont respectivement égales et parallèles à ab, bg, ag; donc le triangle def sera égal au triangle abg, et comme ce dernier, situé dans un plan perpendiculaire aux arètes latérales; c'est-à-dire que $abgfed$ est un prisme triangulaire droit.

Observons maintenant que le tronc ABGgba est égal au tronc DEFfed; car si on les porte l'un sur l'autre en posant le triangle DEF sur son égal ABG, les arètes Dd, Ee, Ff recouvriront les arètes Aa, Bb, Gg, puisqu'elles sont également inclinées sur les bases, et comme elles sont respectivement égales, les sommets d, e, f, tomberont sur les sommets a, b, g; c'est-à-dire que les deux troncs coïncideront exactement dans tous leurs points et seront égaux.

Par conséquent, si l'on retranche l'un ou l'autre de ces deux troncs du volume total Af, on devra obtenir des restes équivalens. Or, en enlevant le tronc inférieur Df, il reste le prisme oblique AF; tandis que si l'on détache le tronc supérieur Ag, on obtient le prisme droit af: donc le prisme droit est équivalent au prisme oblique.

Corollaire I. Un prisme quelconque oblique AD′ (fig. 383) est équivalent à un prisme droit qui aurait mêmes arètes latérales, et dont la base serait une section MNOPQ faite perpendiculairement à ces arètes. En effet, cette proposition étant vraie pour chacun des prismes triangulaires qui composent le prisme polygonal, sera vraie pour ce dernier.

Corollaire II. Deux prismes qui auraient des arètes latérales de la même longueur, et dans lesquels les sections perpendiculaires à ces arètes seraient des polygones égaux, auraient des volumes équivalens; car chacun d'eux serait équivalent à un même prisme.

Corollaire III. Un cylindre oblique est équivalent à un cylindre droit qui aurait même arète et par suite même axe, et dont la base serait la section perpendiculaire à cet axe. Le cylindre étant un prisme limite, cette proposition découle du théorème précédent.

THÉORÈME II.

474. *Tout prisme triangulaire est la moitié du parallélépipède construit sur l'un de ses angles trièdres.*

Soit le prisme triangulaire ABCDEF (fig. 384); menons la ligne AG égale et parallèle à CB, et BG égale et parallèle à CA; achevons aussi le parallelogramme FDHE et joignons GH. Par là nous formerons un second prisme triangulaire AGBDHE symétrique du premier (n° 379), et qui avec lui composera le parallélépipède AE.

Il s'agit maintenant de prouver que ces deux prismes triangulaires sont équivalens.

Coupons le parallélépipède AE par un plan perpendiculaire à ses arètes latérales, et nous déterminerons un parallélogramme MNOP, que la diagonale NP divisera en deux triangles égaux. Or, chacun de ces triangles sera la section perpendiculaire aux arètes des deux prismes triangulaires ABCDEF, AGBDHE; par conséquent, ces deux prismes seront chacun en particulier équivalens à un même prisme droit (n° 473, Coroll. 2), et par suite équivalens entre eux. Ainsi, chacun d'eux est la moitié du parallélépipède AE.

Corollaire 1er. Tout plan diagonal divise un parallélépipède quelconque en deux prismes triangulaires symétriques et équivalens en volume.

Corollaire 2. Deux prismes triangulaires qui ont des bases égales, des arètes latérales de la même longueur et également inclinées sur le plan des bases, sont ou égaux ou symétriques. En effet, ces deux prismes seront chacun la moitié d'un même parallélépipède, c'est-à-dire que les parallelépipèdes construits sur chacun d'eux seront nécessairement égaux; ainsi, selon que les faces seront semblablement ou inversement disposées, ces deux prismes seront égaux ou symétriques, mais d'ailleurs toujours équivalens en volume.

Ceci prouve donc que deux prismes symétriques sont équivalens.

THÉORÈME III.

475. *Un parallélépipède quelconque est toujours équivalent à un parallélépipède rectangle de base équivalente et de même hauteur.*

Pour démontrer cette proposition, il faut prouver qu'un parallélépipède quelconque peut toujours être ramené à un parallélépipède rectangle, en lui faisant subir certaines transformations qui n'altèrent pas sa capacité.

Le parallélépipède a une forme très variable : sa base peut être un parallélogramme ou un rectangle, pendant que ses arètes peuvent avoir des inclinaisons telles que les faces latérales soient toutes les quatre inclinées aux plans des bases, ou toutes les quatre perpendiculaires à ces plans, ou bien que deux d'entre elles soient situées dans des plans inclinés, et les deux autres dans des plans perpendiculaires aux bases.

De là, plusieurs variétés de parallelépipèdes :

1°. *Le parallélépipède droit*, dont les angles dièdres adjacens aux bases sont droits, et dont les bases peuvent être des parallélogrammes ou des rectangles. (Ce dernier cas est celui du parallélépipède rectangle.)

2°. *Le parallélépipède oblique*, dont les angles dièdres adjacens aux bases sont tous aigus ou obtus, ou bien dont deux de ces angles sont droits, pendant que les deux autres sont l'un aigu et l'autre obtus.

Mais il est facile de ramener ces divers prismes à un parallélépipède rectangle équivalent, ainsi que nous allons le voir.

1er Cas. *Tout parallélépipède* AH, *dont la base est un parallélogramme* ABCD, *peut être transformé en un autre qui lui soit équivalent, et qui ait pour base un rectangle* ABRS *de même surface que* ABCD.

En effet, par les sommets A et B (fig. 385) abaissons les

perpendiculaires AS, BR, sur le côté opposé CD, et nous aurons un rectangle ABRS équivalent au parallélogramme ABCD; menons aussi GQ, NP perpendiculaires sur MH, et le rectangle NGQP sera équivalent à NGHM et égal à ABRS; tirons ensuite les lignes SP, RQ qui seront égales et parallèles aux arètes latérales du parallélépipède AH, et nous déterminerons ainsi un autre parallélépipède AQ à bases rectangulaires, plus deux prismes triangulaires DP et CQ.

Or, ces deux prismes DP et CQ ont les bases égales, car ASD = BRC, les arètes latérales de la même longueur et également inclinées sur les plans des bases, puisqu'elles sont parallèles entre elles; ainsi ils sont équivalens (n° 474), COROLL. II).

Mais si de la figure totale on retranche le prisme DP, il restera le parallélépipède donné AH; tandis que si l'on enlève le prisme CQ on obtiendra le parallélépipède AQ : donc AH et AQ sont équivalens.

2ᵉ CAS. *Tout parallélépipède à bases rectangulaires, dont les angles dièdres adjacens à ces bases sont les uns aigus, les autres obtus, peut être transformé en un autre parallélépipède équivalent, qui aura même base et même hauteur, et dont deux des angles dièdres adjacens à sa base seront droits.*

Soit le parallélépipède AH (fig. 386), dont la base ABCD est un rectangle sur lequel les quatre faces latérales sont inclinées; par l'arète BC menons un plan perpendiculaire à celui de la base; ce plan ira couper les côtés EF, GH de la base supérieure aux points M et N. De même par l'arète AD menons un autre plan perpendiculaire qui rencontrera les prolongemens de EF et de GH en P et en O. Ensuite joignons MB, NC, PA, OD; ces lignes seront égales et parallèles entre elles, et détermineront un parallélépipède AN dans lequel les angles dièdres AB, BC sont droits.

Mais il résultera aussi de cette construction deux prismes triangulaires AG, BH qui seront équivalens, car leurs bases APE, BMF sont égales, et leurs arètes latérales AD, EG, PO,

BC, FH, MN étant des côtés opposés de parallélogrammes sont égales et parallèles.

Si donc de la figure totale on retranche l'un ou l'autre de ces deux prismes, les restes obtenus seront équivalens ; mais ces restes successifs sont les deux parallélépipèdes AH, AN : donc AH est transformé en un parallélépipède équivalent AN, dont deux faces sont perpendiculaires aux plans des bases.

3e Cas. *Tout parallélépipède à bases rectangulaires, qui a deux angles dièdres à la base droits, peut être transformé en un parallélépipède rectangle équivalent, de même base et de même hauteur.*

Soit le parallélépipède AG (fig. 387) dont la base ABCD est un rectangle, et dont les angles dièdres AB, DC sont droits, c'est-à-dire, que les faces ABEF, DCGH sont situées dans des plans perpendiculaires à celui de la base.

Si, par les sommets A, B, C, D, on élève des perpendiculaires à la base ABCD, les deux perpendiculaires AP, BM seront dans le plan de la face ABEF, et rencontreront le prolongement de EF en M et en P; de même les deux perpendiculaires CN, DO seront dans le plan de la face DCGH, et rencontreront le prolongement de GH en N et en O. En joignant ensuite MN et PO, on formera un rectangle MNPO, situé dans le plan de EFGH, qui sera egal et parallèle à la base ABCD. On aura donc ainsi construit un parallélépipède rectangle ABCDMNOP.

Mais en même temps on produira deux prismes triangulaires APEDGH, BMFCNG qui seront égaux, car leurs bases APE et BMF ayant un angle A = B compris entre côtés égaux chacun à chacun, sont égales, et leurs arètes latérales AB, PO, EH, BC, MN, FG sont égales, et de plus perpendiculaires aux bases.

Or, si de la figure totale on retranche le prisme droit AH, il restera le parallélépipède oblique AG, tandis que si l'on en détache le prisme droit BG, on obtiendra le parallélépipède rectangle AN ; donc ces deux parallelépipèdes sont équivalens.

Le théorème énoncé est donc démontré pour tous les cas.

Corollaire 1. Il résulte de ce théorème important que deux

parallélépipèdes quelconques auront un même volume dès que leurs bases et leurs hauteurs seront égales, quelle que soit d'ailleurs la longueur de leurs arètes latérales. En effet, chacun d'eux peut être transformé en un même parallélépipède rectangle.

Or, deux parallélépipèdes peuvent avoir même base et même hauteur, pendant que les arètes latérales de l'un sont beaucoup plus longues que celles de l'autre ; ainsi, deux parallelépipèdes construits sur une base commune peuvent être équivalens et avoir pourtant une longueur dix, cent, mille fois plus grande l'un que l'autre.

Corollaire 2. Deux prismes triangulaires de même base et de même hauteur sont équivalens, car ils seront alors les moitiés respectives de deux parallélépipèdes équivalens.

Par conséquent un prisme triangulaire oblique peut être transformé en un prisme triangulaire droit équivalent, qui aura même base et même hauteur.

Il résulte donc de là qu'un prisme polygonal oblique peut être transformé en un prisme droit ayant même base et même hauteur, et que deux prismes polygonaux de même base et de même hauteur sont équivalens ; car ces prismes sont divisibles en un même nombre de prismes triangulaires, pour chacun desquels la proposition a lieu.

Scolie. En rapprochant ceci de la propriété du n° 473, on voit qu'il y a deux manières de transformer un prisme oblique en un prisme droit équivalent : 1°. en diminuant la surface de sa base, et rendant sa hauteur égale à la longueur de ses arètes latérales ; 2°. en conservant sa base et sa hauteur, et faisant diminuer la longueur de ses arètes latérales.

THÉORÈME IV.

476. *Les volumes de deux parallélépipèdes rectangles de même base, sont proportionnels à leurs hauteurs.*

Soient les deux parallélépipèdes rectangles AM, *am* (fig. 388), dans lesquels les bases ABCD $=$ *abcd*. Portons le plus petit *am* dans le grand, en posant la base *abcd* sur son égale ABCD ;

alors les arètes *aq*, *bh*, *cm*, *dn*, tomberont sur AG, BH, CM, DN, et le parallélépipède *am* prendra la position AQ.

Cela posé, il est bien évident que si la hauteur AS = *ag* était la moitié, le tiers, le quart, etc.... de AG, le parallélépipède *am* serait contenu deux, trois, quatre fois, etc.... dans le grand AM. Mais nous pouvons appliquer ici le raisonnement connu, et démontrer que, quel que soit le rapport des hauteurs AG, *ag*, les volumes seront dans les mêmes rapports.

En effet, après avoir porté le petit parallélépipède *am* sur le grand AM, portons le reste SM sur *am* autant de fois qu'il pourra y être contenu. Si nous obtenons un second reste, portons-le sur le premier SM, et ainsi de suite. Ces transpositions successives fourniront deux séries de quotiens et de restes alternatifs, l'une relative aux volumes, et l'autre aux hauteurs AG, *ag*; mais ces séries seront numériquement les mêmes, et elles nous prouveront que les volumes sont proportionnels aux hauteurs, dans le cas où le rapport est commensurable, comme dans celui où il est incommensurable; ainsi l'on aura constamment

vol. AM : vol. *am* :: AG : *ag*.

THÉORÈME V.

477. *Les volumes de deux parallélépipèdes rectangles de même hauteur sont proportionnels à leurs bases.*

Supposons que les deux parallelépipèdes AG, *ag* (fig. 389), aient même hauteur AN = *an*: portons-les l'un dans l'autre de manière à faire coïncider les angles trièdres rectangles A et *a*; alors le parallélépipède *ag* prendra la position AL, et il y aura une partie commune aux deux parallélépipèdes AG, *ag*, qui formera un troisième parallélépipède AK.

Cela posé, si l'on compare AK à chacun des deux autres, on en déduira la démonstration du théorème énoncé. En effet, les parallélépipèdes AG, AK, ayant une base commune ABMN, sont, d'après la proposition précédente, proportionnels à leurs hauteurs AD, AV, et l'on a

$$AG : AK :: AD : AV.$$

De même les parallélépipèdes AK, AL, qui ont même base AVRN, sont entre eux comme leurs hauteurs AB, AQ, et donnent

$$AK : AL :: AB : AQ.$$

Si l'on multiplie ces deux proportions par ordre, et qu'on supprime le facteur commun AK, on obtiendra

$$AG : AL :: AD \times AB : AV \times AQ,$$

ou bien

$$AG : ag :: AD \times AB : ad \times ab.$$

Mais AD × AB représente la surface de la base ABCD, et $ad \times ab$ la surface de *abcd*; donc les parallélépipèdes de même hauteur sont proportionnels à leurs bases.

THÉORÈME VI.

478. *Les volumes de deux parallélépipèdes rectangles quelconques sont proportionnels aux produits de leurs bases par leurs hauteurs.*

Soient les deux parallélépipèdes rectangles AG, *ag* (fig. 390); plaçons-les l'un dans l'autre en faisant coïncider les angles trièdres A et *a*. Le parallélépipède *ag* prendra la position AV, et il y aura une partie commune qui formera un troisième parallélépipède AQ.

Or les parallélépipèdes AG, AQ, qui ont même hauteur sont proportionnels à leurs bases et donnent

$$AG : AQ :: ABCD : AXPY.$$

Or, les parallélépipèdes AQ et AV qui ont même base sont entre eux comme leurs hauteurs; ainsi l'on a

$$AQ : AV :: AM : AT;$$

et si l'on multiplie ces deux proportions terme à terme, on obtiendra

$$AG : AV :: ABCD \times AM : AXPY \times AT,$$

ou bien

$$AG : ag :: ABCD \times AM : abcd \times am.$$

C'est-à-dire que deux parallélépipèdes rectangles sont proportionnels aux produits de leurs bases par leurs hauteurs respectives.

Si le parallélépipède *ag* était moins haut que AG, on le prolongerait jusqu'à ce qu'il rencontrât la base supérieure de ce dernier, pour déterminer le parallélépipède accessoire AQ.

Scolie 1er. Le produit ABCD × AM est la même chose que celui des trois arètes AB × AD × AM; aussi dit-on ordinairement que deux parallélépipèdes rectangles sont proportionnels aux produits de leurs trois arètes contiguës, ou *de leurs trois dimensions.*

479. *Scolie* 2. Puisque les parallélépipèdes rectangles sont proportionnels aux produits respectifs de leurs bases par leurs hauteurs; on peut prendre ces produits pour leurs mesures. En effet, dès que l'on connaîtra la capacité d'un parallélépipède rectangle donné, on pourra obtenir celle de tout autre parallélépipède rectangle, en multipliant cette capacité par le rapport qui existe entre le produit des trois dimensions du parallélépipède inconnu et le produit des trois dimensions du parallélépipède connu; car autant de fois le premier de ces deux produits contiendra le second, autant de fois la capacité du parallélépipède donné sera contenue dans l'autre.

Mais pour mesurer l'étendue à trois dimensions, il faut avoir une unité de volume. Cette unité est arbitraire comme toutes les autres; mais il convient qu'elle soit en harmonie avec l'unité de surface et l'unité linéaire : c'est pourquoi l'on prend ordinairement le *mètre cube*, c'est-à-dire un cube dont l'arète a un mètre de longueur. Alors si l'on mesure la longueur des trois arètes contiguës d'un parallélépipède rectangle avec le mètre, et qu'on fasse le produit des trois nombres obtenus, ce produit exprimera le nombre de fois que le *mètre cube* est contenu dans ce parallélépipède et sera sa mesure.

On peut, au reste, rendre cela très sensible par une construction fort simple.

Soit un parallélépipède rectangle AG (fig. 391) ; supposons que ses arètes aient les longueurs suivantes : AB = 9^m, AD = 5^m, AM = 7^m, et qu'on les divise en parties égales à un mètre. Si par les points de division de chaque arète on mène des plans parallèles au plan des deux autres, on divisera le parallélépipède donné en petits cubes ayant un mètre de côté, c'est-à-dire en unités de volume. Or, l'arète AB contenant 9^m, et AD 5^m, la base ABCD contiendra $5 \times 9 = 45$ petits carrés d'un mètre, qui serviront de bases respectives à 45 cubes. Mais au-dessus de cette rangée de 45 cubes il y en aura une autre, au-dessus de cette seconde une troisième, et ainsi de suite jusqu'à la base supérieure; en sorte que nous aurons autant de rangées de 45 cubes qu'il y aura de mètres dans la hauteur AM, c'est-à-dire 7 ; ce qui donnera donc $45 \times 7 = 315$ mètres cubes pour la mesure du parallélépipède donné.

Maintenant que nous savons mesurer un parallélépipède rectangle, et que nous connaissons les relations qui existent entre celui-ci et un parallélépipède quelconque, il sera facile de trouver la mesure de tout prisme.

THÉORÈME VII.

480. *Le volume d'un parallélépipède quelconque a pour mesure le produit de sa base multipliée par sa hauteur.*

En effet, nous avons vu qu'un parallélépipède AH (fig. 392) quelconque est équivalent à un parallélépipède rectangle AM de base équivalente et de même hauteur. Or, si ces deux parallélépipèdes sont équivalens en volume, leur mesure doit être exprimée par le même nombre. Mais le produit de AB par BP donne aussi bien la surface du rectangle ABPQ, que celle du parallélogramme ABCD ; et ce produit multiplié par la hauteur commune PM exprimera également la mesure du parallélépipède rectangle AM, ou bien celle de l'oblique AH.

Donc tout parallélépipède a pour mesure le produit de sa base par sa hauteur.

THÉORÈME VIII.

481. *Le volume d'un prisme quelconque a pour mesure le produit de sa base par sa hauteur.*

Nons avons vu qu'un prisme triangulaire (n° 474) est la moitié d'un parallélépipède de même hauteur et d'une base double. Ainsi le produit que fournira la base du prisme multipliée par la hauteur commune sera la moitié du produit que donnerait la base du parallélépipède multipliée par cette même hauteur. Or, puisque le dernier produit est la mesure du parallélépipède, il faut que le premier soit celle du prismé. *Donc la mesure d'un prisme triangulaire s'obtient en multipliant la surface de sa base par sa hauteur.*

Observons maintenant qu'un prisme quelconque est divisible en autant de prismes triangulaires que le polygone de sa base contient de triangles, et que chacun de ces prismes partiels aura pour mesure le produit de sa base par sa hauteur. Mais comme tous les prismes auront même hauteur que le prisme total, il est évident que la somme de toutes les bases triangulaires, ou bien la surface du polygone qui sert de base au prisme donné, multipliée par la hauteur commune, donnera la somme des volumes de tous les prismes triangulaires, et par conséquent ce sera la mesure du prisme polygonal.

Corollaire 1er. Il résulte de là que les prismes qui ont une même hauteur et des bases équivalentes sont égaux en volume. Ainsi un prisme triangulaire sera équivalent à un prisme polygonal de même hauteur, dès que le triangle qui sert de base au premier aura même surface que le polygone qui sert de base au second.

On peut donc, d'après ce principe, construire un prisme triangulaire équivalent à un prisme polygonal donné.

Corollaire 2. Deux prismes qui ont même hauteur sont entre eux comme leurs bases, et deux prismes de même base, ou de bases équivalentes, sont proportionnels à leurs hauteurs.

Scolie. Puisqu'un prisme oblique (n° 473) est équivalent à un prisme droit qui aurait mêmes arètes latérales et dont la base serait une section faite perpendiculairement à ces arètes, on peut dire encore que *le volume* d'un prisme oblique a pour mesure le produit de la section perpendiculaire à ses arètes latérales par la longueur de l'une d'elles.

THÉORÈME XI.

482. *Le volume d'un cylindre droit a pour mesure le produit de sa base par sa hauteur ou par son axe.*

En effet, un cylindre droit n'est autre chose qu'un prisme régulier d'une infinité de faces; ainsi il devra être mesuré d'après le même principe, c'est-à-dire par le produit de sa base multipliée par sa hauteur.

En appelant R le rayon de la base d'un cylindre droit, et H sa hauteur, on aura pour son volume l'expression suivante $\pi R^2 \times H$.

Scolie. Si le cylindre était oblique on obtiendrait sa mesure en multipliant la section AB (fig. 354), faite perpendiculairement à son axe XY par cet axe lui-même.

Volumes de la pyramide et du cône.

THÉORÈME Ier.

483. *Deux tétraèdres qui ont des bases équivalentes et des hauteurs égales sont équivalens.*

Soient les deux tétraèdres S, S′ (fig. 393), dans lesquels on suppose les bases ABC et A′B′C′ équivalentes, et les hauteurs SP, S P′ égales. Divisons chacune de ces hauteurs en un même nombre de parties égales, et par les points de division menons des plans parallèles aux bases des tétraèdres; les sections déterminées par ces plans seront des triangles respectivement semblables aux bases (n° 389), et il est facile de se convaincre en outre que les sections situées dans l'une et l'autre figure, à la même distance des bases seront, comme ces bases, équivalentes entre elles.

En effet, supposons que les deux sections MNO et M'N'O' soient également éloignées des bases, c'est-à-dire que SD = S'D', puisque le plan MNO est parallèle à ABC, les triangles ABC, MNO sont semblables, et l'on a (n° 389)

$$\text{ABC} : \text{MNO} :: \overline{\text{AB}}^2 : \overline{\text{MN}}^2 :: \overline{\text{SP}}^2 : \overline{\text{SD}}^2.$$

De même, puisque les triangles A'B'C', M'N'O' sont semblables, on aura aussi

$$\text{A'B'C'} : \text{M'N'O'} :: \overline{\text{A'B'}}^2 : \overline{\text{M'N'}}^2 :: \overline{\text{S'P'}}^2 : \overline{\text{S'D'}}^2$$

Mais, par hypothèse, ABC = A'B'C', SP = S'P', SD = S'D'. Donc, en comparant les proportions ci-dessus, il faudra que l'on ait aussi MNO = M'N'O' : donc les sections sont équivalentes chacune à chacune.

Cela posé, les tranches comprises entre ces diverses sections sont des troncs de pyramide ; et comme on peut supposer que les sections soient infiniment rapprochées, c'est-à-dire que les hauteurs SP, S'P', soient divisées en une infinité de parties égales ; alors ces troncs pourront être considérés comme de véritables prismes : car les deux bases auront entre elles une différence plus petite que toute quantité assignable. Mais cesprismes *limites*, comparés chacun à chacun d'une figure à l'autre seront équivalens, car ils auront des hauteurs égales et des bases équivalentes ; donc on peut considérer les deux tétraèdres S, S' comme formés d'un même nombre d'*élémens* équivalens chacun à chacun : par conséquent ces tétraèdres ont même volume.

Corollaire 1er. Deux tétraèdres symétriques sont équivalens.

Corollaire 2. Si l'on mène par le sommet S (fig. 394) d'un tétraèdre une ligne ou un plan parallèle à la base ABC, et que par un point S' de cette ligne ou de ce plan on mène des droites S'A, S'B, S'C aux sommets de la base, on formera un autre tétraèdre S'ABC équivalent au premier, car ils auront même base et même hauteur.

THÉORÈME II.

484. *Un tétraèdre est le tiers d'un prisme triangulaire de même base et de même hauteur.*

Soit le tétraèdre SABC (fig. 395); par les sommets B et C menons les lignes BG, CH égales et parallèles à l'arète AS, joignons les extrémités G et H entre elles et au sommet S, pour achever le triangle SGH égal et parallèle à ABC, et déterminer ainsi le prisme triangulaire AH.

Par cette construction nous aurons formé une pyramide quadrangulaire SBCHG, qui pourra être divisée par le plan SGC, en deux tétraèdres équivalens SBCG et SGCH. En effet, ces tétraèdres ont des bases BCG et GCH égales comme moitiés d'un même parallélogramme BH, et même hauteur, car ils ont le sommet S commun; ils ont donc même volume. Mais les deux tétraèdres SABC et SGCH sont aussi équivalens, car si l'on prend dans ce dernier SGH pour sa base et C pour son sommet, le tétraèdre CSGH aura même base et même hauteur que SABC. Donc les trois tétraèdres SABC, SBCG, SGCH sont équivalens entre eux, et chacun d'eux est le tiers du prisme AH.

Un prisme triangulaire peut donc être considéré comme formé de la réunion de trois tétraèdres équivalens, et c'est ce qui est rendu sensible par la figure ombrée.

THÉORÈME III.

485. *Toute pyramide est le tiers d'un prisme de même base et de même hauteur.*

On sait qu'une pyramide quelconque est décomposable en autant de tétraèdres que le polygone de sa base contient de triangles. Si donc sur la base d'une pyramide on construit un prisme de même hauteur, et qu'ensuite on divise ce prisme en prismes triangulaires et la pyramide en tetraèdres, ces pyramides et ces prismes partiels seront en nombre égal à celui des triangles de la base, et chacun de ces triangles servira de base commune à un prisme et à un tétraèdre; d'ailleurs ils auront tous même hauteur que la pyramide donnée.

Donc chaque tétraèdre sera le tiers du prisme triangulaire correspondant, et la somme totale de ces tétraèdres, ou bien la pyramide proposée, sera le tiers de la somme totale des prismes triangulaires ou du prisme total.

COROLLAIRE 1er. Deux pyramides qui ont même hauteur et des bases équivalentes, sont équivalentes.

COROLLAIRE 2. Deux pyramides qui ont même base et les sommets situés sur une même ligne ou sur un même plan parallèle à cette base sont équivalentes, car elles sont l'une et l'autre le tiers de deux prismes équivalens.

THÉORÈME IV.

486. *Un cône est le tiers d'un cylindre de même base et de même hauteur.*

Cette proposition résulte évidemment de ce que le cône est à la pyramide ce que le cylindre est au prisme. Ainsi, de même qu'une pyramide est le tiers d'un prisme de même base et de même hauteur, de même un cône sera le tiers d'un cylindre de même base et de même hauteur.

THÉORÈME V.

487. *Le volume d'une pyramide quelconque a pour mesure le tiers du produit de sa base par sa hauteur.*

Puisqu'il est démontré que le volume de toute pyramide est le tiers de celui d'un prisme de même base et de même hauteur, il est bien évident que le tiers du produit qui mesure le prisme doit mesurer la pyramide.

THÉORÈME VI.

488. *Le volume d'un cône a pour mesure le tiers du produit de sa base par sa hauteur.*

Car le produit de la base par la hauteur d'un cône donne la mesure d'un cylindre construit sur cette base et cette hauteur, lequel est triple du cône ; donc le tiers du même produit sera nécessairement la mesure du cône.

Soit R le rayon de la base, H la hauteur, on aura pour l'expression du volume du cône $\frac{1}{3}\pi R^2 \times H$.

Volumes des troncs de prisme, de cylindre, de pyramide et de cône.

THÉORÈME Ier.

489. *Tout tronc de prisme triangulaire est équivalent à trois tétraèdres qui ont pour base commune une des bases du tronc, et pour sommets respectifs les trois sommets de la base opposée.*

Soit le tronc ABCDGH (fig. 396); par les sommets A, D, C, faisons passer un plan qui détachera d'abord le tétraèdre DABC, lequel aura pour base la base inférieure ABC du tronc, et pour sommet un des sommets D de la base supérieure; le reste sera une pyramide quadrangulaire DAHGC, qui pourra être divisée en deux tétraèdres par le plan DHC; mais comme l'arète DB est parallèle au plan AHGC, on peut transporter le sommet commun D en B, et les deux tétraèdres DAHC, DHGC, seront remplacés par les deux autres tétraèdres BAHC, BHGC, qui, ayant mêmes bases et même hauteur que les premiers, leur seront équivalens.

Mais BAHC peut être considéré comme ayant pour base ABC et pour sommet H; d'un autre côté BHGC, dont H peut être le sommet et le triangle BGC la base, pourra, en transportant le sommet H en A, être transformé en un autre tétraèdre ABCG, dont ABC serait la base et G le sommet; donc on aura trois tétraèdres ayant pour base commune ABC, et pour sommets respectifs D, H, G.

Corollaire. Un tronc de prisme triangulaire sera donc équivalent à un prisme qui aurait pour base une des bases du tronc, et pour hauteur le tiers de la somme des perpendiculaires abaissées des trois sommets opposés sur le plan de cette base.

Par suite, un tronc de prisme quelconque est équivalent à un prisme qui aurait même base, et dont la hauteur serait le quotient de la somme des perpendiculaires abaissées des sommets opposés sur cette base, divisée par leur nombre.

THÉORÈME II.

490. *Tout prisme tronqué est équivalent à un prisme droit qui aurait pour base la section faite perpendiculairement aux arètes latérales, et pour hauteur la moyenne longueur de ces arètes.*

Il suffit de démontrer ce théorème pour un tronc de prisme triangulaire, car il est facile de l'étendre ensuite à un prisme quelconque.

Soit donc le tronc triangulaire ABCDGH (fig. 397); prolongeons ses arètes latérales d'un même côté, et coupons-les par un plan perpendiculaire MNP, nous aurons alors deux troncs de prismes droits MNPBCA et MNPDGH, dont la différence sera le tronc donné.

Mais, d'après le théorème précédent, ces troncs fourniront les égalités suivantes :

$$MNPBCA = MNP \times \tfrac{1}{3}(MA + NB + PC),$$
$$MNPDGH = MNP \times \tfrac{1}{3}(MH + ND + PG);$$

et en retranchant ces égalités l'une de l'autre, nous aurons

$$MNPDGH\text{-}MNPBCA = MNP \times \tfrac{1}{3}(MH + ND + PG - MA - NB - PC),$$

ou bien

$$ABCDGH = MNP \times \tfrac{1}{3}(AH + BD + CG).$$

Mais comme un tronc de prisme quelconque est décomposable en troncs triangulaires, le principe ci-dessus sera applicable à tous les cas.

Scolie. Si le tronc de prisme AH (fig. 398) appartenait à un prisme régulier, l'axe de ce tronc serait alors la moyenne longueur de ses arètes, en sorte qu'on peut dire qu'un tronc de prisme régulier est équivalent à un prisme qui aurait pour base la section perpendiculaire à ses arètes, et pour hauteur l'axe de ce tronc.

491. Par suite, un *tronc de cylindre* AH (fig. 399) *est équi-*

valent à un cylindre qui aurait pour base le cercle BD *déterminé par un plan perpendiculaire à l'axe, et pour hauteur cet axe* AH.

Il résulte de là que si par les extrémités de l'axe AH d'un tronc de prisme régulier ou d'un tronc de cylindre on mène des plans perpendiculaires à cet axe, on formera un prisme ou un cylindre équivalent au tronc.

THÉORÈME III.

492. *Le volume d'un tronc de prisme quelconque a pour mesure le produit de la section faite perpendiculairement à ses arêtes latérales, par la longueur moyenne de ces arêtes.*

Cela résulte du théorème précédent, car le produit indiqué est la mesure d'un prisme équivalent au tronc donné, et doit donc être aussi celle de ce tronc.

Si le tronc était celui d'un prisme régulier, alors on obtiendrait sa mesure en multipliant sa section perpendiculaire par son axe.

THÉORÈME IV.

493. *Le volume d'un tronc de cylindre est égal au produit d'une section perpendiculaire à son axe par cet axe lui-même.*

Même raisonnement que pour le prisme.

THÉORÈME V.

494. *Tout tronc de pyramides à bases parallèles est équivalent à trois pyramides qui auraient pour hauteur commune la hauteur du tronc, et pour bases respectives la base inférieure du tronc, sa base supérieure, et une moyenne proportionnelle entre ces deux bases.*

Il suffit de démontrer la proposition pour un tronc de pyramide triangulaire.

Soit donc le tronc ABCDGH (fig. 400) dans lequel les bases sont parallèles. Par les points A, D, C faisons passer un plan qui détachera le tétraèdre DABC dont la base est la base inférieure du tronc, et qui a même hauteur que lui. Conduisons ensuite un second plan ADG qui divisera la pyramide quadrangulaire restante en deux autres tétraèdres ; l'un AHDG qui aura pour hauteur celle du tronc et pour base sa base supérieure ; l'autre DACG, que nous pouvons transformer de la manière suivante :

Soit menée dans la face BDGC la ligne DM parallèle à GC, et par conséquent un plan AHGC ; le sommet D pourra être transporté en N sans que le volume du tétraèdre DAGC, devenu MAGC, ait été altéré. Mais alors AMC peut être pris pour la base de ce tétraèdre, et G pour son sommet ; donc ce troisième tétraèdre aura encore la hauteur du tronc. Mais voyons ce qu'est sa base AMC. Pour cela, menons MN parallèle à AB, et par conséquent à DH, alors le triangle CMN = HDG, car CM = GD, et leurs angles sont égaux chacun à chacun. Or (n° 304) le triangle AMC est moyen proportionnel entre CMN et CBA, ou bien entre ABC et HGD. Donc enfin la proposition énoncée est démontrée dans tous ses points.

Pour un tronc de pyramide quelconque, le théorème est donc aussi vrai ; car ce tronc pourra être divisé en plusieurs troncs de pyramide triangulaire pour chacun desquels la proposition existe.

Corollaire. En nous appuyant toujours sur l'analogie ; nous dirons qu'un tronc de cône à bases parallèles est équivalent à trois cônes qui auraient même hauteur que le tronc, et dont les bases respectives seraient sa base inférieure, sa base supérieure et une moyenne proportionnelle entre ces deux bases.

THÉORÈME VI.

495. *Le volume d'un tronc de pyramide à bases parallèles a pour mesure le tiers du produit de sa hauteur multipliée par la somme de ses deux bases et d'une moyenne proportionnelle entre elles.*

Car ce tronc est équivalent à trois pyramides qui ont pour hauteur la hauteur du tronc, et pour bases respectives les bases indiquées.

496. Corollaire. De même *un tronc de cône à bases parallèles aura pour mesure le tiers du produit de sa hauteur par la somme de ses bases et d'une moyenne proportionnelle entre elles.*

Soit H la hauteur du tronc du cône, R le rayon de la base inférieure, r celui de la base supérieure, on aura pour le rayon de la base moyenne proportionnelle $\sqrt{R \times r}$, et pour le volume $\frac{1}{3}\pi(R^2 + r^2 + r \times R) \times H$.

497. Si l'on voulait estimer en général le volume engendré par la révolution d'une portion de polygone autour d'un axe fixe, on observerait que le corps ainsi produit serait composé d'une réunion de troncs de cône, et l'on calculerait le volume de chacun d'eux.

Mais il est quelques cas particuliers qui méritent d'être examinés avec détail par l'importance des résultats qu'ils fournissent.

Volume de la sphère.

THÉORÈME Ier.

498. *Le volume engendré par la révolution d'un triangle tournant autour d'un axe qui passe par son sommet, a pour mesure le tiers du produit obtenu en multipliant la surface que décrit la base du triangle, par la hauteur de ce triangle.*

Cette proposition nous présente trois cas à examiner selon que l'axe de révolution est un côté du triangle, ou bien, que cet axe étant extérieur au triangle, sa base est inclinée sur cet axe ou lui est parallèle.

1er Cas. Soit le triangle CBA (fig. 401) tournant autour de CA; si l'on abaisse la perpendiculaire BD sur CA, on verra facilement que l'espace engendré par le triangle est composé de deux cônes ayant pour base commune le cercle dont BD est le rayon, et pour hauteur respective CD et AD, on aura donc

$$\text{vol. CBA} = \frac{1}{3}\pi BD^2 \times AD + \frac{1}{3}\pi BD^2 \times CD = \frac{1}{3}\pi BD \times CA.$$

Mais nous avons vu que la surface latérale d'un cône et la

surface de sa base sont entre elles comme l'arète est au rayon de cette base, ainsi nous aurons

surf. AB : cercle BD :: AB : BD;

et si l'on abaisse CP perpendiculaire sur AB, on aura deux triangles rectangles APC, ADB, qui ayant un angle aigu commun seront semblables et donneront

AB : BD :: AC : CP.

Par conséquent,

surf. AB : cercle BD :: AC : CP;

d'où

$$\text{surf. AB} \times \text{CP} = \text{cercle BD} \times \text{AC} = \pi\overline{\text{BD}}^2 \times \text{AC}:$$

donc enfin,

$$\text{volume CBA} = \tfrac{1}{3}\text{surf. AB} \times \text{CP}.$$

Ce qui prouve que le volume engendré par le triangle CBA a pour mesure le tiers du produit de la surface décrite par sa base AB, multipliée par la hauteur CP de ce triangle.

2ᵉ Cas. Si le triangle est dans la position CBA (fig. 402), telle que sa base AB suffisamment prolongée rencontre l'axe CN en N, on aura évidemment

$$\text{vol. CBA} = \text{vol. CBN} - \text{vol. CAN},$$

et par conséquent

$$\begin{aligned}\text{vol. CBA} &= \tfrac{1}{3}\text{ surf. BN} \times \text{CP} - \text{surf. AN} \times \text{CP} \\ &= \tfrac{1}{3}\text{ CP (surf. BN} - \text{surf. AN)}, \\ &= \tfrac{1}{3}\text{ surf. BA} \times \text{CP},\end{aligned}$$

résultat conforme à celui du premier cas.

3ᵉ Cas. Si la base AB (fig. 403) du triangle est parallèle à l'axe NM, on aura

$$\text{vol. CBA} = \text{vol. ANMB} - \text{vol. CNA} - \text{vol. CMB}.$$

Mais le volume ANMB sera un cylindre, et les volumes

CNA et CMB seront des cônes qui auront des bases égales à celle du cylindre, car la perpendiculaire AN = PC = BM, ainsi l'on aura

$$\text{vol. CBA} = \pi.\overline{CP}^2 \times NM - \tfrac{1}{3}\pi.\overline{CP}^2 \times NC - \tfrac{1}{3}\pi.\overline{CP}^2 \times CM$$
$$= \pi\overline{CP}^2.NM - \tfrac{1}{3}\pi\overline{CP}^2 \times NM = \tfrac{2}{3}\pi\overline{CP}^2 \times NM.$$

Mais on sait que la surface latérale d'un cylindre est à la surface de sa base comme le double de sa hauteur est au rayon de cette base. Ainsi, en observant que $\pi.\overline{CP}^2$ est la surface de la base du cylindre ANMB, on aura

$$\text{surf. AB} : \pi.\overline{CP}^2 :: 2NM : CP,$$

d'où

$$2\pi CP^2 \times NM = \text{surf. AB} \times CP.$$

Mais alors la valeur ci-dessus deviendra enfin

$$\text{vol. CBA} = \tfrac{1}{3}\,\text{surf. AB} \times CP.$$

Donc, dans tous les cas, le tiers du produit de la surface engendrée par la base AB du triangle, multipliée par sa hauteur CP est la mesure du volume engendré.

THÉORÈME II.

499. *Le volume engendré par la révolution d'un demi-polygone régulier autour de son diamètre, a pour mesure le tiers du produit de sa surface par le rayon du cercle inscrit.*

En effet, d'après le théorème précédent, le volume engendré par chacun des triangles CAD, CDG, CGH... (fig. 378), aura pour mesure le tiers du produit de la surface décrite par la base correspondante, multipliée par la perpendiculaire abaissée du centre C du polygone sur cette base; mais tous ces triangles seront isoscèles et auront le centre C pour sommet commun; et de plus les perpendiculaires CM, CN, CO....., seront égales au rayon du cercle inscrit. Ainsi, l'on aura la suite des égalités

$$\text{vol. CAD} = \tfrac{1}{3}\ \text{surf. AD} \times \text{CM},$$
$$\text{vol. CDG} = \tfrac{1}{3}\ \text{surf. DG} \times \text{CM},$$
$$\text{vol. CGH} = \tfrac{1}{3}\ \text{surf. GH} \times \text{CM, etc.}$$

Donc,

$$\text{vol. CADGHLKB} = \tfrac{1}{3}\,\text{surf. ADGHLKB} \times \text{CM}.$$

Mais la surface engendrée est égale à la circonférence du cercle inscrit multipliée par l'axe AB (n° 461); donc

$$\tfrac{1}{3}\,\text{surf. ADGHLKB}\times\text{CM} = \tfrac{1}{3}(2\pi\text{CM}\times\text{AB})\times\text{CM} = \tfrac{2}{3}\pi\overline{\text{CM}}^2\times\text{AB}.$$

Si l'on n'avait à considérer que le volume engendré par une portion ADG du polygone régulier, on trouverait de même

$$\text{vol. CADG} = \tfrac{2}{3}\ \pi\overline{\text{CM}}^2 \times \text{AG},$$
$$\text{vol. CGHL} = \tfrac{2}{3}\ \pi\overline{\text{CM}}^2 \times \text{GL}.$$

THÉORÈME III.

500. *Le volume d'une sphère a pour mesure le tiers du produit de sa surface par son rayon.*

En effet, une sphère est produite par la révolution d'un demi-cercle, c'est-à-dire d'un demi-polygone régulier d'une infinité de côtés; ainsi, le principe du théorème précédent étant applicable à un polygone d'un nombre quelconque de côtés, le sera aussi à la sphère.

Mais la surface de la sphère vaut quatre grands cercles, ou bien $4\pi R^2$ (R étant son rayon); donc son volume sera exprimé par

$$4\pi R^2 \times \tfrac{1}{3} R = \tfrac{4}{3}\pi R^3.$$

Au reste, la formule trouvée ci-dessus $\frac{2}{3}\pi\overline{\text{CM}}^2 \times \text{AB}$ conduit au même résultat; car, dans le cas de la sphère, on aura $\text{AB} = 2\text{CM}$ et $\text{CM} = \text{R}$. Ainsi, la formule $\frac{2}{3}\pi\overline{\text{CM}}^2 \times 2\text{CM}$, devient

$$\tfrac{2}{3}\pi R^2 \times 2R = \tfrac{4}{3}\pi R^3 = 4\pi R^2 \times \tfrac{1}{3}R,$$

c'est-à-dire *que le volume de la sphère a pour mesure le produit de sa surface par le tiers de son rayon.*

Scolie. Une sphère est donc équivalente à un cône ou à une pyramide qui aurait une base équivalente à la surface de cette sphère, et pour hauteur son rayon.

501. On peut aussi arriver au même résultat par une autre considération.

Nous avons dit que la surface d'une sphère pouvait être considérée comme une suite infinie de petits polygones rectilignes, et son volume comme la réunion d'un nombre infini de petites pyramides ayant toutes pour hauteur commune le rayon de cette sphère. Mais chacune de ces pyramides aura pour mesure le tiers du produit de sa base par sa hauteur, et leur ensemble, c'est-à-dire, la sphère, aura donc pour mesure sa surface multipliée par le tiers de son rayon.

Par un raisonnement semblable nous prouverons que le volume d'un secteur sphérique, ou bien d'une pyramide sphérique, *a pour mesure le tiers du produit de sa base par le rayon de la sphère.*

On voit de même que le volume d'un segment sphérique à une base, peut s'obtenir en retranchant du volume du secteur correspondant celui du cône qui aurait son sommet au centre, et dont la base serait celle du segment; quant au segment à deux bases, ce serait la différence de deux segmens à une base; mais, au reste, on peut avoir une autre expression de cette mesure.

THÉORÈME IV.

502. *Le volume engendré par un segment de cercle* ANB *autour d'un axe fixe passant par le centre* C *de ce cercle, a pour mesure le sixième du produit d'un cercle qui aurait la corde* AB *pour rayon, par la projection* DH *de cette corde sur l'axe.*

En effet, si nous joignons les extrémités A et B (fig. 404) au centre, et que nous abaissions CP perpendiculaire sur AB, nous aurons le volume du segment ANB égal à celui du secteur CANB, diminué de celui du triangle CAB.

Or, celui de secteur a pour mesure sa surface multipliée par le tiers du rayon, ou bien (n° 499)

$$\text{vol. CANB} = \tfrac{2}{3}\pi\overline{CA}^2 \times DH\,;$$

tandis que le volume produit par le triangle CAB a pour mesure le tiers de la surface décrite par AB, multipliée par CP, ou bien,

$$\text{vol. CABP} = \tfrac{2}{3}\pi\overline{CP}^2 \times DH \ (\text{n° } 498)\,;$$

donc

$$\text{vol. ANBP} = \tfrac{2}{3}\pi DH\,(\overline{CA}^2 - \overline{CP}^2) = \tfrac{2}{3}\pi\overline{AP}^2 \times DH\,;$$

car $\overline{CA}^2 - \overline{CP}^2 = \overline{AP}^2$; et comme d'ailleurs $AP = \frac{1}{2}AB$, on aura enfin vol. $ANBP = \frac{1}{6}\pi\overline{AB}^2 \times DH$.

Ce qui est l'expression de l'énoncé ci-dessus.

503. *Scolie.* Si la corde AB était parallèle à l'axe CX, la projection DH serait égale à AB, et le volume décrit serait un *anneau;* dans ce cas particulier la formule ci-dessus deviendrait $\frac{1}{6}\pi\overline{AB}^3$; et si on la compare à celle de la sphère $\frac{4}{3}\pi\overline{R}^3$, on verra que la première représente une sphère dont AB est l'axe. Car si AB est l'axe, on aura $R = \frac{1}{2}AB$ et $R^3 = \frac{1}{8}\overline{AB}^3$, et en substituant cette valeur de R^3 dans $\frac{4}{3}\pi R^3$, on a

$$\tfrac{4}{3}\pi \times \tfrac{1}{8}\overline{AB}^3 = \tfrac{4}{24}\pi\overline{AB}^3 = \tfrac{1}{6}\pi\overline{AB}^3.$$

Donc le volume d'un anneau sphérique est égal à celui d'une sphère qui aurait pour axe la corde de l'anneau.

THÉORÈME V.

504. *Le volume d'une tranche ou segment sphérique à deux bases a pour mesure la demi-somme de ses bases multipliée, par sa hauteur, plus une sphère ayant cette hauteur pour axe; et le volume d'un segment à une seule base est égal à la moitié*

de cette base multipliée par sa hauteur, plus une sphère ayant cette hauteur pour axe.

En effet, considérons le segment engendré par DANBH (fig. 404), il est évident qu'il sera égal à la somme du tronc de cône engendré par DABH, et du volume engendré par le segment circulaire ANB.

Or, nous venons de voir que vol. ANB $= \frac{1}{6}\pi\overline{AB}^2 \times DH$, et nous savons que le tronc de cône a pour volume (n° 495).

$$\text{vol. DABH} = \tfrac{1}{3}\pi(\overline{AD}^2 + \overline{BH}^2 + AD \times BH) \times DH;$$

donc

$$\text{vol. DANBH} = \tfrac{1}{6}\pi(2\overline{AD}^2 + 2\overline{BH}^2 + 2AD \times BH + \overline{AB}^2) \times DH.$$

Mais si l'on abaisse BK perpendiculaire à AD, on aura

$$BK = DH,\ BH = DK,\ AK = AD - BH,$$

et le triangle rectangle ABK donnera

$$\overline{AB}^2 = \overline{BK}^2 + \overline{AK}^2 = \overline{DH}^2 + (AD - BH)^2,$$

et en développpant

$$\overline{AB}^2 = \overline{DH}^2 + \overline{AD}^2 + \overline{BH}^2 - 2AD \times BH;$$

donc, en substituant ces valeurs dans l'expression ci-dessus, on aura

$$\begin{aligned}\text{vol. DANBH} &= \tfrac{1}{6}\pi(3\overline{AD}^2 + 3\overline{BH}^2 + DH^2) \times DH,\\ &= \tfrac{1}{2}\pi(\overline{AD}^2 + BH) \times \overline{DH}^2 + \tfrac{1}{6}\pi DH^3;\end{aligned}$$

Ce qui est conforme à l'énoncé, car $\frac{1}{2}\pi(\overline{AD}^2 + \overline{BH}^2)$ est bien la demi-somme des deux bases du segment, DH sa hauteur, et $\frac{1}{6}\pi\overline{DH}^3$ une sphère dont le diamètre est DH.

Si le segment n'avait qu'une base, il faudrait alors faire BH=O dans la formule ci-dessus, et elle deviendrait

$$\tfrac{1}{2}\pi\overline{AD}^2 \times DH + \tfrac{1}{6}\pi\overline{DH}^3;$$

ce qui est aussi conforme à l'énoncé.

THÉORÈME VI.

505. *Les volumes de la sphère, du cylindre circonscrit et du cône circonscrit sont entre eux comme leurs surfaces.*

Soit R le rayon de la sphère, son volume sera $\frac{4}{3}\pi R^3$.

Pour avoir celui du cylindre circonscrit, il faut observer que la base est égale au grand cercle de la sphère, et que sa hauteur est 2R, et alors on aura $\pi R^2 \times 2R = 2\pi R^3$ pour le volume de ce cylindre.

Quant au cône circonscrit, nous avons vu (n° 466) que sa base était triple du grand cercle de la sphère, et sa hauteur triple du rayon de cette sphère ; ainsi l'on aura

$$3\pi R^2 \times \frac{1}{3}\, 3R = 3\pi R^2 \times R = 3\pi R^3.$$

Donc on aura sph. : cyl. : cône $:: \frac{4}{3} : 2 : 3,$
$:: 4 : 6 : 9.$

Donc encore ici le volume du cylindre est moyen proportionnel entre celui de la sphère et celui du cône.

506. Au moyen des principes que nous avons établis dans ce chapitre, nous pourrons mesurer le volume d'un corps quelconque ; car tout polyèdre peut être décomposé en parties, dont chacune soit l'un des corps que nous savons mesurer, c'est-à-dire en prismes, troncs de prismes, cylindres, pyramides, cônes, troncs de pyramides et de cônes, etc.

En général, on peut diviser un polyèdre en autant de pyramides qu'il a de faces, lesquelles auront pour sommet commun un point arbitraire choisi dans son intérieur ; et en calculant le volume de chacune de ces pyramides, on obtiendra le volume total du polyèdre.

Si l'on voulait avoir le volume d'un polyèdre régulier, il faudrait multiplier sa surface par le tiers du rayon de la sphère inscrite, car ce rayon serait la hauteur commune à toutes les pyramides régulières qui composeraient le polyèdre.

Par conséquent, *les volumes des polyèdres réguliers circonscrits à une même sphère sont proportionnels à leurs surfaces.*

507. Dans bien des cas l'application de ces principes n'est pas commode, parce que beaucoup de corps offrent une forme très irrégulière qu'il est difficile de ramener à celles dont nous avons donné la mesure.

C'est ainsi, par exemple, que pour *cuber* un tas de pierres, un monceau de terre, qui ne présentent aucune forme déterminée, on pourrait d'abord être embarrassé ; mais ordinairement on a soin de disposer ces objets de manière à ce qu'ils affectent un prisme, une pyramide ou un tronc de prisme. D'ailleurs, on peut aussi supposer des plans sécans qui en traversant ces divers tas, les divisent en un certain nombre de polyèdres faciles à mesurer.

Un opérateur un peu intelligent parvient aisément à se créer une marche pour ne pas être entrepris dans ces circonstances, d'autant plus que le but de ce genre d'opération n'est pas d'arriver à une exactitude mathématique, mais seulement à une estimation proportionnée à l'importance de l'objet.

508. Cependant, lorsque le corps dont on veut connaître le volume n'a pas de grandes dimensions, il existe un moyen bien simple de l'obtenir exactement quelque irrégulier qu'il soit.

Pour cela, on place ce corps dans un vase d'une capacité facile à calculer (un cylindre ou un parallélépipède) ; on achève de remplir le vase avec de l'eau, si le corps donné est insoluble, ou, dans le cas contraire, avec du sable ; ensuite on retire ce corps, on mesure le volume d'eau ou de sable resté dans le vase, on le retranche du volume total, et la différence trouvée est le volume cherché.

C'est ainsi qu'on peut avoir le volume exact d'une pierre, d'un fruit, d'une plante, etc.

509. Un procédé analogue doit être employé pour les corps liquides, qui par leur nature ont besoin d'être renfermés dans des vases. Aussi, pour connaître le volume d'une quantité donnée de liquide, on mesure celui du vase qui le contient, ou bien on compte combien de fois ce liquide peut remplir un vase d'une capacité connue d'avance, et prise pour unité

L'unité de volume adopté pour les liquides est le *litre* ou ses multiples.

Le *litre* est le volume d'un décimètre cube, c'est-à-dire la millième partie du mètre cube.

510. Nous avons établi en principe que nous regarderions les corps comme dépourvus de toute matérialité, et cela en effet était nécessaire pour faciliter nos démonstrations; mais dans la pratique on ne peut pas se dispenser d'y avoir égard, puisque le poids d'un corps est souvent la qualité d'où dépend son importance.

Le poids des corps s'estime avec des instrumens que tout le monde connaît, mais dont la théorie n'est pas du ressort de la Géométrie élémentaire. Il nous suffira d'indiquer ici que l'unité de poids est le *gramme*, c'est-à-dire le poids d'un centimètre cube d'eau pure. Dans l'usage ordinaire, on emploie comme unité le *kilogramme*, ou mille grammes, qui se trouve le poids d'un décimètre cube, ou d'un litre d'eau pure.

511. Les divers corps ont des poids très différens, qui ne sont point du tout proportionnés à leurs volumes; mais on conçoit combien ce serait avantageux si cette proportionnalité existait : car on pourrait alors déduire le poids d'un corps de sa capacité, et réciproquement.

Cependant on est parvenu, par un moyen ingénieux, à aplanir presque cette difficulté. Ce moyen consiste à calculer le rapport qui existe entre les poids de tous les corps de nature différente, ramenés à un même volume, c'est-à-dire leur *densité*.

Pour cela on choisit un terme de comparaison (ordinairement l'eau); on prend un volume déterminé de chaque corps; on le pèse bien exactement; on divise le poids obtenu par celui d'un même volume d'eau, et les quotiens successifs expriment les densités de ces divers corps.

C'est ainsi qu'on a dressé le tableau suivant, dans lequel le poids de l'eau est pris pour unité.

TABLE

De la densité des divers corps.

NOMS DES SUBSTANCES.	DENSITÉS.
Eau distillée à la température de $+4°,1$	1,0000
Platine laminé	22,6690
Platine forgé	20,3376
Or	19,2581
Mercure	13, 586
Plomb	11,3623
Argent	10,474
Cuivre	8,895
Laiton	8,395
Fer fondu	7,778
Fer forgé	8,778
Étain	7,264
Zinc	6,862
Carbonate de chaux cristallisé	2,710
Craie	2,300
Marbre	2,717
Porphyre	2,765
Granit	2,761
Sulfate de chaux (gypse)	1,87 à 2,29
Sulfate de baryte (spath pesant)	4,3 à 4,4
Terre glaise	1,8 à 2,
Grès	2,11 à 2,56
Silex	2,58 à 2,67
Verre vert	2,55
Verre blanc	2,45
Cristal de roche	2,653
Diamant	3,521
Salpêtre	1,9
Sel commun	1,918
Soufre	1,8
Cire	0,955
Bois de chêne frais	0,93
Bois de chêne sec	1,67
Bois de hêtre	0,852
Bois de sapin	0,55
Liége	0,24
Eau de mer	1,026
Alcool absolu	0,792
Huile d'olive	0,913
Globe terrestre (densité moyenne)	4,5

Pour comprendre l'usage de ce tableau, il faut se rappeler qu'un décimètre cube d'eau pèse un kilogramme, et que l'eau est prise ici pour unité, et observer que si l'on multiplie le nombre de décimètres cubes trouvés dans le volume d'un corps par la densité de ce corps on aura le nombre de kilogrammes qui constitue son poids.

Ainsi, un mètre cube de plomb, ou mille décimètres cubes peserait $1000 \times 11,3523 = 11352^{k},3$.

PROBLÈMES RELATIFS A LA MESURE DES VOLUMES.

512. L'application des principes que nous avons établis dans ce quatrième chapitre, constitue l'art de *cuber* les corps; art très simple, qui se réduit à mesurer des longueurs et à effectuer sur les nombres trouvés les diverses opérations de l'Arithmétique. Cependant, pour ne laisser aucune incertitude à ce sujet, nous allons nous proposer de résoudre quelques problèmes.

PROBLÈME Ier.

513. *Un appartement a $12^{m},5$ de longueur, 5^{m} de largeur et $3^{m},2$ de hauteur; on demande sa capacité.*

La forme ordinaire d'un appartement est un parallélépipède rectangle; ainsi, nous regarderons les dimensions données ci-dessus comme les longueurs des trois arètes contiguës d'un pareil parallélépipède, et leur produit exprimera son volume;

$$V = 12,5 \times 5 \times 3,2 = 200 \text{ mètres cubes.}$$

Si l'on voulait savoir combien cette salle contiendrait de litres d'eau, il faudra se rappeler qu'un mètre cube renferme mille décimètres cubes ou mille litres, et l'on serait conduit à multiplier 200 mètres cubes par 1000, ce qui donnerait 200000 litres d'eau, qui peseraient 200000 kilogrammes.

PROBLÈME II.

514. *Quel est le volume et le poids d'un bloc de marbre qui a* $1^m,72$ *de longueur,* $1^m,03$ *de largeur et* 0,685 *d'épaisseur?*

Son volume sera le produit de ces trois dimensions,

$$1,72 \times 1,03 \times 0,685 = 1^m,2134 \text{ mètres cubes},$$

ou bien 1213,4 décimètres cubes; en sorte que ce même volume d'eau peserait $1213^{kil},4$; mais, comme la densité du marbre est 2,717 (*voyez* la Table), le bloc pesera

$$1213,4 \times 2,717 = 3296^{kil},8.$$

PROBLÈME III.

515. *On veut faire creuser un fossé de* 172^m *de longueur,* 5^m *de largeur et* 3^m *de profondeur; on demande ce que coûtera ce travail à raison de* $3^f\ 75^c$ *le mètre cube.*

Ce fossé présente un parallélépipède dont le volume sera $172 \times 5 \times 3 = 2580$ mètres cubes. Ainsi, le montant est $2580 \times 3,75 = 9675^f$.

PROBLÈME IV.

516. *Une caisse a* $1^m,4$ *de longueur,* $0^m,75$ *de largeur, et* $0^m,5$ *de hauteur; on veut diminuer sa largeur de* 0,23 *et augmenter proportionnellement sa hauteur pour que son volume ne change pas; quelle sera cette nouvelle hauteur?*

Le volume primitif de cette caisse est

$$1,4 \times 0,75 \times 0,5 = 0^m,525 \text{ décimètres cubes};$$

mais comme sa largeur doit être réduite à $0^m,75 - 0^m,23 = 0^m,52$, sa nouvelle base contiendra $1,4 \times 0,52 = 0,728$, et cette base multipliée par la hauteur cherchée h doit donner le même volume que ci-dessus; c'est-à-dire que l'on aura

$$0,728 \times h = 0,525; \text{ d'où } h = \frac{0,525}{0,725} = 0^m,721.$$

PROBLÈME V.

517. *Un rouleau de bois de sapin a une longueur de* $2^m,5$ *et un diamètre de* $0,3$; *on demande son volume et son poids.*

Pour cuber ce cylindre, il faut d'abord calculer la surface de sa base et la multiplier ensuite par sa hauteur.

Ainsi, son diamètre étant de $0^m,3$, son rayon sera de $0,15$ et la surface de sa base vaudra $\pi(0,15)^2$; par conséquent son volume est

$$\pi(0,15)^2 \times 2,5 = 0,1767 = 176,7 \text{ décimètres cubes};$$

ce qui ferait $176^{kil},7$ si le sapin pesait autant que l'eau ; mais, comme sa densité n'est que $0,55$, son poids réel sera exprimé par

$$176,7 \times 0,55 = 97^{kil},185.$$

PROBLÈME VI.

518. *On demande le nombre de mètres cubes de maçonnerie que contient une tour dont la hauteur est de* $19^m,4$, *l'épaisseur de* $0^m,5$, *et le rayon intérieur de* $1^m,3$.

La maçonnerie de cette tour est évidemment la différence de deux cylindres de même hauteur que cette tour, et qui auraient pour rayons de leurs bases respectives $1^m,8$ et $1^m,3$; ainsi elle sera exprimée par la formule

$$T = [\pi(1,8)^2 - \pi(1,3)^2] \times 19,4 = \pi[(1,8)^2 - (1,3)^2] \times 19,4$$
$$= 94,5 \text{ mètres cubes.}$$

PROBLÈME VII.

519. *Trouver le volume d'un prisme triangulaire tronqué dont les arêtes* $AH = 9^m,25$, $BG = 10^m,05$ *et* $CD = 13^m,46$ (fig. 407), et dont les distances respectives de ces arêtes sont $MN = 4^m,5$, $MO = 2^m,8$, $ON = 3^m,25$.

Avec les longueurs MN, MO, ON, construisez un triangle qui sera la section perpendiculaire aux arêtes, et calculez sa surface, qui vaudra $4,64$ mètres carrés ; d'un autre côté, prenez la moyenne longueur des arètes latérales, qui sera

$$\frac{(9,25 + 10,05 + 13,46)}{3} = \frac{32,76}{3} = 10^m,92,$$

et vous aurez pour le volume cherché

$$4,64 \times 10,92 = 50^m,67 \text{ mètres cubes.}$$

Observons qu'il ne serait pas nécessaire de connaître les largeurs MO et NO, si l'on pouvait mesurer la perpendiculaire abaissée de l'arète BG sur le plan de la face ANDC, ce qui est souvent facile dans la pratique.

PROBLÈME VIII.

520. *Déterminer la quantité d'eau que fournit une rivière pendant un temps donné.*

Pour arriver à la solution de ce problème, il faut calculer d'abord deux choses distinctes : 1°. la coupe verticale du lit de la rivière ; 2°. la rapidité du courant.

1°. Pour la coupe, on prend deux points A et B (fig. 408) sur les bords de la rivière, de manière que la droite AB soit perpendiculaire au courant ; avec une tige graduée et inflexible, on détermine les diverses profondeurs ab, $a'b'$, $a''b''$, etc. On divise ainsi la coupe totale en plusieurs trapèzes dont on peut calculer les surfaces partielles. Leur somme sera la surface totale de la coupe.

2°. Pour la rapidité, on jette un *flotteur* sur l'eau, on le laisse entraîner au courant pendant une minute, et la distance qu'il a parcourue exprime cette rapidité.

Alors, si l'on regarde la coupe comme la base d'un prisme qui aurait pour hauteur le chemin fait par le flotteur, ce prisme représentera évidemment le volume d'eau écoulé pendant une minute ; ainsi, le nombre de décimètres cubes que contiendra le produit de la coupe par la rapidité, exprimera le nombre de litres d'eau que fournit la rivière à chaque minute.

PROBLÈME IX.

521. *Trouver le volume d'un cône droit dont la hauteur est* $17^m,3$ *et l'arète* $25^m,15$.

La hauteur, l'arète et le rayon de la base de ce cône formeront un triangle rectangle dont l'arète $25^m,15$ est l'hypoténuse ; ainsi, en appelant R le rayon de la base, on aura $R^2 = (25,15)^2 - (17,3)^2 = 333,23$, et, par suite, la base du cône exprimée par πR^2 sera $\pi \times 333,23$, laquelle multipliée par le tiers de la hauteur, donnera pour le volume de ce cône

$$V = \tfrac{1}{3}\pi 333,23 \times (17,3) = 6037,01 \text{ mètres cubes.}$$

PROBLÈME X.

522. *On demande le volume d'un tronc de pyramide à bases parallèles dont la hauteur est de* $9^m,6$, *la base supérieure de 2,25 mètres carrés, et la base inférieure de 4 mètres carrés.*

Pour avoir la base moyenne, il faut extraire la racine carrée du produit $2,25 \times 4$; ensuite faire la somme des trois bases, la multiplier par la hauteur et prendre le tiers, ce qui donnera le volume demandé,

$$V = \tfrac{1}{3}(4 + 2,25 + \sqrt{4 \times 2,25}).9,6 = 296 \text{ mètres cubes.}$$

PROBLÈME XI.

534. *On demande le volume d'un tronc de cône à bases parallèles, dont les rayons sont de* 3^m *et de* 5^m, *et dont la longueur de l'arète est de* 7^m.

Il s'agit d'abord de déterminer la hauteur de ce tronc, qui sera donnée par un triangle rectangle dont l'hypoténuse est l'arète 7^m, et un des autres côtés la différence des rayons des bases, c'est-à-dire $5 - 3 = 2^m$. Ainsi, $H = \sqrt{7^2 - 2^2} = 6^m,7$.

Il faut de plus connaître le rayon du cercle moyen proportionnel entre les bases données, lequel sera $R = \sqrt{3 \times 5}$.

Enfin, calculez les surfaces de ces trois bases qui sont $\pi . 3^2$, $\pi . 5^2 \pi . 3 \times 5$ et vous aurez, pour le volume demandé,

$$V = \frac{1}{3}\pi(3^2 + 5^2 + 3 \times 5)\times 6,7 = 344,22 \text{ mètres cubes.}$$

PROBLÈME XII.

524. *Jauger un tonneau.*

Un tonneau est la réunion de deux troncs de cônes égaux; ainsi l'on peut le cuber par la méthode donnée dans le problème ci-dessus.

Mais dans la pratique on se contente de ramener un tonneau à un cylindre qui aurait pour base un cercle dont le rayon serait moyen entre celui du bouge et celui des fonds. A la vérité ce procédé est vicieux et ne doit être employé que pour les objets de peu de valeur.

Il existe un autre moyen assez exact, qui a été prescrit par le Gouvernement, et dont on fait usage dans les bureaux administratifs : il consiste à regarder une barrique comme un cylindre de même hauteur, qui aurait pour base le cercle dont le diamètre est celui du bouge diminué du tiers de la différence qui existe entre ce diamètre et celui des fonds.

Soit, par exemple, un tonneau dont la longueur intérieure est de 0,735, le diamètre du bouge 0,626, et celui du fond 0,554.

La différence de ces diamètres est 0,072, et son tiers 0,024; ainsi, le diamètre de la base du cylindre équivalent sera $0,626 - 0,024 = 0^m,602$, et son rayon $0^m,301$; par conséquent sa surface $\pi(0,301)^2 = 0,284749$.

Cette surface, multipliée par la longueur 0,725, donnera pour la capacité du tonneau

$$0,284749 \times 0,735 = 0,209228 \text{ mètres cubes};$$

ou bien 209.23 décimètres cubes ou litres.

PROBLÈME XIII.

525. *Cuber une poutre.*

Les poutres sont rondes ou équarries, mais toujours plus épaisses d'un côté que de l'autre, en sorte qu'elles présentent ou un tronc de cône ou un tronc de pyramide quadrangulaire. Il faudrait donc pour les calculer leur appliquer les règles données pour ces sortes de corps.

Mais, comme les poutres en général présentent sur leurs surfaces des irrégularités qui font commettre des erreurs inévitables, et que d'ailleurs leur prix n'est pas élevé, on emploie dans la pratique un procédé expéditif et suffisamment exact. Il consiste à prendre la demi-somme des bases mesurées à ses deux extrémités, et de la multiplier par la longueur de la poutre.

Soit une poutre arrondie AB (fig. 409) dont les extrémités mal unies ne permettent pas de mesurer les diamètres : prenez, avec une ficelle, les circonférences MN et *mn* des deux bouts, faites-en la somme et prenez-en la moitié ; ou bien, mesurez seulement la circonférence PQ prise sur le milieu de longueur. Enfin, supposons qu'on ait trouvé $0^m,816$ pour la circonférence moyenne ; alors, ce nombre divisé par le rapport $\pi = 3,14$, donnera pour le diamètre $0^m,26$, et pour le rayon moyen $0^m,13$.

Par conséquent, la surface du cercle qui doit servir de base au cylindre équivalent sera $3,14 \times (0,13)^2 = 0,53$, et si nous supposons que la longueur $AB = 12^m,75$, le volume de la poutre sera enfin $0,53 \times 12,75 = 6,67$ mètres cubes.

Si la poutre donnée était équarrie, les bases seraient des rectangles, et l'on prendrait leur mesure par la méthode connue pour ces figures ; mais, au reste, on opérerait comme ci-dessus.

PROBLÈME XIV.

526. *Trouver le volume d'une sphère dont le rayon est de* $3^m,5$.

La surface du grand cercle de cette sphère sera donc

$\pi R^2 = 3,14159 \times (3,5)^2 = 38^m,48$ mètres carrés, et sa surface totale $4 \times 38,48 = 153,92$.

Si l'on multiplie ce nombre par le tiers du rayon, on aura pour le volume de la sphère donnée

$$153,92 \times \frac{3,5}{3} = 179,57 \text{ mètres cubes.}$$

PROBLÈME XV.

527. *La circonférence du globe terrestre, sous le méridien de Paris, est de 40 millions de mètres; on demande quel est son volume et son poids, en le supposant parfaitement sphérique.*

Si l'on divise 40000000 par $\pi = 3,14159$, on aura pour le diamètre de la terre $12732406^m,2$, et pour son rayon $6366203^m,1$; ainsi la surface de son grand cercle sera... $\pi(6366203,1)^2 = 127320414411677,45$ mètres carrés, et celle de la sphère totale égale à quatre fois cette dernière, vaudra

509281657646709,8 mètres carrés.

Enfin cette surface, multipliée par le tiers du rayon, donnera pour le volume du globe

1080730155894540876283,13 mètres cubes.

Ce dernier nombre, multiplié par 1000, exprimera des décimètres cubes ou des litres, c'est-à-dire que si le globe était plein d'eau, il en contiendrait

1080730155894540876283130 litres,

et peserait le même nombre de kilogrammes.

Mais, comme la densité du globe et de 4,5, il faudra donc multiplier ce dernier nombre par 4,5 pour avoir son poids effectif, qui sera de

4863285701525433943274085 kilogrammes

PROBLÈME XVI.

528. *Sachant que l'aire d'une sphère est de 728,4926 mètres carrés, on demande son rayon.*

La surface d'une sphère est exprimée par $4\pi R^2$ (nº 462); ainsi l'on aura

$$4\pi R^2 = 728{,}4926, \text{ d'où } R = \sqrt{\frac{728{,}4926}{4\pi}} = 7^m{,}61.$$

PROBLÈME XVII.

529. *Le volume d'une sphère est de 1843,086278 mètres cubes ; quel est son rayon?*

D'après le nº 500, nous aurons

$$\tfrac{4}{3}\pi R^3 = 1843{,}086278;$$

$$\text{d'où} \quad R = \sqrt[3]{\frac{3\times 1843{,}086278}{4\pi}} = 7^m{,}61.$$

PROBLÈME XVIII.

530. *Transformer un polyèdre donné en un autre polyèdre de forme différente et de volume équivalent.*

Ce problème, présenté d'une manière générale, offre une infinité de solutions, surtout si l'on n'est point limité dans les dimensions que doit avoir le polyèdre à construire; mais nous allons envisager quelques exemples particuliers, dont la solution pourra servir de règle pour tous les autres cas.

1°. *Transformer une pyramide en un parallélépipède rectangle équivalent.*

Calculez d'abord le volume de la pyramide donnée ; prenez pour base du parallélépipède cherché un rectangle arbitraire (si toutefois cette base n'est pas fixée d'avance); divisez le nombre qui exprime le volume de la pyramide, par celui qui sert de mesure à la surface de ce rectangle, et le quotient obtenu sera la hauteur que vous devez donner au parallélépipède demandé; car le produit de la base par la hauteur de ce parallélépipède doit reproduire le volume de la pyramide.

Ce problème donne une infinité de solutions.

Si l'on voulait que la base du parallélépipède fût équivalente à celle de la pyramide, il faudrait chercher par les procédés connus un rectangle équivalent au polygone qui sert de base à la pyramide, lequel serait la base du parallélépipède rectangle, et ensuite prendre pour hauteur le tiers de celle de la pyramide; mais alors il n'y aura plus qu'une seule solution.

2°. *Transformer un prisme en un cylindre équivalent.*

Prenez pour base du cylindre un cercle arbitraire ; divisez le volume du prisme par la surface de ce cercle et le quotient sera l'axe ou la hauteur du cylindre demandé.

Si l'on voulait que ce cylindre eût même hauteur que le prisme donné, il suffirait de chercher pour base du cylindre un cercle équivalent au polygone qui sert de base au prisme (n° 313).

Soit proposé, par exemple, de construire un cylindre équivalent au décimètre cube (*litre*) et dont le diamètre de la base soit de 88 millimètres.

D'après cela, le rayon de cette base sera de 44 millimètres, et sa surface $\pi(44)^2 = (3,14159)(44)^2 = 6082$ millimètres carrés; mais un décimètre cube contient 1000 centimètres cubes ou bien 1000000 de millimètres cubes, par conséquent, en divisant 1000000 par 6082, nous aurons pour la hauteur du cylindre demandé 164 millimètres et 4 dix-millimètres, ou bien 1 décimètre 644 dix-millimètres.

3°. *Transformer un prisme en une sphère équivalente.*

Calculez le volume V du prisme donné, et posez l'équation $V = \frac{4}{3}\pi R^3$ (dans laquelle le second membre exprime le volume de la sphère dont le rayon est R) ; d'où l'on tire successivement

$$R^3 = \frac{3V}{4\pi} \quad \text{et} \quad R = \sqrt[3]{\frac{3V}{4\pi}}.$$

Proposons-nous donc, par exemple, de transformer le décimètre cube en une sphère équivalente : puisqu'il contient 1000 centimètres cubes, la formule ci-dessous nous donnera $1000 = \frac{4}{3}\pi R^3$; d'où

$$R = \sqrt[3]{\frac{3 \times 1000}{4\pi}} = \sqrt[3]{\frac{3000}{12,566}} = \sqrt[3]{238,739} = 6,2,$$

c'est-à-dire, que le rayon de la sphère sera de 6 centimètres et 2 millimètres.

CHAPITRE V.

DE LA SIMILITUDE DES VOLUMES,

ET DU RAPPORT DES POLYÈDRES SEMBLABLES.

---

531. Nous avons donné le nom de *polyèdres semblables* à ceux qui sont composés d'un même nombre de faces semblables chacune à chacune, semblablement placées et formant un même nombre d'angles polyèdres égaux chacun à chacun.

Par conséquent, deux tétraèdres seront semblables dès que leurs arètes homologues seront proportionnelles et semblablement placées; car par cela seul, les faces que ces arètes détermineront dans l'un des tétraèdres, seront respectivement semblables à celles qu'elles formeront dans l'autre, et par suite les angles trièdres homologues seront égaux chacun à chacun.

Ceci découle du principe (n° 385) où nous avons prouvé que six arètes déterminent un tétraèdre.

Comme les propriétés des polyèdres dépendent en général de celles du tétraèdre, ce sera encore de ce dernier que nous déduirons les conditions de similitude et les rapports qui en sont la conséquence.

THÉORÈME Ier.

532. *Lorsqu'on coupe un tétraèdre par un plan parallèle a l'une de ses faces, on détermine un second tétraèdre semblable au premier.*

Supposons que le tétraèdre S (fig. 405) soit coupé par un plan MNO parallèle à la base ABC; par suite de ce parallélisme, les quatre faces du tétraèdre partiel SMNO seront respectivement semblables à celles du tétraèdre SABC; car elles auront les angles égaux et les côtés homologues proportionnels : par conséquent, les angles trièdres M, N, O, seront égaux aux angles trièdres A, B, C, comme formés d'angles plans égaux chacun à chacun; donc les deux tétraèdres SABC et SMNO sont semblables.

La proposition serait également vraie, si le plan MNO rencontrait les arètes SA, SB, SC, au-delà de la face ABC, de manière que le tétraèdre produit fût plus grand que l'autre.

Corollaire. Tout plan mené parallèlement à la base d'une pyramide, détache une seconde pyramide semblable à la première; car une pyramide n'est qu'un assemblage de tétraèdres, pour chacun desquels la proposition énoncée est vraie.

THÉORÈME II.

533. *Deux tétraèdres sont semblables lorsqu'ils ont trois faces semblables et semblablement placées.*

Soient les deux tétraèdres S et S' (fig. 406) dans lesquels on suppose que les faces SAB, SAC, SBC, sont respectivement semblables aux faces S'A'B', S'A'C', S'B'C'. Alors les deux angles trièdres S, S' seront égaux, comme formés de trois angles plans égaux chacun à chacun, et pourront être superposés de manière que le tétraèdre S' prenne la position SMNP; mais, puisque les faces SAB, S'A'B', ou bien SMN sont semblables, l'arète MN sera parallèle à BC; par une raison analogue, MP sera parallèle à AC, et NP à BC : donc les triangles MNP et ABC seront situés dans des plans parallèles, et seront semblables. Ainsi les angles trièdres M, N, P seront égaux aux angles trièdres A, B, C, et les tétraèdres donnés sont semblables.

THÉORÈME III.

534. *Deux tétraèdres sont semblables lorsqu'ils ont deux faces semblables chacune à chacune, semblablement placées et également inclinées.*

Admettons que dans les deux tétraèdres S et S′ (fig. 406) on ait les faces SAB, SAC semblables à S′A′B′, S′A′C′ et l'angle dièdre SA = S′A′.

Les angles trièdres S et S′ auront alors un angle dièdre égal compris entre deux angles plans égaux chacun à chacun, et seront égaux; ainsi nous pourrons les faire coïncider de manière que S′ prenne la position SMNP, dans laquelle SM = S′A′, MN est parallèle à AB, et MP parallèle à AC; donc le plan MNP sera parallèle à ABC, et les deux tétraèdres donnés seront semblables (n° 530).

THÉORÈME IV.

535. *Deux tétraèdres sont semblables lorsqu'ils ont une face semblable adjacente à trois angles dièdres égaux chacun à chacun.*

Si dans les deux tétraèdres S, S′ (fig. 406) on a la face SAC semblable à S′A′C′, et les angles dièdres SA=S′A′, SC=S′C, AC=A′C; alors les angles trièdres S et S′ seront égaux comme ayant un angle plan égal adjacent à des angles dièdres égaux chacun à chacun, et l'on pourra les faire coïncider de manière que S′ prenne la position SMNP. Mais dès lors, puisque l'angle dièdre MN = AC, le plan MNP sera parallèle à ABC, et les deux tétraèdres seront semblables (n° 533).

THÉORÈME V.

536. *Deux tétraèdres sont semblables lorsqu'ils ont tous leurs angles dièdres égaux chacun à chacun et semblablement placés.*

En effet, l'égalité des angles dièdres entraîne celle des angles plans (n° 357), et par suite celle des angles trièdres, ainsi que la similitude des faces.

Scolie. Dans les théorèmes précédens, si la disposition des faces était inverse, les deux tétraèdres proposés seraient *inversement semblables*, c'est-à-dire que chacun d'eux serait semblable au symétrique de l'autre.

THÉORÈME VI.

537. *Deux polyèdres sont semblables lorsqu'ils sont composés d'un même nombre de tétraèdres semblables chacun à chacun, et semblablement disposés, et réciproquement.*

Nous savons que tout polyèdre peut être décomposé en tétraèdres; ainsi, il est facile de concevoir que deux polyèdres donnés puissent renfermer un même nombre de tétraèdres, et d'admettre que les tétraèdres partiels comparés entre eux, d'un polyèdre à l'autre, soient semblables chacun à chacun, et semblablement placés. Dans cette supposition, les faces de ces deux polyèdres seront nécessairement semblables chacune à chacune, car elles seront formées d'une ou plusieurs faces homologues des tétraèdres semblables, et leurs angles polyèdres seront égaux chacun à chacun, comme formés aussi d'un ou de plusieurs angles homologues des mêmes tétraèdres; par conséquent ces deux polyèdres seront semblables.

Il résulte encore de là que les diagonales homologues dans ces deux polyèdres seront proportionnelles; car ce ne seront autre chose que les arètes homologues des tétraèdres partiels.

Réciproquement. Si deux polyèdres sont semblables, leurs faces homologues seront des polygones semblables qu'on pourra diviser en un même nombre de triangles semblables chacun à chacun; en sorte que si, par deux sommets homologues, ou par deux points intérieurs semblablement placés (1), on mène dans chaque polyèdre des lignes aux sommets de tous ces triangles, on divisera les polyèdres en un même nombre de tétraèdres semblables et semblablement disposés.

Scolie. Il serait facile de faire voir que, si deux polyèdres

---

(*) C'est-à-dire que les distances de chacun de ces points aux diverses faces du polyèdre soient proportionnelles aux arètes adjacentes à ces faces.

semblables sont coupés par des plans semblablement situés, les sections obtenues présenteront des polygones semblables et formeront des polyèdres partiels semblables chacun à chacun.

538. Dans les polyèdres réguliers les conditions de similitude sont plus simples. En effet, il est évident d'abord que deux polyèdres réguliers de même nom sont semblables, car ils ont un même nombre de faces semblables et d'angles polyèdres égaux entre eux. Ainsi, tous les tétraèdres réguliers sont semblables, tous les cubes sont semblables, etc...

Ensuite, on voit clairement que deux prismes réguliers ou deux pyramides régulières sont semblables dès que leurs bases sont des polygones semblables, et que leurs hauteurs sont proportionnelles aux côtés homologues des bases.

De même deux cylindres, ou deux cônes droits, sont semblables lorsque leurs hauteurs sont proportionnelles aux rayons des bases.

Toutes les sphères sont semblables, et deux calottes, deux fuseaux, deux coins, deux secteurs, pris sur des sphères différentes, sont semblables lorsqu'ils correspondent à des arcs d'un même nombre de degrés.

Deux pyramides sphériques, prises dans des sphères différentes, sont semblables lorsque les angles polyèdres formés au centre de ces sphères sont égaux.

THÉORÈME VII.

539. *Les volumes de deux tétraèdres semblables sont proportionnels aux cubes construits sur leurs côtés homologues.*

Soient S, S' (fig. 406) deux tétraèdres semblables; on pourra toujours les placer l'un dans l'autre de manière qu'ils aient un sommet S commun, et que leurs bases ABC, MNP soient parallèles. Alors leurs hauteurs seront sur une même ligne SO perpendiculaire à la fois à ces deux bases, et d'après le n° 389, les arêtes SA, SB, SC, ainsi que la hauteur SO, seront coupées en parties proportionnelles par le plan MNP; ainsi l'on aura

$$SA : SM :: SO : SD :: AB : MN.$$

D'un autre côté, les triangles semblables ABC, MNP donnent

$$ABC : MNP :: \overline{AB}^2 : \overline{MN}^2.$$

Mais, à cause des égalités MNP=A'B'C', MN=A'B', SD=S'O', les proportions ci-dessus deviennent

$$SO : S'O' :: AB : A'B',$$

$$ABC : A'B'C' :: \overline{AB}^2 : \overline{A'B'}^2,$$

et en multipliant ces deux dernières terme à terme, on obtiendra

$$ABC \times SO : A'B'C' \times S'O' :: \overline{AB}^3 : \overline{A'B'}^3,$$

ou bien $\frac{ABC \times SO}{3} : \frac{A'B'C' \times SO}{3} :: \overline{AB}^3 : \overline{A'B'}^3.$

Or, les deux premiers termes expriment les volumes des deux tétraèdres donnés, et les deux derniers les cubes de leurs côtés homologues ; donc la proposition est démontrée.

540. Corollaire 1er. Puisque deux polyèdres semblables sont composés d'un même nombre de tétraèdres semblables chacun à chacun, il est démontré qu'ils sont proportionnels aux cubes construits sur leurs côtés homologues. En effet, ce principe étant vrai pour ces tétraèdres partiels, il serait facile de former une suite de rapports égaux, d'où on le déduirait pour les deux polyèdres proposés.

Corollaire 2. Les prismes, les pyramides, les cylindres, les cônes semblables sont proportionnels aux cubes de leurs arètes homologues, de leurs hauteurs, et des rayons de leurs bases.

Les polyèdres réguliers de même nom sont proportionnels aux cubes de leurs arètes et des rayons des sphères inscrites et circonscrites.

Les sphères sont proportionnelles aux cubes de leurs rayons ou de leurs axes.

Scolie 1. Pour se faire une idée précise de cette proportionnalité, il faut admettre que l'on ait deux polyèdres semblables, et que sur deux de leurs arètes respectives on construise des cubes. Alors les volumes de ces polyèdres seront dans le même rapport que les volumes des cubes obtenus ; c'est-à-dire que si ces deux cubes sont le double, le triple, etc., l'un de l'autre, les polyèdres donnés seront aussi le double, le triple, etc., l'un de l'autre.

Mais pour obtenir le rapport de leurs volumes, il n'est pas nécessaire de construire les cubes indiqués, il suffit de mesurer les longueurs de deux arètes homologues, et d'élever au cube les nombres trouvés.

Cette relation est très propre à faire connaître le volume de tous les polyèdres semblables à un polyèdre donné, dès que l'on a celui de ce dernier. En effet, soit P un polyèdre dont le volume est connu, et Q un second polyèdre semblable à P ; soient A et a deux de leurs arètes homologues, ou bien les nombres qui leur servent de mesure, on aura la proportion

$$P : Q :: A^3 : a^3,$$

dans laquelle l'inconnue Q s'obtiendra par la formule $Q = \frac{P \times a^3}{A^3}$.

541. *Scolie* 2. Observons encore que les surfaces des polyèdres semblables étant composées d'un même nombre de polygones semblables chacun à chacun, seront proportionnelles aux carrés des arètes homologues, pendant que leurs volumes seront comme les cubes de ces mêmes arètes ; ce qui prouve que les volumes augmentent plus rapidement que les surfaces qui les recouvrent, et qu'avec une enveloppe double on peut recouvrir beaucoup plus du double volume.

PROBLÈME Ier.

542. *Construire un polyèdre semblable à un polyèdre donné, mais dont les volumes soient entre eux comme* M : N.

La solution de cè problème résulte immédiatement du théorème précédent, car en représentant par P le polyèdre donné, par A une de ses arètes, par X le polyèdre cherché, et par x l'arète homologue à A, on aura les deux proportions :

$$P : X :: M : N \quad \text{et} \quad P : X :: A^3 : x^3,$$

ou bien $M : N :: A^3 : x^3$, d'où $x = \sqrt[3]{\frac{N \times A^3}{M}}$.

La valeur de x étant connue, il s'agira de construire sur elle un polyèdre semblable à P ; ce qu'on exécutera en faisant une suite de tétraèdres semblables à ceux qui composent P, et dont les arètes soient respectivement à celles de ces dernières comme $x : A$.

Ainsi, par exemple, supposons qu'on veuille construire une pyramide semblable à celle de la figure 320, dont l'arète $AB = 3^m,5$, la hauteur $SO = 7^m,25$, et mille fois plus grande qu'elle.

Représentons par x l'arète homologue à AB, et par y la hauteur de la pyramide cherchée ; on aura évidemment les deux proportions :

$$1 : 1000 :: (3,5)^3 : x^3, \text{ d'où } x = \sqrt[3]{1000.(3,5)^3} = 35^m,$$

$$1 : 1000 :: (7,24)^3 : y^3, \text{ d'où } x = \sqrt[3]{1000.(7,25)^3} = 72^m,5.$$

On voit donc que les dimensions de la nouvelle pyramide doivent être dix fois plus grandes que celles de l'ancienne, pour que son volume soit mille fois celui de la pyramide donnée.

Connaissant les valeurs de x et de y, on construira la pyramide de la manière suivante : sur une ligne x de 35^m de longueur, on décrira un polygone semblable à la base ABCDE (fig. 320) ; on cherchera sur le plan de ce polygone un point analogue au pied o de la hauteur SO ; par ce point on élevera une perpendiculaire égale à $72^m,25$, de son extrémité on tirera des droites à chaque sommet du polygone construit, et la pyramide sera formée.

On pourrait employer d'autres modes de construction basés sur les diverses propriétés de la pyramide.

On conçoit aussi qu'il serait facile d'appliquer ce problème à tout autre polyèdre.

PROBLÈME II.

544. *Construire un polyèdre semblable à un polyèdre donné, mais double.*

Ce problème n'est qu'un cas particulier du précédent. Son énoncé donne la proportion

$$1 : 2 :: 1^3 : x^3, \quad \text{d'où} \quad x = \sqrt[3]{2}.$$

Cette racine incommensurable indique que le problème est insoluble, rigoureusement parlant, mais on peut atteindre un degré quelconque d'approximation.

C'est là le problème de la *duplication du cube*, qui, comme on voit, doit être mis au rang de la quadrature du cercle.

PROBLÈME III.

545. *Un vase d'une forme cylindrique ayant* $0^{m},45$ *de hauteur et* $0^{m},24$ *de diamètre, contient* $20^{lit},34$ *d'eau; on veut construire un autre vase semblable au premier, et qui contienne* $9^{lit},66$ *de plus: quels doivent être la hauteur et le diamètre de ce dernier?*

D'après cet énoncé, le second vase doit contenir

$$20^{lit},34 + 9^{lit},66 = 30 \text{ litres d'eau.}$$

Mais, comme il doit être semblable au premier, il faudra que ses dimensions soient calculées d'après le principe du n° 540.

Ainsi, soit X la hauteur de ce vase, et Y le diamètre de sa base, on aura alors la proportion

$$20,34 : 30 :: (0,45)^3 : X^3,$$
$$20,34 : 30 :: (0,24)^3 : Y^3;$$

lesquelles donneront pour les dimensions du vase demandé

$$X = \sqrt[3]{\frac{30.(0,45)^3}{20,34}} = 0,^{m}512.$$

$$Y = \sqrt[3]{\frac{30.(0,24)^3}{20,34}} = 0^{m},273.$$

Cet exemple numérique suffit pour faire comprendre la manière dont il faudrait opérer dans tous les cas analogues.

Si le vase donné avait trois dimensions distinctes, tel qu'un parallélépipède, par exemple, on serait conduit à poser trois proportions, car il y aurait trois inconnues à déterminer.

FIN.

APPENDICE.

Du développement des Polyèdres.

Les élèves éprouvent ordinairement quelques difficultés pour comprendre, sur une simple gravure, la forme précise des polyèdres et les diverses constructions que l'on est obligé d'effectuer pour la démonstration des théorèmes qui les concernent : c'est pourquoi il est utile d'indiquer ici la manière de représenter ces corps en relief.

Pour y parvenir, il faut connaître leur *développement*, c'est-à-dire la figure rectiligne que présentent les faces d'un polyèdre étalées sur un plan tout en restant contiguës deux à deux. Alors on trace ce développement sur un carton, on le découpe, on incise les côtés communs aux faces adjacentes jusqu'à la demi-épaisseur du carton, pour former une espèce de charnière ; ensuite on replie les diverses faces pour réunir celles qui doivent former le même angle polyèdre, et on les fixe en collant sur chaque arète une petite bande de papier en couleur.

Les élèves sont invités à construire eux-mêmes tous les développemens que nous allons indiquer, et à relire ensuite les chapitrès II, III, IV de la seconde partie de ces élémens, en substituant les corps en relief aux figures gravées.

Développement du prisme et du cylindre.

On peut avoir deux buts différens à remplir quand on se propose de faire un développement, selon que le polyèdre est donné d'avance, ou bien que l'on veut se borner à construire un polyèdre d'une espèce déterminée ayant des dimensions arbitraires.

Prisme triangulaire oblique. 1°. Proposons-nous d'abord de construire avec du carton un prisme triangulaire oblique arbitraire.

Traçons sur un carton un parallélogramme quelconque *abcd* (fig. 410) ; par le sommet *d* tirons sous un angle arbitraire la ligne *dg* ; d'un point *g* de cette ligne abaissons une perpendiculaire *gg'* sur *dc*, et par le sommet *a* portons sur cette perpendiculaire une oblique *ag'* d'une longueur quelconque, mais telle pourtant que l'on ait $ag' > da - dg$, et $ag' < da + dg$, sans quoi il n'y aurait pas de prisme possible.

Ensuite achevons les deux parallélogrammes *dghc*, *ag'h'b* ; et sur les côtés opposés *ad, cb* décrivons les deux triangles égaux *adg''*, *cbh''* dans lesquels $dg'' = ch'' = dg$ et $ag'' = bh'' = ag'$. Enfin, découpons la figure ainsi obtenue pour former le prisme ADGHCB.

Selon que les incisions des charnières seront faites du côté des traits marqués sur le carton, ou du côté opposé, on obtiendra le prisme indiqué ou bien son symétrique, en sorte qu'en faisant deux fois le même développement et en découpant l'un d'un côté et l'autre de l'autre côté, on formera deux prismes triangulaires symétriques dont la réunion composera un parallélépipède.

2°. Si nous supposons maintenant que le prisme AC dont on veut avoir le développement soit donné, il nous sera facile de comprendre que le mode d'opérer doit être le même que ci-dessus, avec la seule différence qu'au lieu de construire des parallélogrammes arbitraires, il faudra faire successivement *adcb* = ADCB, *dghc* = DGHC et *ag'h'b* = AGHB.

Prisme triangulaire droit. Le développement de ce prisme est facile : il suffit de construire un rectangle plus ou moins grand, de le diviser en trois rectangles AG, AD, CH (fig. 411), de manière que l'un soit moindre que la somme des deux autres, de tracer les triangles égaux ANC, BPD ayant pour côtés les bases respectives des trois rectangles, et de découper la figure.

Si les trois rectangles partiels étaient égaux, le prisme serait *régulier*.

Prisme polygonal droit. Pour obtenir le développement d'un prisme pareil, il faut construire les deux polygones égaux P et Q (fig. 414) qui doivent lui servir de bases, et les placer de manière qu'ils aient un côté parallèle, et que leur distance AB soit égale à la hauteur qu'on veut lui donner. Il faut ensuite former sur les prolongemens des côtés parallèles AC, BD, des rectangles contigus ayant AB pour hauteur commune, et pour bases les côtés respectifs du polygone P.

Si les deux polygones P et Q sont réguliers, le prisme le sera aussi.

Prisme polygonal oblique. Si l'on voulait développer le prisme oblique AH (fig. 415 et 416), il faudrait construire un polygone ABCDE égal à la base de ce prisme, et tracer sur chacun des côtés AB, BC, CD (fig. 416), des parallélogrammes respectivement égaux aux pans du prisme AH (fig. 415) ensuite sur la base supérieure de l'un d'eux, décrire un second polygone égal à ABCDE, et symétriquement placé.

Ce procédé peut donner deux prismes symétriques l'un de l'autre.

Au lieu de développer le prisme entier, on pourrait le décomposer en prismes triangulaires, effectuer le développement de chacun d'eux, et les réunir ensuite d'après le même ordre qu'ils ont dans le prisme donné. C'est là un moyen de rendre sensible la composition et la décomposition des prismes polygonaux en prismes triangulaires.

Ici encore on obtiendra le prime donné ou son symétrique.

Parallélépipède rectangle. Construisez un rectangle A (fig. 412); sur chacun de ses côtés formez-en un autre de manière que les quatre rectangles B, B', C, C', aient même hauteur, et à côté d'un de ces derniers faites un sixième rectangle A' = A.

Si les rectangles B, B', C, C', étaient de la même hauteur que A, le parallélépipède serait régulier.

Parallélépipède oblique. Prenez un rectangle A (fig. 413); tracez sur ses grands côtés deux parallélogrammes égaux B, B', et sur les deux autres côtés deux rectangles C, C', tels que

$bd = bg = mn$. Enfin, tracez un autre rectangle $A' = A$. Ce sera là le développement du parallélépipède AH (fig. 323).

Cylindre. Pour obtenir le développement d'un cylindre, tracez deux cercles égaux CA, OB (fig. 417); placez-les à une distance égale à la hauteur que doit avoir ce cylindre; joignez leurs centres par la droite CO, et par les points A et B menez des tangentes sur lesquelles vous construisez un rectangle dont la base $GH = 2\pi R$, R étant le rayon CA de la base du cylindre; c'est-à-dire $GH = 2.CA \times 3,14159$, longueur de la circonférence des bases du cylindre demandé.

Développement de la Pyramide et du Cône.

Pour tracer le développement d'une pyramide, il faut faire attention qu'elle est composée d'une suite de triangles qui ont même sommet, et dont les bases vont s'appuyer sur le périmètre d'un polygone. Ces triangles peuvent être quelconques et très différens les uns des autres; mais, pris deux à deux, ils ont toujours un côté commun qui forme une des arètes latérales de la pyramide.

Cela posé, soit une pyramide S (fig. 418); construisez un polygone *abcde* égal à la base ABCDE; de chaque sommet *a*, *b*, *c*, *d*, *e*, avec des rayons respectivement égaux aux arètes SA, SB, SC, etc., ... décrivez des arcs de cercle qui, en se coupant deux à deux, détermineront les sommet M, N, O, P, Q; joignez ensuite ces derniers aux points *a*, *b*, *c*, *d*, *e*, et vous aurez le développement de la pyramide donnée.

En découpant cette figure vous formerez une pyramide égale ou symétrique à S, selon le sens dans lequel on repliera les faces.

Sans avoir une pyramide donnée d'avance, si l'on voulait en construire une, il faudrait tracer un polygone arbitraire, et de chacun de ses sommets décrire des arcs qui s'entrecoupassent deux à deux.

Si dans ce cas l'ouverture de compas était la même pour

tous les sommets du polygone, la pyramide obtenue serait droite, car toutes ses arètes latérales seraient égales. Mais observons que, pour qu'une telle pyramide soit possible, il faut que le polygone pris pour base soit inscriptible dans un cercle. Enfin, si le polygone pris pour base est *régulier* la pyramide sera aussi *régulière*, et le développement sera (fig. 419), analogue à la figure 419.

Tronc de pyramide. Pour obtenir le développement d'un tronc de pyramide (fig. 418), il faut opérer comme pour une pyramide entière, et ensuite prendre sur un de ses côtés un point *r*, d'où l'on menera une parallèle *rs* à la base correspondante; porter la distance *es* de *e* en *v*; par le point *v* mener *vx* parallèle à *ea*, et ainsi de suite. Toutes ces parallèles détermineront la base supérieure du tronc.

Pour faire en général le développement d'un polyèdre quelconque, on pourra suivre une marche basée sur les constructions ci-dessus, et y parvenir aisément dans chaque cas.

Au reste, quand on a pour but de construire un polyèdre en carton, il est facile de le décomposer en tétraèdres, de développer chacun d'eux, et de les réunir ensuite d'après l'ordre qu'ils ont dans le corps donné. Ainsi, tout se réduit à faire le développement d'un tétraèdre donné; ce qu'on exécutera d'après le procédé indiqué pour la pyramide.

Soit donc ABC (fig. 420) la base du tétraèdre S*abc*: du sommet A avec un rayon égal à l'arète S*a*, décrivez un arc de cercle; du sommet B avec un rayon égal à l'arète S*b*, décrivez un autre arc; enfin, du sommet C avec l'arète S*c*, décrivez un troisième arc. Les intersections respectives de ces arcs détermineront le développement du tétraèdre donné.

Cône. Pour développer un cône, il faut se rappeler que la circonférence de sa base est l'arc d'une circonférence dont l'arète de ce cône est le rayon, et que les circonférences sont proportionnelles à leurs rayons.

Soit donc un cône SDB (fig 421): décrivons un cercle OT égal à sa base CD; prolongeons le rayon OT d'une quantité TA égale à l'arète SD, et du point A avec le rayon AT, décrivons une circonférence qui sera tangente à OT. Ensuite cherchons le rapport qui existe entre l'arète SD et le rayon CD, et ce rapport indiquera le nombre de fois que la circonférence AT contient la longueur de la circonférence OT; car on a la proportion

circ. AT : circ. OT :: AT : OT :: SD : CD.

Alors on divisera 360° par ce rapport, et le quotient obtenu sera le nombre de degrés que doit avoir l'arc appartenant à circ. AT qui sera capable d'envelopper la circonférence de la base OT. Ainsi, l'on fera au centre A l'angle MAN égal à ce quotient, et l'arc MTN sera égal à circ. OT.

Si, par exemple, on voulait le développement d'un cône équilatéral, c'est-à-dire tel que SD = 2.CD (fig. 422), on aurait alors circ. OT = $\frac{1}{2}$ circ. AT; et pour le construire, il faudrait, sur le prolongement du rayon OT, prendre AT=2.OT, décrire du point A la demi-circonférence MTN qui serait égale à circ. OT.

Pour avoir le développement d'un tronc de cône (fig. 421), il faut décrire du centre A un cercle *mtn* concentrique avec MTN, et qui sera la base supérieure de ce tronc.

Développement des trois Tétraèdres que contient un Prisme triangulaire.

Soit le prisme triangulaire ABCDGH (fig. 423); supposons-le coupé par les plans DCG, ACG qui le diviseront en trois tétraèdres que nous allons développer.

Pour le premier CDHG, faites un triangle T égal à la base DHG; de ses sommets avec des rayons respectivement égaux aux arètes adjacentes DC, HC, GC, décrivez des arcs qui en se coupant détermineront le développement du tétraèdre CDHG.

Pour le second GCBA; faites un triangle T′ égal à ACB, et de ses sommets, avec des rayons égaux aux arètes AG, BG, GC, décrivez des arcs qui détermineront le développement de ce second.

Pour le troisième CADG, construisez un triangle T" égal à ADG, et décrivez des arcs avec des rayons égaux aux arètes CA, CD, CG.

Découpez les trois développemens; formez les trois tétraèdres, et en les réunissant vous obtiendrez le prisme donné ou son symétrique, selon le sens dans lequel vous replierez les faces.

On peut, par une méthode analogue, obtenir les développemens des tétraèdres qui composent un tronc de prisme ou un tronc de pyramide triangulaires.

Développement des cinq Polyèdres réguliers.

Tétraèdre régulier. Pour construire le développement de ce polyèdre, tracez un triangle équilatéral ABC; joignez les milieux de ses côtés par des droites *ab*, *ac*, *bc*, qui le diviseront en quatre autres triangles équilatéraux égaux, et vous aurez le développement demandé.

Octaèdre régulier. Formez deux triangles équilatéraux égaux ABC, GHK (fig. 425), placés de manière qu'ils aient la moitié d'un côté commune; joignez les milieux de leurs côtés respectifs pour diviser chaque triangle en quatre triangles partiels égaux. Découpez ensuite; et en réunissant les sommets K et A', ainsi que C et B', vous obtiendrez un octaèdre régulier.

Icosaèdre régulier. Construisez deux triangles équilatéraux égaux MNP, QRS (fig. 426), placés l'un dans l'autre de manière à ce que leurs côtés se coupent par leurs tiers respectifs et forment une étoile dont les six branches soient six triangles équilatéraux égaux, et dont l'intérieur présente un hexagone régulier divisible en six autres triangles égaux aux premiers.

Répétez la même construction pour former une seconde

étoile égale à la première, et qui ait avec elle un côté commun QP′.

Alors, retranchez de chaque étoile les losanges semblablement placés MP′OB′, M′AO′B; ensuite découpez et réunissez les sommets P′, B′, ainsi que A et B; alors les triangles extérieurs s'enchâsseront les uns dans les autres pour former le polyèdre demandé.

Cube ou hexaèdre régulier. Construisez six carrés égaux (fig. 427) et disposés en forme de croix, comme l'indique la figure.

Dodécaèdre régulier. Construisez un pentagone régulier (fig. 428) sur les côtés duquel vous en tracerez cinq autres égaux à celui-là. Répétez la même construction avec six pentagones égaux aux premiers, et disposez ces deux parties de manière qu'elles aient un côté commun. Ensuite décomposez, et en réunissant les arètes, vous obtiendrez le dodécaèdre régulier.

Il existe encore trois polyèdres dont il est bon de connaître le développement.

Rhomboèdre. On donne ce nom à un polyèdre composé de six losanges égaux.

Son développement est indiqué par la figure 429.

Dodécaèdre rhomboïdal. C'est un polyèdre formé de douze losanges égaux. La figure 430 représente son développement.

Observons que pour qu'un losange puisse servir à la formation de ce dodécaèdre, il faut que l'angle obtus de ce losange soit moindre que $\frac{4}{3}$ d'angle droit ou que 120°.

Trapézoèdre. Ce corps, improprement appellé *trapézoèdre* (fig. 431), se compose de vingt-quatre quadrilatères symétriques égaux. Son développement est indiqué par la figure.

Les angles polyèdres de ce corps sont à trois et à quatre faces; ce qui restreint la forme du quadrilatère employé.

En effet, un quadrilatère symétrique doit par sa nature avoir au moins un angle obtus; mais il est facile de voir que dans ce cas-ci il ne peut en avoir qu'un seul, car il ne serait pas possible de former les angles à quatre faces du trapézoèdre avec des angles plans obtus. De plus, l'angle obtus de ce quadrilatère ne doit pas valoir $\frac{4}{3}$ d'angle droit ou 120°.

Nous terminerons enfin cet appendice par la construction de la sphère ou *ballon*.

Sphère. La construction de ce corps s'effectue en collant ou cousant ensemble douze bandes de papier ou d'étoffe (fig. 432), égales à la surface du fuseau qui correspond à un angle de 30° ou $\frac{4}{12}$ d'angle droit.

Pour tracer chacune de ces bandes, il faut employer le procédé suivant :

Faites un angle droit ABC dont les côtés BA, BC soient égaux au rayon de la sphère demandée ; décrivez l'arc AC; divisez-le en six parties égales, et par les points de division *a*, *b*, *c*, *d*, *e* menez sur BC les perpendiculaires *am*, *bn*, *co*, *dp*, *eq*. Ensuite, par le milieu M de A*a*, joignez MB, et du sommet B avec des rayons successivement égaux aux lignes *am*, *bn*, *co*, *dp*, *eq*, décrivez les arcs de cercle marqués 1, 2, 3, 4, 5.

Après cela, tracez une droite XY sur laquelle vous marquerez douze fois la longueur de la corde A*a*, et ensuite de son milieu O avec un rayon égal à la corde AM, décrivez une circonférence ; des deux points marqués O′, avec un rayon égal à la corde 1...1, décrivez une autre circonférence ; et enfin des points O″, O‴, etc.,... avec des rayons successivement égaux aux cordes 2....2, 3....3, etc.,... décrivez des circonférences qui seront de plus en plus petites.

Alors, conduisez une courbe qui soit tangente à toutes ces circonférences, et vous aurez formé un fuseau qui sera la douzième partie de la surface de la sphère qui aura AB pour rayon ; en sorte que douze fuseaux pareils cousus ou collés l'un contre l'autre composeront le ballon demandé.

FIN DE L'APPENDICE.

TABLE

DES MATIÈRES.

PREMIÈRE PARTIE.

GÉOMÉTRIE PLANE.

CHAPITRE PREMIER.

Des Lignes.

CHAPITRE II.

Des surfaces planes.

CHAPITRE III.

Des figures équivalentes, et de la mesure des surfaces planes.

CHAPITRE IV.

Des figures semblables et de leurs rapports.

SECONDE PARTIE.

GÉOMÉTRIE DANS L'ESPACE.

CHAPITRE PREMIER.

CHAPITRE II.

Des corps solides ou polyèdres.

CHAPITRE III.

Des corps terminés par des surfaces courbes ou des solides de révolution.

CHAPITRE IV.

De l'équivalence et de la mesure des volumes.

CHAPITRE V.

APPENDICE.

Errata.

Page 12, linge 2, *au lieu de* = BOD, *lisez* = AOD
ibid., 3, BOD, *lisez* AOD
ibid., *ibid.*, DOA, *lisez* DOB =.

FIN.

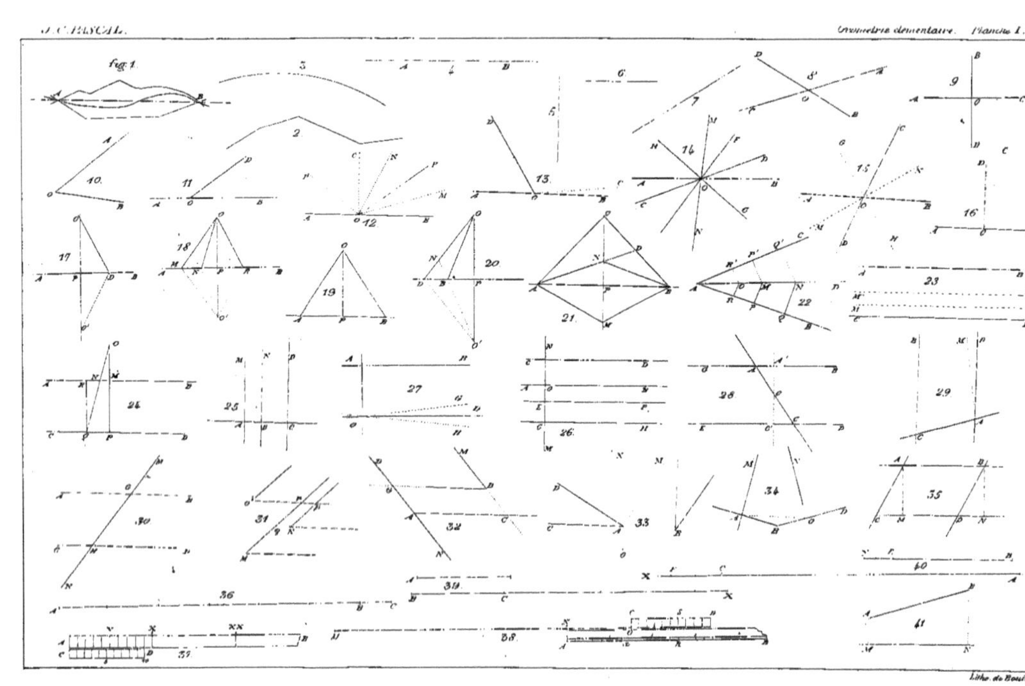

Litho. de Bouis.

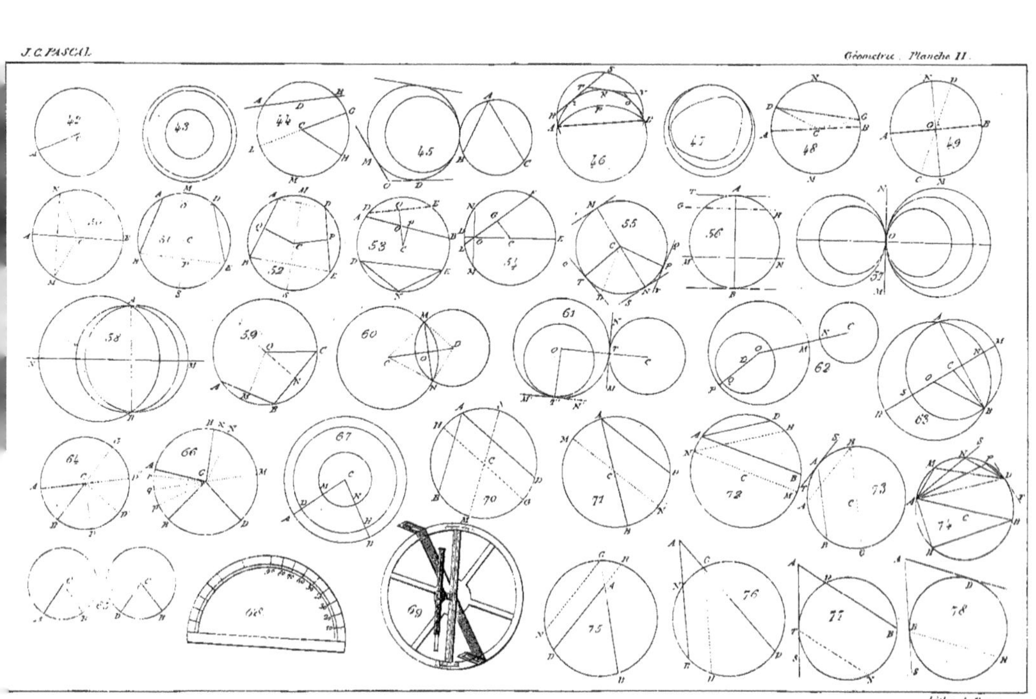

Lith. de Maurs

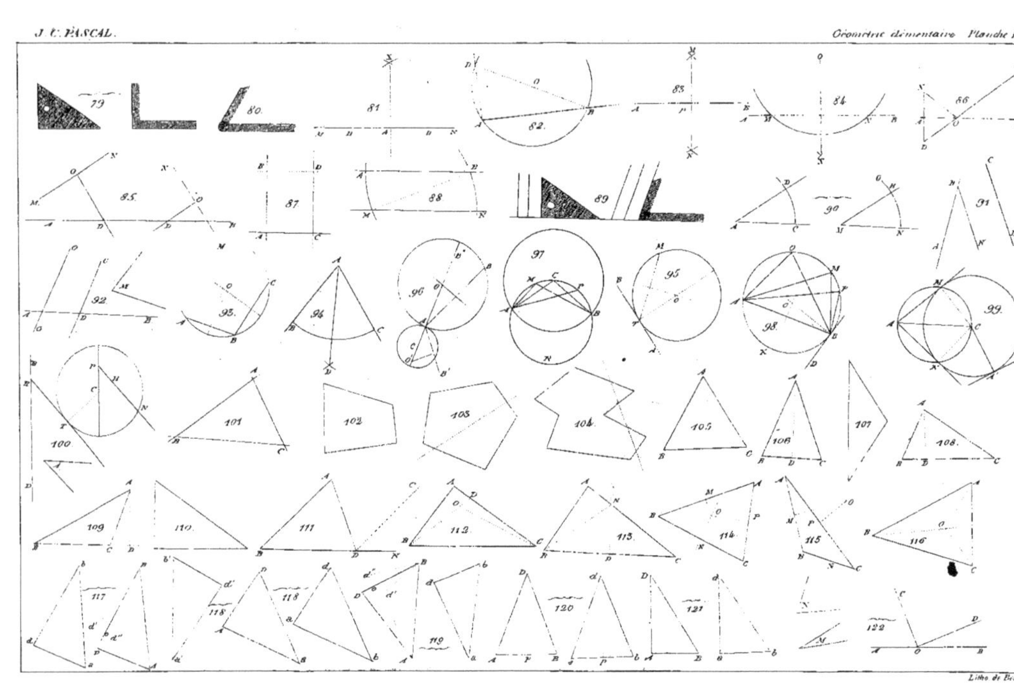

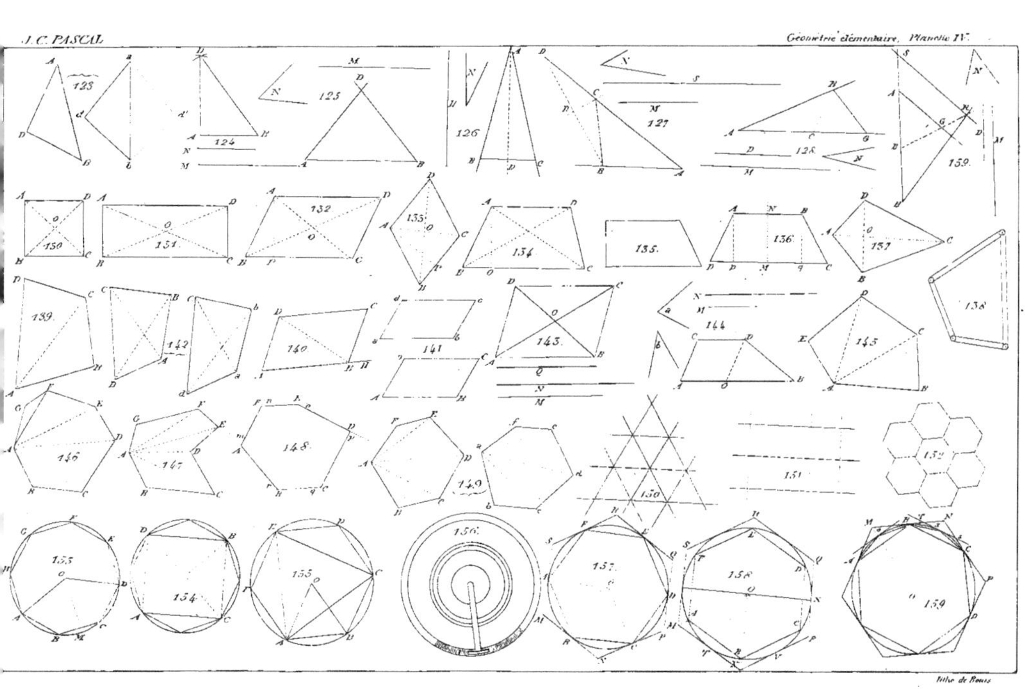

Litho de Rouss

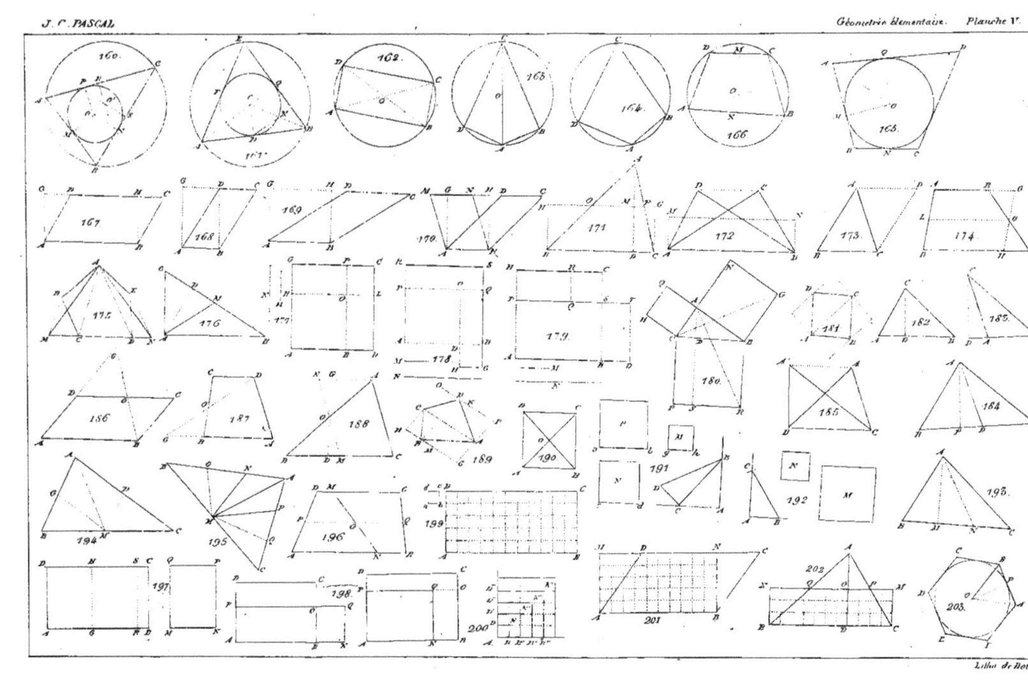

Lith. de Delort

J. C. PASCAL

Géométrie élémentaire, Planche VI.

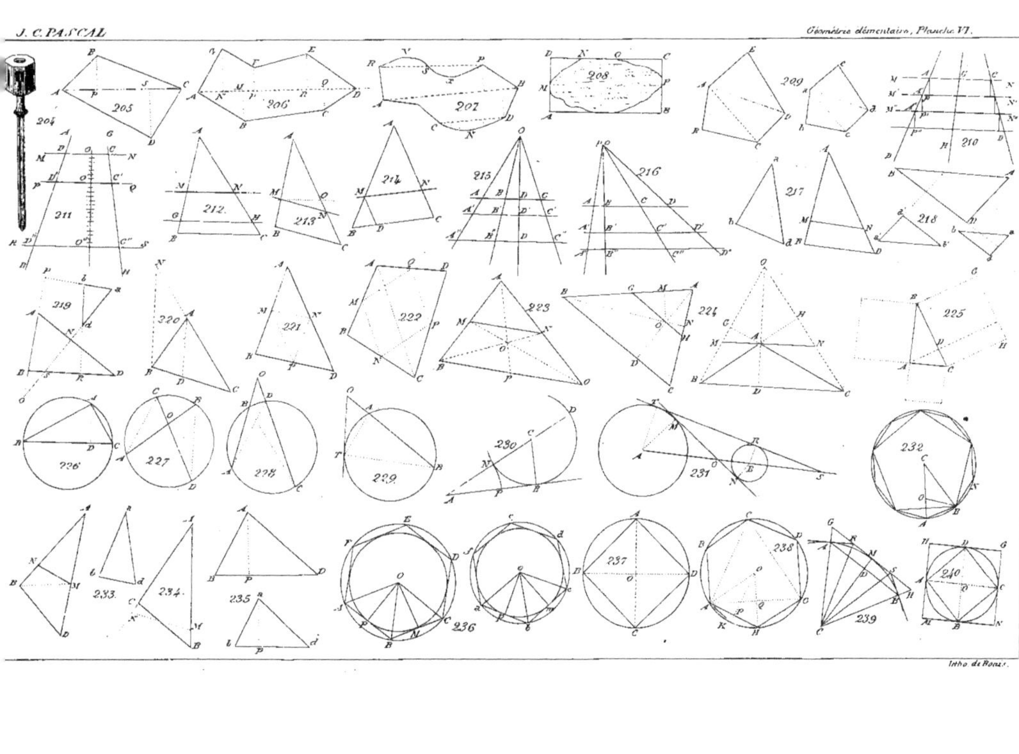

Litho de Roux.

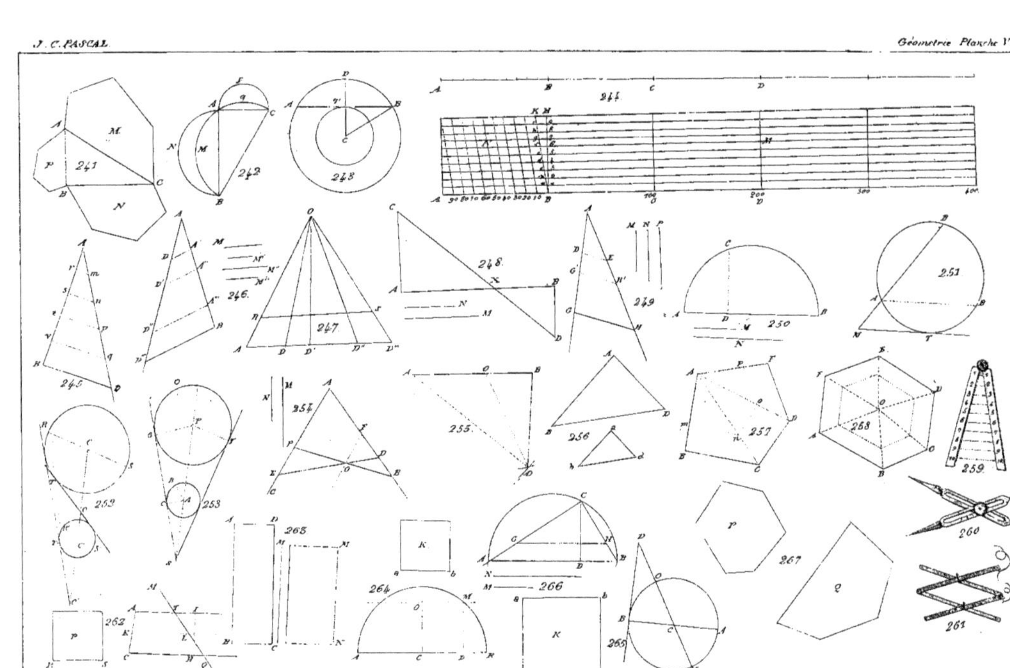

Lith. de Bonis

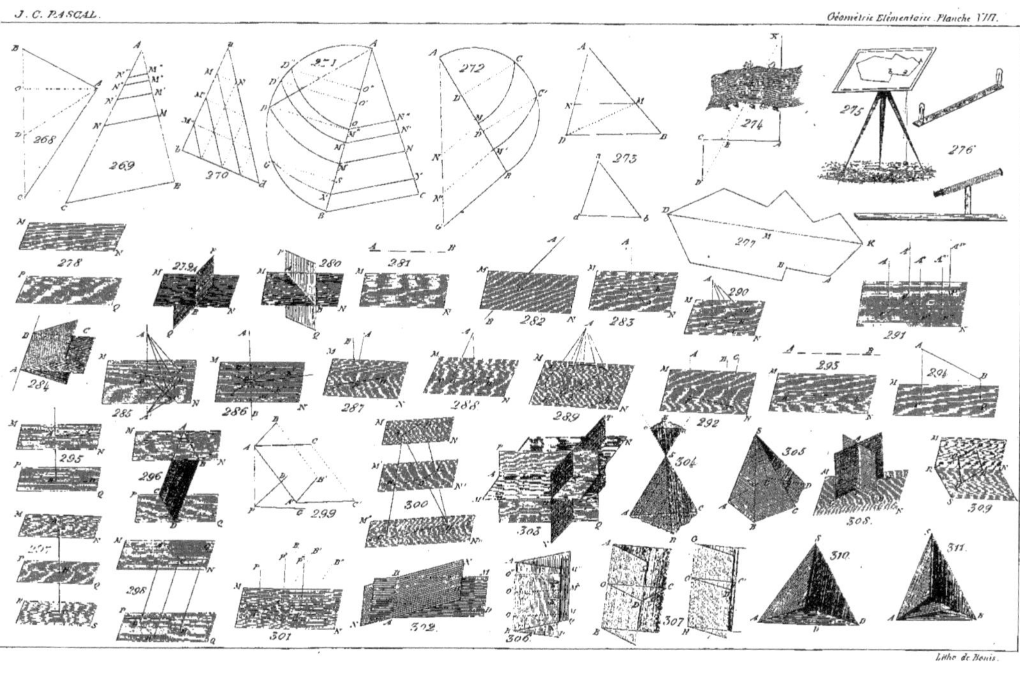

Litho de Bouis.

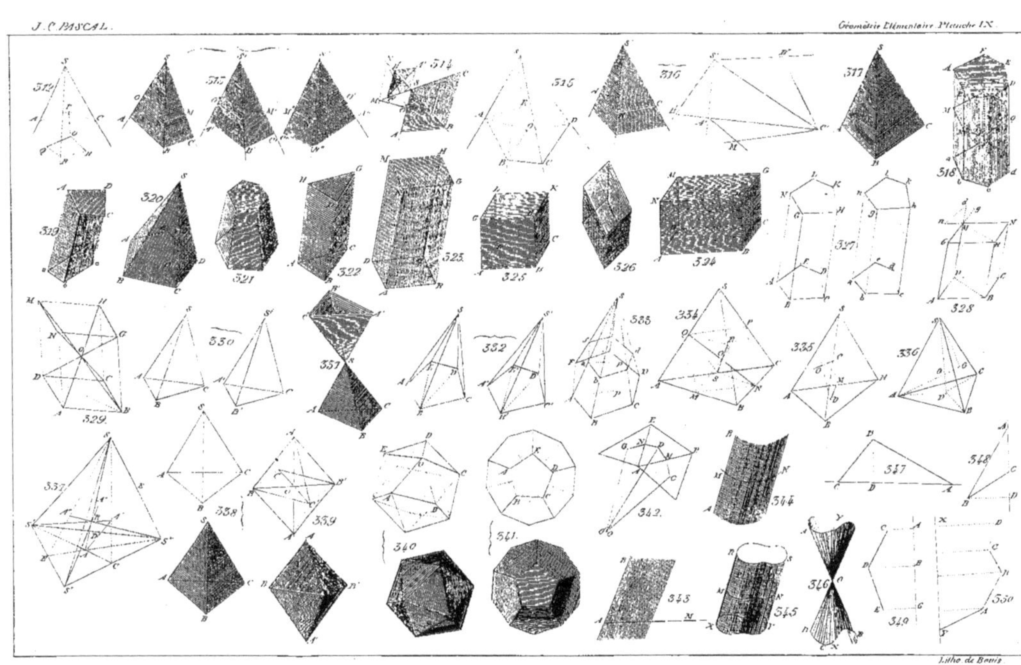

Litho de Benis

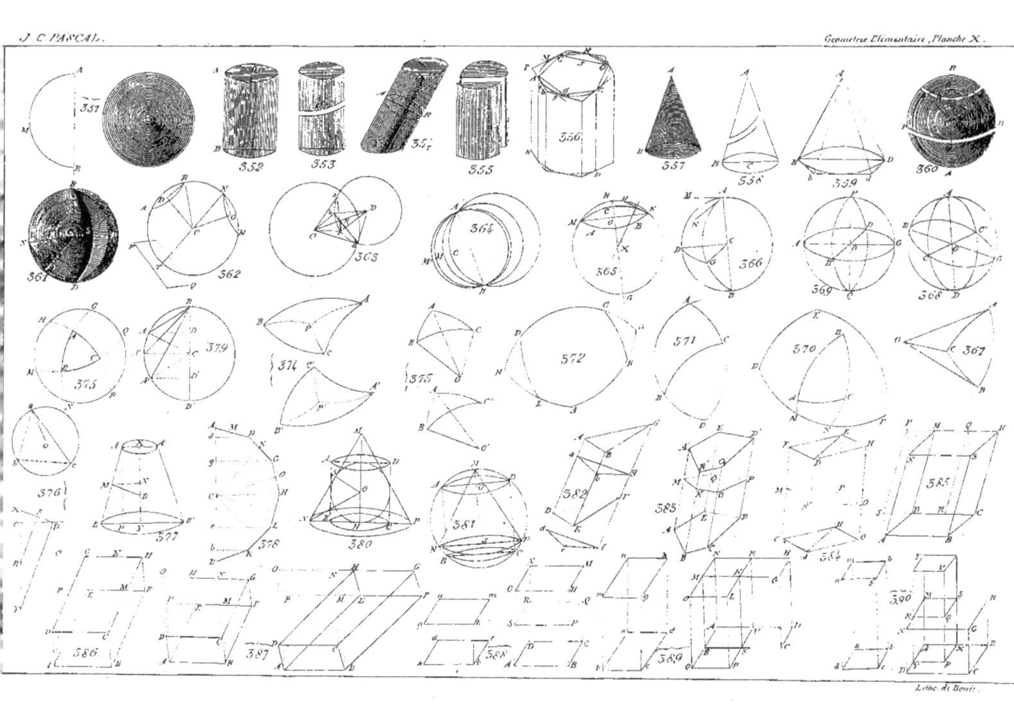

Lithe. de Bouis.

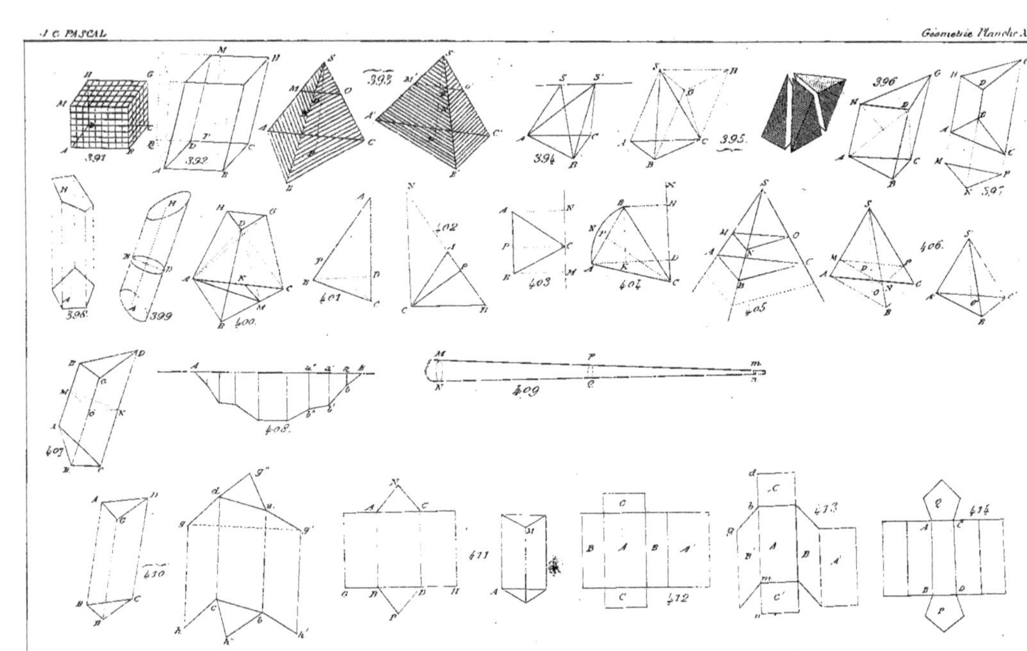

Litho de Renié

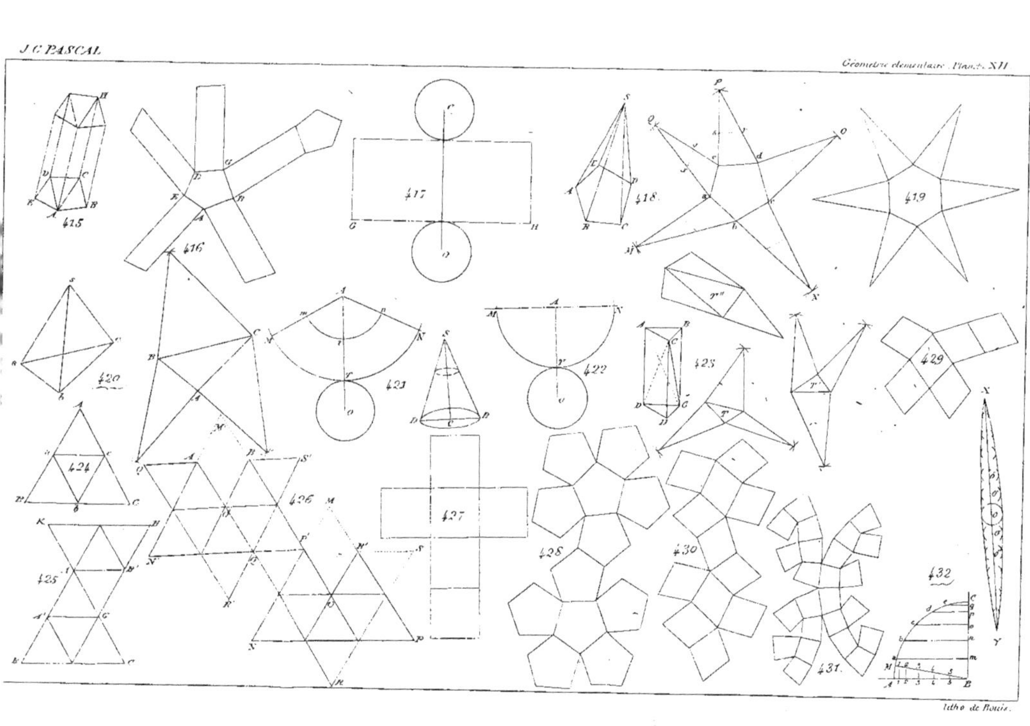

litho de Bouis.

www.ingramcontent.com/pod-product-compliance
Ingram Content Group UK Ltd.
Pitfield, Milton Keynes, MK11 3LW, UK
UKHW020126220726
13923UKWH00001B/28